猪场盈利八招

ZHUCHANG
YINGLI
BAZHAO

魏刚才　柴　磊　李小军　主编

化学工业出版社
· 北　京 ·

图书在版编目（CIP）数据

猪场盈利八招/魏刚才，柴磊，李小军主编.—北京：化学工业出版社，2018.8
ISBN 978-7-122-32164-0

Ⅰ.①猪… Ⅱ.①魏… ②柴… ③李… Ⅲ.①养猪学 Ⅳ.①S828

中国版本图书馆CIP数据核字(2018)第100299号

责任编辑：邵桂林　　文字编辑：孙凤英
责任校对：边　涛　　装帧设计：张　辉

出版发行：化学工业出版社
（北京市东城区青年湖南街13号　邮政编码100011）
印　　刷：北京京华铭诚工贸有限公司
装　　订：北京瑞隆泰达装订有限公司
850mm×1168mm　1/32　印张10½　字数277千字
2018年8月北京第1版第1次印刷

购书咨询：010-64518888（传真：010-64519686）　售后服务：010-64518899
网　　址：http：//www.cip.com.cn
凡购买本书，如有缺损质量问题，本社销售中心负责调换。

定　　价：39.80元

编写人员名单

主　　编　魏刚才　柴　磊　李小军

副 主 编　朱凤霞　王　丹　王东华　徐蕾蕾

编写人员（按姓氏笔画排列）

王　丹（焦作市畜产品质量安全监测中心）

王东华（西平县动物疫病预防控制中心）

朱凤霞（驻马店市动物疫病预防控制中心）

朱昱波（河南科技学院）

刘冠博（平顶山市疫病预防控制中心）

李小军（河南省济源市动物卫生监督所）

柴　磊（焦作市畜产品质量安全监测中心）

徐蕾蕾（郑州市兽药饲料监察所）

梁国栋（伊川县动物卫生监督所）

韩俊伟（新乡市动物卫生监督所）

魏刚才（河南科技学院）

前　言

我国是养猪大国，猪的存栏量和出栏量处于世界前列，养猪业成为畜牧业中的支柱产业，成为改变农业产业结构、促进农村经济发展和人们创业致富的一个好途径。但是，近年来由于我国养猪业的规模化、集约化发展，猪的养殖数量处于较高水平，市场生猪价格波动明显，养殖效益很不稳定，有的猪场甚至出现亏损。

影响猪场效益的因素可以归纳为三大因素，即市场、养殖技术、经营管理。不过，市场变化虽不是猪场能够完全掌控的，但如果猪场能够了解掌握市场变化规律，根据市场变化规律对生产计划进行必要调整，就可以缓解市场变化对猪场的巨大冲击。另外，对于一个猪场来说，关键是要“练好内功”，即通过不断学习和应用新技术，加强经营管理，提高猪的生产性能，降低生产消耗，生产出更多更优质的产品，才能在剧烈的市场变化中处于不败之地。为此，编者组织有关人员编写了《猪场盈利八招》，结合生产实际，详细介绍了猪场盈利的关键养殖技术和经营管理知识，有利于猪场提高盈利能力。

书中从让母猪多产仔、产壮仔和初生重大的仔，提高哺乳仔猪的成活率和增重率，促进生长肥育猪快速出栏，使猪群更健康，尽量降低生产消耗，增加产品价值，注意细节管理，注重猪场常见问题处理八个方面进行了系统介绍。本书注重科学性、实用性、先进性且通俗易懂，适用于猪场（户）、养殖技术推广员、兽医工作者以及大专院校和培训机构师生。

由于笔者水平所限，书中难免有不妥之处，恳请同行、专家和读者不吝指正。

编者

2018 年 6 月

目　录

第四招 使猪群更健康

第五招 尽量降低生产消耗

第六招 增加产品价值

第七招 注意细节管理

附录

参考文献

第一招 让母猪多产仔、产壮仔和初生重大的仔

【提示】

影响母猪多产仔、产壮仔和初生重大的仔的因素如下。一是青年母猪。与青年母猪的品种、质量、配种时体重（过轻或过重）、应激、饲养方案（缺少“短期优饲”）以及饲料质量有关。二是经产母猪。哺乳期过度（体内储存损失过大）、配种前光照不足、断奶至配种期饲喂不当、没有公猪刺激、配种和发情鉴别技术差、胎龄结构不合理、哺乳期长、后躯不卫生、应激、遗传因素等均影响经产母猪产仔。三是公猪。与公猪的品质、配种技术、使用情况、营养、公猪阴茎包皮卫生状况以及运动量有关。四是其他因素。如疾病、环境条件等。

一、培育优质的后备猪

猪的生产可分为仔猪生产和肉猪生产两部分，而仔猪生产又是肉猪生产的基础。仔猪生产成绩越好，即每头母猪产仔数量越多，仔猪成活率越高，仔猪体重越大，就越有利于肉猪生产成绩的提高。

从仔猪育成阶段到初次配种前，是后备猪的培育阶段，培育后备猪的任务是获得体格健壮、发育良好、具有品种典型特征和种用价值高的种猪。

后备猪与商品猪不同，商品猪生长期短，饲喂方式为自由采食，体重达到90～105千克即可屠宰上市，追求的是高速生长的发达的肌肉组织。而后备猪是作为种用的，不仅生存期长（3～5年），而且还担负着周期性强和较重的繁殖任务。因此，应根据种猪的生活规律，在其生长发育的不同阶段控制饲料类型、营养水平和饲喂量，使其生殖器官能够正常地生长发育，这样，可以使后备猪发育良好，体格健壮，形成发达且机能完善的消化系统、血液循环系统和生殖器官，以及结实的骨骼、适度的肌肉和脂肪组织。过高的日增重、过度发达的肌肉和大量的脂肪沉积都会影响后备猪的繁殖性能。

（一）后备猪的选择

后备猪（青年猪）是猪场的后备力量，及时选留高质量的后备猪，能保持种猪群较高的生产性能。根据种猪生长发育的特点做好后备猪的选择工作，适时掌握配种月龄，并制订后备猪的免疫程序。

1. 后备母猪的选择

（1）后备母猪的选择要点　母猪不仅对后代仔猪有一半的遗传影响，而且对后代仔猪胚胎期和哺乳期的生长发育有重要影响，还影响后代仔猪的生产成本（在其他性能相同的情况下，产仔数高的母猪所产仔猪的相对生产成本低）。后备母猪的选择应考虑以下要点。

① 生长发育快　应选择本身和同胞生长速度快、饲料利用率高的个体。在后备猪限饲前（如2月龄、4月龄）选择时，既利用本身

成绩，也利用同胞成绩；限饲后主要利用于肥育测定的同胞的成绩。

② 体质外型好　后备母猪体质健壮，无遗传疾患，应审查确定其祖先或同胞亦无遗传疾患。体型外貌具有相应种性的典型特征，如毛色、头型、耳型、体型等，特别应强调的是应有足够的乳头数，且乳头排列整齐，无瞎乳头和副乳头。

③ 繁殖性能高　繁殖性能是后备母猪非常重要的性状，后备母猪应选自产仔数多、哺育率高、断乳体重大的高产母猪的后代。同时应具有良好的外生殖器官，如阴户发育较好，配种前有正常的发情周期，而且发情征候明显。

（2）后备母猪的选择时期　后备母猪的选择大多是分阶段进行的。

① 2 月龄选择　2 月龄选择是窝选，就是在双亲性能优良、窝内仔猪数多、哺育率高、断乳体重大而均匀、同窝仔猪无遗传疾患的一窝仔猪中选择。2 月龄选择时由于猪的体重小，容易发生选择错误，所以选留数目较多，一般为需要量的 2 ～ 3 倍。

② 4 月龄选择　主要是淘汰那些生长发育不良、体质差、体型外貌有缺陷的个体。这一阶段淘汰的比例较小。

③ 6 月龄选择　根据 6 月龄时后备母猪自身的生长发育状况，以及同胞的生长发育和胴体性状的测定成绩进行选择。淘汰那些本身发育差、体型外貌差的个体以及同胞测定成绩差的个体。

④ 初配时的选择　此时是后备母猪的最后一次选择。淘汰那些发情周期不规律、发情症候不明显以及技术原因造成的 2 ～ 3 次配种不孕的个体。

2. 后备公猪的选择

后备公猪是指断奶后至初次配种前选留作为种用的小公猪。一个正常生产的猪群，由于性欲减退配种能力降低或其他机能障碍等原因，每年需淘汰部分繁殖种公猪，因此必须注意培育后备公猪予以补充。

（1）后备公猪品种的选择　选择性能优良的种公猪是提高猪

群生产性能的重要手段之一。一般在商品仔猪（肉猪）的生产中，种公猪的品种应根据利用杂种优势的杂交方案进行选择。直接用以生产商品仔猪的种公猪（二元杂交的父本或三元杂交的终端父本），应具有较快的生长速度和较优的生产性能；用以生产三元杂交母本的种公猪（三元杂交的第一父本），则应在繁殖性能和产肉性能上都较优异。

目前在我国的商品猪生产中，大多以地方品种或培育品种为母本，引入品种为父本进行杂交，在进行二元杂交时可考虑选用杜洛克或汉普夏为父本，也可选长白或大白作父本；在进行三元杂交时，应选择长白或大白两个繁殖性能、产肉性能均较优的品种作第一父本，选择杜洛克或汉普夏两个产肉性能优异的培育品种作终端父本。近年来杂种公猪在生产中也有应用，如果选择适当，也可获得较好的效果。

（2）后备公猪个体的选择　后备公猪应具备以下条件。

① 生长发育快，胴体性状优良　应选择生长发育性状和胴体性状优良的个体。生长发育性状和胴体性状可依据后备公猪自身成绩和用于肥育测定的同胞的成绩进行选择。

② 体质强健，外型良好　后备公猪体质要结实紧凑，肩胸结合良好，背腰宽平，腹大小适中，肢蹄稳健。无遗传疾患，并应经系普审查确认其祖先或同胞亦无遗传疾患。体型外貌具有品种的典型特征，如毛色、耳型、头型、体型等。

③ 生殖系统机能健全　虽然公猪生殖系统的大部分在体内，但是通过外部器官的检查，可以很好地掌握生殖系统的健康程度。要检查公猪睾丸的发育程度，要求睾丸发育良好，大小相同，整齐对称，摸起来感到结实但不坚硬，切忌隐睾、单睾。也应认真检查有无疝气和包皮积尿而膨大等疾病。一般来说，如果睾丸充分且外观正常，那么生殖系统的其他部分大都正常。

④ 健康状况　小型养猪场（户）经常从外场购入后备公猪，在选购后备公猪时应保证健康状况良好，以免将新的疾病带入。如选购可配种利用的后备公猪，要求至少应在配种前60天购入，

这样才有足够的时间进行隔离观察，并使公猪适应新的环境，如果发生问题，也有足够时间补救。

（二）后备猪的饲养管理

1. 后备猪的生长发育控制

猪的生长发育有着固有的特点和规律，从外部形态到各种组织器官的机能，都有一定的变化规律和彼此制约的关系。如果在猪的生长发育过程中进行人为的控制和干预，就可以改变猪的生长发育过程，满足生产中的不同需求。

后备猪培育与商品肉猪生产的目的和途径皆有不同。商品肉猪生产利用猪生长早期骨骼和肌肉生长发育迅速的特性，充分满足其生长发育所需的饲养管理条件，使其具有较快的生长速度和发达的肌肉组织，从而实现提高猪瘦肉产量、品质及生产效率的目的。

后备猪培育则利用猪各种组织器官的生长发育规律，控制猪生长发育所需的饲养条件，如饲粮营养水平、饲粮类型等，改变其正常的生长发育过程，保证或抑制某些组织器官的生长发育，从而实现培育出良好、体质健壮、消化与繁殖等机能完善的后备猪的目的。

后备猪生长发育控制的实质是控制各组织器官的生长发育，外部反映在体重、体型上，因为体重、体型是各种组织器官生长发育的综合结果。构成猪体的骨骼、肌肉、皮肤、脂肪等四种组织的生长发育阶段，肌肉居中，出生至4月龄相对生长速度逐渐回升，以后下降，脂肪前期沉积很少，6月龄前后开始增加，8～9月龄开始大幅度增加，直至成年。不同品种性别的猪种有各自的特点，但总的规律是一致的。

后备猪生长发育控制的目标是使骨骼得到较充分的发育，肌肉组织生长发育良好，脂肪组织的生长发育适度，同时保证各器官系统的充分发育。

2. 后备猪的饲养

对于后备猪的饲养要求是能正常生长发育，保持不肥不瘦的种用体况。适当的营养水平是后备猪生长发育的基本保证，过高、过低都会造成不良影响。后备猪正处于骨骼和肌肉生长迅速时期，因此，饲粮中应特别注意蛋白质和矿物质中钙、磷的供给，切忌用大量的能量饲料喂猪，以免形成过于肥胖、四肢较弱的早熟型个体。决不能将后备猪等同于成年猪或育肥猪饲养。后备猪在 3 ～ 5 月龄或体重 35 千克以前，精料比例可高些，青粗饲料宜少。当体重达到 35 千克以后，则应逐渐增加青粗饲料的喂量。特别是在 5 ～ 6 月龄以后，后备猪就有大量贮积体脂肪的倾向，这时如不减少含能量高的精饲料，增加青粗饲料的比例，就会使后备猪过肥，种用价值降低。青粗饲料既能给幼猪提供营养，又能使消化器官得到应有的锻炼，提高耐粗能力。所以，利用青绿多汁饲料和粗饲料，适当搭配精料是养好后备猪的基本保证。

可以根据后备猪的粪便状态判断青粗饲料喂量是否适当及有无过肥倾向。如果粪便比较粗大，则是青粗饲料喂量合适的表现，消化器官已得到充分发育，体内无过多的脂肪沉积，今后体格发育长大。相反，如粪便细小则说明青粗饲料喂得不够，或者猪过肥，将来体格发育较短小。

后备猪的生长发育有阶段性，一般 6 ～ 8 月龄以前较快，以后则逐渐减慢。2 ～ 4 月龄阶段的生长发育对后期发育影响很大。如果前期生长发育受阻，后期生长发育就会受到严重影响。因此，养好断奶后头 2 个月的幼猪，是培育后备猪的关键。如果地方品种 4 月龄体重能达到 20 ～ 25 千克，培育品种 4 月龄体重达到或超过 35～40 千克，以后的发育就会正常。2～4 月龄阶段发育不好，以后就很难正常发育。

对青年母猪在配种前 7 ～ 10 天，进行短期优饲，即在原饲料基础上适当增加精料喂量，可增加母猪的排卵数，从而提高产仔数。配种结束后则应恢复到原来的饲养水平，去掉增喂的精料。

【提示】短期优饲——让母猪更高产。

母猪配种前饲养管理好坏，直接关系每个发情期的排卵数和卵子的品质，因此，加强母猪配种前的短期优饲，是争取多怀多产的重要措施。

试验证明，在母猪卵巢中约有11万个以上的卵原细胞，而母猪一生通常只能排200～400个卵子，足见母猪的繁殖潜力是很大的。在一般情况下，成年母猪一个发情期可排25～30个卵子，多的可达40～50个；也有人认为平均排16.4个，范围是10～25个。但在生产上很少看到母猪一窝能产这么多的小猪，一般只有60%～70%的卵子能够受精并正常发育。这主要由于在饲养管理不当的情况下，很大一部分卵子不能受精或在受精后中途死亡。

如果青年母猪进入繁育阶段时又瘦又轻，短期优饲显得特别有价值，对于排卵率处于较低水平的青年猪，短期优饲可以改善这种状况。充足平衡的蛋白质、矿物质、维生素，对排卵的数量、卵子的质量，以及卵子的受精有重要作用；高能高蛋白饲料，对促进母猪正常发情和排卵有良好的作用。

另外饲养管理得当的母猪，经过产仔、哺乳，体重约减轻25%～30%，为提高排卵率，断奶母猪也要进行短期优饲。母猪断奶后，负担减轻，能得到充分休息，食欲旺盛，采食量大，不择食。这时饲喂日粮可以搭配较多的青饲料和质量好、加工细的粗饲料，但精料也不能一断奶马上就降低。特别是饲料一定要多样搭配，保持营养平衡。后备母猪可在配种前10～14天，酌情加料实行短期的优饲。这样母猪就能早发情、多排卵而且质量好。

此外，每天给母猪适当运动和晒太阳的机会，对提高产仔率也有影响。

2月龄小公猪留作后备公猪后，应按相应的饲养标准配制营养全面的饲粮，保证后备公猪正常的生长发育，特别是骨骼肌肉的充分发育。当体重达70～80千克以后，应进行限制饲养控制脂肪的沉积，防止公猪过肥。应控制饲粮体积，以防止形成垂腹而影响公猪的配种能力。

另外，后备公猪的饲料严禁发霉变质和有毒饲料混入，饲料要有良好的适口性，体积不能过大，防止形成垂腹。饲喂方式以湿拌料日喂 3 次为宜。日粮应多样化，以提高营养价值和利用率。

后备猪的饲喂方案如表 1-1 所示。

表 1-1　饲养方案

项目		2 月龄	3 月龄	4 月龄	5 月龄	6 月龄	7 月龄	8 月龄
体重 / 千克	大	20	30	45	60	80	100	130
	小	15	25	35	50	65	80	100
风干饲料给量占体重的比例 /%		5	4.8	4.5	4	3.5	3.5	3
粗蛋白质比例 /%		17	16	15	14	14	14	13
日给料次数 / 次		6	5	4	4	3	3	3

（三）后备猪的管理

后备猪应该按性别、体重、强弱分群饲养，群内个体间体重相差在 2 ～ 4 千克以内，以免形成“落脚猪”。初期阶段，每栏可养 4 ～ 6 头；后期应减到每栏 3 ～ 4 头。可实行分栏饲养，合群运动。分群初期，日喂 4 次，以后改喂 3 次。保持圈舍干燥、清洁，切忌潮湿拥挤，防止拉稀和患皮肤病。定期称量个体既可作为后备猪选择的依据，又可根据体重适时调整饲粮营养水平和饲喂量，从而达到控制后备猪生长发育的目的。

为繁殖母猪饲养管理上的方便，后备猪培育时就应进行调教。一要严禁粗暴对待猪只，建立人与猪的和睦关系，从而有利于以后的配种、接产、产后护理等管理工作。二要训练猪养成良好的生活规律，如定时饲喂、定点排泄等。

在后备猪日常管理中应注意观察初情期和发情周期是否正常。若后备母猪久不发情或发情周期不正常，应查明原因，尽早确定是否留作种用。

后备猪的运动是很重要的。运动可以锻炼体质，增强代谢机能，促进肌肉、骨骼的发育，并可防止过肥及肢蹄病。因此，有条件的猪场可每天给予后备猪 1 ～ 2 小时的放牧运动。或让其在运动场自由运动，必要时可实行驱赶运动。

对于后备公猪的管理比后备母猪难度大，特别是一些性成熟早的品种，达到性成熟以后会烦躁不安，经常相互爬跨，食欲降低，因而生长迟缓。为了克服这种现象，应在后备公猪达到有性欲要求的月龄以后，实行分栏饲养，合群运动，多放牧，多运动，加大运动量，减少圈内停留的时间，这样不仅可增进食欲，增强体质，而且还可避免造成自淫的恶癖。后备公猪达到配种年龄和体重后开始进行配种调教或采精训练。配种调教宜在早晚凉爽时间空腹进行。调教时，应尽量使用体重大小相近的母猪。调教训练应有耐心，新购入的后备公猪在购入半个月以后再进行调教，以便适应新的环境。

（四）后备猪的使用

后备猪生长发育到一定年龄和体重，便有了性行为和性功能，称为性成熟。性成熟的月龄与品种、饲养管理水平和气候条件有关。

何时给后备母猪配种是非常重要的，过早，其生殖器官仍然在发育，排卵数量少，产仔数少，仔猪初生体重小，母猪乳腺发育不完善，泌乳量少，造成仔猪成活率低。配种过晚，由于饲养日期长，体内会沉积大量脂肪，身体肥胖，会造成内分泌失调，使母猪发生繁殖障碍，如不易发情、产仔数少，分娩困难等。

后备母猪适宜的初配年龄和体重因品种和饲养管理条件不同而异。一般来说，早熟的地方品种生后 6 ～ 8 月龄、体重 50 ～ 60 千克即可配种，晚熟的培育品种应在 9 ～ 10 月龄、体重 100 ～ 120 千克时开始配种利用。如果后备母猪的饲养管理条件较差，虽然月龄达到初配种时期而体重较小，最好适当推迟初配年龄；如果饲养管理条件较好，虽然体重达到初配体重要求，而月龄尚小，最好通过调整饲粮营养水平和饲喂量以控制体重，待月龄达到要求再进行配种。最理想的是使年龄和体重同时达到初配的要求标准。

后备公猪开始使用时一周不能多于两次，使用次数过多会使母猪受胎率和产仔率下降。

二、加强空怀母猪管理

养猪生产经营效果取决于种母猪的繁殖效率和繁殖后代的质量，品种一定的情况下，猪场要获得最大的生产效益，就要增加每个繁殖周期的产仔数和延长种母猪的使用年限。猪可常年发情，其繁殖不受季节限制，在母猪卵巢中有原始卵子11.1万之多，母猪每次发情能排出十几个到几十个成熟的卵子。另外，母猪有将近1.5米长的子宫角，可以为更多胚胎发育提供足够的场所。所以应尽力挖掘和利用这一繁殖潜力，提高母猪的繁殖性能。空怀母猪生产力的好坏，主要看其是否能按时正常发情与配种后配准率及受胎率高低。

（一）母猪发情排卵规律

1. 母猪的发情期与发情周期

母猪的发情期一般1～5天，平均3～4天，发情周期为15～25天，平均为21天。母猪的年龄、品种和品质的不同，发情期的长短也有差异，青年母猪一般发情期稍长，老龄母猪稍短，瘦肉型猪如长白猪、汉普夏猪等，发情期较长，可达5～7天，脂肪型地方猪种发情期短。此外，母猪发情期的长短和发期周期的长短，又往往与饲养条件有关。图1-1所示为母猪的发情期与发情周期模式图。

2. 母猪的排卵潜力

母猪发一次情可排卵16～18个，多的可达35个以上，母猪所排的卵并非都能受精，大约只有85%～95%的卵能正常受精，有5%～15%的卵子不能受精，另外，卵子从其受精一直到形成胎儿，或者直到胎儿出生，还要死亡35%～40%。受精卵死亡的原因有两个：一是卵子在受精后的第10～13天，在子宫壁着床的过程中，部分受精卵未能顺利着床发育而死亡；二是已

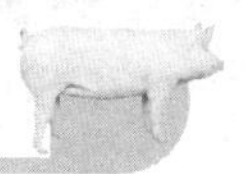

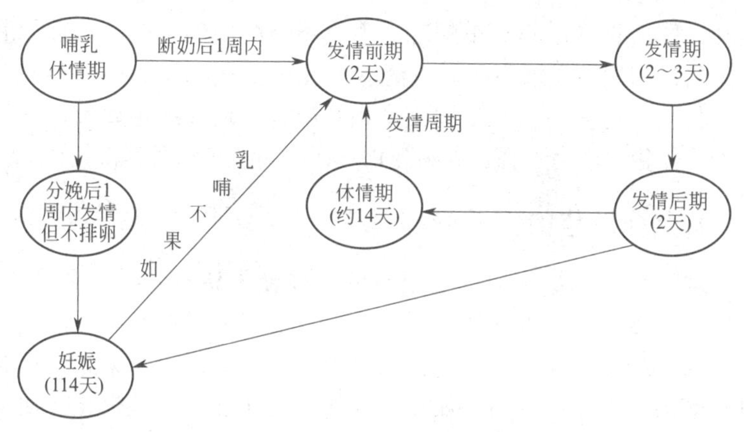

图 1-1　母猪的发情期与发情周期模式图

着床的受精卵，发育到 60 ～ 70 天时，由于着床于子宫的位置不同，获得母体的营养不均衡，营养竞争失利者先死亡，到胎儿出生时，又可能死亡 1 ～ 2 头，结果真正活着的仔猪只占受精卵的 60%左右。

3. 母猪配种的适宜时期

为了掌握母猪的准确配种时间，一定要了解母猪发情与排卵的关系。实践证明，瘦肉型猪一般在发情后 24 ～ 56 小时内排卵，卵子排出后能存活 12 ～ 24 小时，但保持受精活力时间仅为 8 ～ 12 小时，精子在母体内能存活 15 ～ 20 小时，能达到受精部位即输卵管的上 1/3 处，需 2 ～ 3 小时，按此推算，配种最适宜的时期大约在发情后 24 ～ 36 小时之内。从母猪发情的外部表现看，只要让公猪爬跨，阴门流出的黏液能拉成丝，情绪比较安定，用手按其背呆立不动，就是配种的好时机。为了多产仔，可在第一次配种后，间隔 8 ～ 12 小时，再复配一次，一般对提高受精率有良好的效果，大约多生 1 ～ 2 头小猪。对于杂种母猪（杂交一代），在进行三元杂交时，可以作为母本猪来用。这种母猪一般发情明显，而且发情期较短，应在发情后 12 ～ 24 小时内配种。另外，经产母猪生过几次胎后，应提前配种，青年猪初次发情，应稍晚点配种，即所谓老配早、小配晚、不老不小配中间。有的猪种如北京黑猪，初配期发情不明显，稍不注意就会失配，故应注意观察。在农村公、母猪往往来自同窝，相互配种，造成近亲繁殖，产生怪胎，仔猪生活力不强，容易死亡，应尽力避免这种情况发生。

（二）空怀母猪的饲养管理

这一时期母猪饲养的主要目的是促使母猪早发情，多排卵。从生理角度讲，使母猪停奶的最为有效的方法是在断奶后继续进行高水平饲喂及保持足够的饮水。乳汁持续分泌的结果导致乳腺内压增加，乳腺内压的增加使乳汁的分泌快速有效地停止。如果将高水平饲喂方式持续到配种，不会造成任何损害，且对膘情丢失过多的母猪可能是有益的。断奶后高水平采食量可使膘情差的母猪发情提前。养好母猪的标志是，保持不肥不瘦、七八成膘的繁殖体况。

1. 配种前期母猪的饲养

（1）营养与饲料配方　空怀母猪日粮营养一般为：消化能为11.7～12.13兆焦/千克，粗蛋白12%～13%，钙0.7%，磷0.5%。参考饲料配方为：玉米50%，小麦麸17%，花生饼或豆饼11%，干草粉14.5%，国产鱼粉6%，骨粉1.0%，食盐0.5%。这种饲料配方的优点是配制成本低，而且可使氨基酸、维生素和微量元素得到一定满足。如有青绿饲料的资源，可给空怀母猪适当加大喂量，特别是喂豆科青绿饲料对母猪发情排卵有独特功效。

（2）饲喂方法　配种前为促进发情排卵，要求适时提高饲料喂量，这对提高配种受胎率和产仔数大有好处，尤其是对头胎母猪更为重要。对产仔多、泌乳量高或哺乳后体况差的经产母猪，配种前采用“短期优饲”办法，即在维持需要的基础上提高50%～100%，喂量达3.0～3.5千克/天，可促使排卵；对后备母猪，在准备配种前10～14天加料，可促使发情，多排卵，喂量可达2.5～3.0千克/天，但具体应根据猪的体况增减，配种后

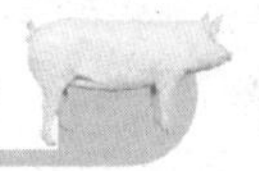

应逐步减少喂量。断奶到再配种期间，给予适宜的日粮水平，促使母猪尽快发情，释放足够的卵子，受精并成功地着床。初产青年母猪产后不易再发情，主要是体况较弱造成的。因此，要为体况差的青年母猪提供充足的饲料，以缩短配种时间，提高受胎率。配种后，立即减少饲喂量到维持水平。对于正常体况的空怀母猪每天的饲喂量为 1.8 千克。

在炎热的季节，母猪的受胎率常常会下降。一些研究表明，在日粮中添加一些维生素，可以提高受胎率。

泌乳后期母猪膘情较差，过度消瘦的，特别是那些泌乳力高的个体失重更多。乳腺炎发生机会不大，断奶前后可少减料或不减料，干乳后适当增加营养，使其尽快恢复体况，及时发情配种。断奶前膘情相当好，泌乳期间食欲好，带仔头数少或泌乳力差，泌乳期间掉膘少，这类母猪断奶前后都要少喂配合饲料，多喂青粗饲料，加强运动，使其恢复到适度膘情，及时发情配种。“空怀母猪七八成膘，容易怀胎产仔高”。

目前，许多国家把沿着母猪最后肋骨在背中线下 6.5 厘米的 P2 点（腰荐椎结合处）的脂肪厚度作为判定母猪标准体况的基准。作为高产母猪应具备的标准体况，母猪断奶后应在 2.5 分，在妊娠中期应为 3 分，产仔期应为 3.5 分。母猪体型评分见表 1-2。

表 1-2 母猪的体型评分

分值	体况	P2 点脂肪厚度 / 毫米	髋骨突起的感觉	体型
5	明显肥胖	＞ 25	用手触摸不到	圆形
4	肥	21	用手触摸不到	近乎圆形
3.5	略肥		用手触摸不明显	长筒形
3	正常	18	用手能摸到	长筒形
2.5	略瘦		手摸明显，可观察到突起	狭长形
1 ～ 2	瘦	＜ 15	能明显观察到	骨骼明显突出

2. 配种前母猪的管理

空怀母猪可以群养，以每圈栏4～5头为宜。猪舍要有充足的阳光，应有一定面积的运动场，以增强其生命力。

生产中，常有空怀母猪不发情的情况，这除了缺乏营养，特别是缺乏维生素A及维生素E以外，还可能与圈舍狭小、采光不足、长期蹲养有关。如果有的母猪出外活动也不发情，可采取措施促进母猪发情排卵。一是诱导发情。将公、母猪混圈饲养，借助公猪释放的外激素，及公、母猪的爬跨刺激，促使母猪发情。二是乳房按摩。每天早晨饲喂后，在每排乳房两侧反复做前后表层按摩10分钟，母猪发情后，改为表层按摩5分钟，再在每个乳房周围用5个手指捏压，做深层按摩5分钟。要交配的当天早晨，深层按摩10分钟，促进排卵。三是中西药催情。方1：孕马血清。采取怀孕60～120天的孕马血清，进行皮下注射，每日1次，连用2～3天，第1次5～10毫升，第2次10～15毫升，第3次15～25毫升。也可临时采集孕马全血做肌内注射。一般注射后3～5天就可以发情。方2：人绒毛膜促性腺激素。体重为75～100千克的中型母猪，1次肌内注射500～1000单位。配合孕马血清使用，效果更佳。方3：垂体前叶促性腺激素。在母猪每个发情期到来前1～2天，1次肌内注射该激素500单位，连用2天，对母猪催情和促使排卵效果显著。方4：中药方剂。当归、香附、陈皮各15克，川芎、白芍、熟地、茵陈、乌药各12克，白酒100毫升，水煎后，每日内服2次，每次外加白酒25毫升。方5：用25%的高渗葡萄糖液体30毫升，加青霉素100万单位，输入母猪子宫后半小时再配种，对患过子宫炎或阴道炎的母猪，疗效特好。如果采用什么措施都无济于事，应立即淘汰。有的不发情母猪往往是由于卵巢囊肿，或生殖器官及生殖机能发育不完全，都应淘汰。及时淘汰能使猪群保持旺盛的繁殖力，减少饲料消耗，提高生产效率。

对年龄较大、生产性能下降的母猪予以淘汰。传统栏舍饲养，母猪一般利用7～8胎，年更新比例为25%；集约化饲养，母猪

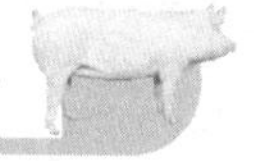

一般利用 6 ～ 7 胎，年更新比例为 30%～ 35%。对一些异常母猪，如长期不发情，经药物处理后仍无效者；虽有发情，但正常公猪连配两期未能受孕者；能正常发情、配种，但生产性能低下，产仔数低于盈亏临界点（一般头三胎累计产仔低于 24 头，2 ～ 4 胎累计产仔低于 26 头，第 3 胎后连续三胎累计产仔低于 27 头）者；出现假孕现象者；母性特差，易压死或有咬、吃仔猪之恶习者；以及出现肢体疾病者等都应该淘汰。

【提示】母猪群最佳的胎龄结构比例：3 ～ 6 胎母猪繁殖性能处于最佳时期，为保证母猪的群体繁殖力，这一胎龄阶段的母猪宜保持在 60％左右，头胎、2 胎母猪为 30％～ 35％，7 胎以上为 5%～ 10%。

三、养好妊娠母猪

从精子与卵子结合、胚胎着床、胎儿发育直至分娩，这一时期称为妊娠期（母猪的妊娠期平均为 114 天），对新形成的生命个体来说，称为胚胎期。妊娠母猪既是仔猪的生产者，又是营养物质的最大消费者，妊娠期约占母猪整个生产周期的 2/3。因此，妊娠母猪饲养管理任务是，以最少的饲料保证胎儿在母体内得到正常的生长发育，防止流产，同时保证母猪有较好的体况，为产后初期泌乳及断乳后正常发情打下基础。

（一）妊娠的判断

1. 根据发情周期判断

一般情况下，母猪发情配种后，经过一个发情周期（即 18 ～ 25 天）不再发情，就可以初步判断该母猪已经怀孕。特别是对配种前发情周期正常的母猪比较准确。

2. 根据母猪的外部表现判断

凡母猪配种后表现为贪吃、贪睡、膘情恢复快，性情温顺、行动小心，皮毛光亮紧贴身躯，腹围逐渐增大，阴门干燥，缩成一条线，尾巴下垂，如果再经过18～25天母猪仍不表现发情，就可以判定母猪已经怀孕。

3. 根据乳头的变化判断

约克夏母猪配种后，经过30天乳头变黑，轻轻拉长乳头，如果乳头基部呈现黑紫色的晕轮时，则可判断为已经怀孕。但此法不适宜长白猪的妊娠诊断。

4. 公猪试情法

配种后18～24天，用性欲旺盛的成年公猪试情，若母猪拒绝公猪接近，并在公猪2次试情后3～4天始终不发情，可初步确定为妊娠。

5. 检验尿液

取配种后5～10天的母猪晨尿10毫升左右，放入试管内测出相对密度（应在1.01～1.025之间），若过浓，则须加水稀释到上述相对密度，然后滴入1毫升5%～7%的碘酒，在酒精灯上加热，达沸点时，注意观察颜色变化。若已怀孕，尿液由上而下出现红色；若没有怀孕，尿液呈淡黄色或褐绿色，而且尿液冷却后颜色会消失。

6. 注射激素法

该方法是在母猪配种后第16天、17天，注射人工合成的雌性激素（如乙烯雌酚或苯甲酸雌二醇）。一般是在母猪耳根部皮下注射3～5毫升。注射后出现发情症候的母猪是空怀母猪，注射后5天内不表现发情症候的母猪为妊娠母猪。这种方法的准确率达90%～95%。

7. 应用超声波进行早期诊断

用特制的超声波测定仪，在母猪配种后20～29天，进行超

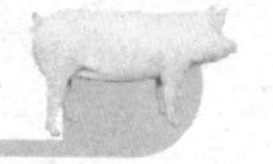

声波测定。方法是把超声波测定仪的探触器贴在母猪腹部体表后，发射超声波，根据胎儿心脏跳动的感应信号音，或者脐带多普勒信号，可判断母猪是否妊娠。配种后 1 个月之内诊断率为 80%，配种后 40 天测定其准确率为 100%。

除上述方法外，还有直肠检查法、血或乳中孕酮测定法、EPF 检测法、红细胞凝集法、掐压腰背部法和子宫颈黏液涂片检查等。母猪早期妊娠诊断方法有很多，它们各有利弊，临床应用时应根据实际情况选用。

（二）胚胎的生长和死亡规律

1. 胚胎的生长发育规律

猪的受精卵只有 0.4 毫克，初生仔猪重为 1.2 千克左右，整个胚胎期的重量增加 200 多万倍，而生后期的增加只有几百倍，可见胚胎期的生长强度远远大于生后期。

进一步分析胚胎期的生长发育情况可以发现，胚胎期前 1/3 时期，胚胎重量的增加很缓慢，但胚胎的分化很强烈，而胚胎期的后 2/3 时期，胚胎重量的增加很迅速。以民猪为例：妊娠 60 天时，胚胎重仅占初生重的 8.7%，其个体重的 60% 以上是在妊娠的后一个月增长的。所以加强母猪妊娠前、后两期的饲养管理是保证胚胎正常生长发育的关键。

2. 胚胎的死亡规律

母猪一般排卵 20 ～ 25 枚，卵子的受精率高达 95% 以上，但产仔数只有 11 头左右，这说明近 30% ～ 40% 的受精卵在胚胎期死亡。胚胎死亡一般有三个高峰期。

第一时期是妊娠前 30 天内的死亡。卵子在输卵管的壶腹部受精形成合子，合子在输卵管中呈游离状态，并不断向子宫游动，约 24 ～ 48 小时到达子宫系膜的对侧上，并在它周围形成胎盘，这个过程大约需 12 ～ 24 天。受精卵在第 9 ～ 13 天的附植初期，易受各种因素的影响而死亡，如近亲繁殖、饲养不当、热应激、产道感染等，这是胚胎死亡的第一个高峰期。

第二时期是妊娠中期的死亡。妊娠60～70天后胚胎生长发育加快，由于胚胎在争夺胎盘分泌的某种有利于其发育的类蛋白质类物质而造成营养供应不均，致使一部分胚胎死亡或发育不良。此外，粗暴地对待母猪，如鞭打、追赶等以及母猪间互相拥挤、咬架等，都能通过神经刺激而干扰子宫血液循环，减少对胚胎的营养供应，增加死亡。这是胚胎死亡的第二个高峰期。

第三时期是妊娠后期和临产前的死亡。此期胎盘停止生长，而胎儿迅速生长，或由于胎盘机能不健全，胎盘循环失常，影响营养物质通过胎盘，不足以供给胎儿发育所需营养，致使胚胎死亡。同时母猪临产前受不良刺激，如挤压、剧烈活动等，也可导致脐带中断而死亡。这是胚胎死亡的第三个高峰期。

胚胎存活率高低，表现为窝产仔数。影响胚胎存活率高低的因素很多，也很复杂，主要有以下几种。

（1）遗传因素　不同品种猪的胚胎存活率有一定的差异。据报道，梅山猪在妊娠30日龄时胚胎存活率（85%～90%）高于大白猪（66%～70%），其原因与子宫内环境有很大关系。

（2）近交与杂交　繁殖性状是对近交反应最敏感的性状之一，近交往往造成胚胎存活率降低，畸形胚胎比例增加。因此在商品生产群中要竭力避免近亲繁殖。杂交与近交的效应相反，繁殖性状是杂种优势表现最明显的性状，窝产仔数的杂种优势率在15%以上。因此在商品生产中应尽力利用杂种母猪。

（3）母猪年龄　在影响胚胎存活率的诸因素中，母猪的年龄是一个影响较大、最稳定、最可预见的因素。一般规律是，第五胎以前，窝产仔数随胎次的增加而递增，至第七胎保持这一水平，第七胎后开始下降。因此要注意淘汰繁殖力低的老龄母猪，由壮龄母猪构成生产群。

（4）公猪的精液品质　在公猪精液中，精子占2%～5%，每毫升精液中约有1.5亿精子，正常精子占大多数。公猪精液若精子

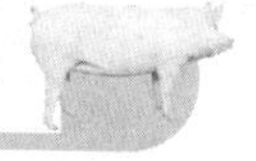

密度过低、死精子或畸形精子过多、pH过高或过低、颜色发红或发绿等，均属异常精液，用产生异常精液的公猪进行配种或人工授精，会降低受精率，使胚胎死亡率增高。

（5）母猪体况及营养水平　母猪的体况及饲粮营养水平对母猪的繁殖性能有直接的影响。母体过肥、过瘦都会使排卵数减少，胚胎存活率降低。妊娠母猪过肥会导致卵巢、子宫周围过度沉积脂肪，使卵子和胚胎的发育失去正常的生理环境，造成产仔少、弱小仔猪比例上升。在通常情况下，妊娠前、中期容易造成母猪过肥，尤其是在饲粮缺少青绿饲料的情况下，危害更为严重。母体过瘦，也会使卵子、受精卵的活力降低，进而使胚胎的存活率降低。中上等体况的母猪，胚胎成活率最高。母猪饲料营养不全，特别是缺乏蛋白质、维生素A、维生素D、维生素E、钙和磷等容易引起死胎；饲喂发霉变质、有毒有害、有刺激性的饲料或冬季喂冰冻饲料容易导致流产。

（6）环境因素　当外界温度长时间超过32℃时，妊娠母猪通过血液调节已维持不了自身的热平衡而产生热应激，胚胎的死亡率明显增加。从机理上看，可能是由于在高温环境下，母猪体内促肾上腺皮质素和肾上腺皮质素的分泌急剧增加，从而控制了脑垂体前叶促性腺激素的分泌和释放，造成母猪卵巢功能紊乱或减退。同时，高温还能使母猪的子宫内环境发生许多不良改变，使早期妊娠母猪的胚泡附植受阻，胚胎成活率明显降低，产仔数减少，死胎、畸形胎增多。公猪对高温更为敏感，可使睾丸组织中的精母细胞活力降低，精子数量明显减少，死精和畸形精子增加，活力下降，此时配种，母猪受胎率和胚胎成活率显著降低。

（7）某些疾病　如主要有猪瘟、细小病毒病、日本乙型脑炎、伪狂犬病、繁殖与呼吸综合征、肠病毒病、布鲁氏菌病、螺旋体病等可引起死胎或流产。

（8）内分泌不足　孕酮参与控制子宫内环境，如果血浆孕酮水平下降较高，子宫内环境的变化就会与胚胎的发育阶段不相适应。在这种情况下，子宫内环境对胚胎会产生损伤作用。妊娠前期饲养水平过高，会引起血浆中的孕酮水平下降。

【提示】防止胚胎死亡措施：做好妊娠后前20天和妊娠期90天以后两个关键时期的管理。具体措施如下。①妊娠母猪的饲料要好，营养要全。尤其应注意供给足量的蛋白质、维生素和矿物质，不要把母猪养得过肥。②不要喂发霉变质、有毒有害、有刺激性和冰冻的饲料。③妊娠后期可增加饲喂次数，每次给量不宜过多，避免胃肠内容物过多而压挤胎儿。产前应给母猪减料。④防止母猪咬斗和滑倒等，不能追赶或鞭打母猪。⑤夏季防暑，冬季保暖防冻。⑥应有计划配种，防止近亲繁殖。⑦要掌握好发情规律，做到适时配种。⑧注意卫生，防止疾病。

（三）妊娠母猪的代谢特点与体重变化

妊娠母猪合成代谢效率很高，特别是妊娠前期，母猪在妊娠期的增重远高于喂同等日粮的空怀母猪，这是由于妊娠母体内某些激素分泌增加所致的，如甲状腺素、三碘甲状腺氨酸、肾上腺皮质激素以及胰岛素等，促使了妊娠母猪对饲料营养物质的同化作用，表现为比空怀时沉积的脂肪和肌肉多。因此妊娠母猪适宜采用低营养水平饲养。

母猪妊娠期增重的内容包括母体本身组织增长和子宫及其内容物（胎儿、胎膜、胎水）的增长。在妊娠前期的增重中，母体本身组织增长占绝大部分，子宫及其内容物的增长随妊娠期的延长而加速，到妊娠后期子宫及其内容物的增重占一半以上。因此母猪在妊娠后期应提高营养水平。由表1-3可以看出妊娠母猪各时期的体重变化，妊娠母猪全程增重27～39千克。妊娠中后期，胎儿发育迅速，由于腹腔容积渐小而降低采食量，妊娠母猪合成代谢率降低，胎儿对能量的要求日益超过母猪，结果是脂肪沉积的合成代谢反而为脂肪分解的降解代谢所替代。断奶的母猪由于产仔和哺乳使体重减幅较大，这就要求在下一个妊娠期来弥补体重的损失，以保证母猪连续高产、稳产。

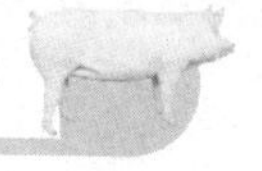

表 1-3　妊娠期各阶段的母猪体内容物变化

项　目	0～30天	31～60天	61～90天	90～114天
日增重/克	647	622	456	408
骨与肌肉/克	290	278	253	239
皮下脂肪/克	162	122	－23	－69
子宫/克	33	30	38	39
板油/克	10	－4	－6	－22
子宫内容物/克	62	148	156	217

（四）妊娠母猪的饲养管理

1. 营养需要

（1）能量　妊娠期能量需要包括维持和增长两部分，增长又分母体增长和繁殖增长。很多报道认为妊娠增长为45千克，其中母体增长25千克，繁殖增长（胎儿、胎衣、胎水、子宫和乳房组织）20千克。中等体重（140千克）妊娠母猪维持需要5.0兆卡[1]代谢能/天，母体增长25千克，平均日增219克，据估算每千克增重需5.0兆卡代谢能，219克需1.095兆卡代谢能。繁殖增长日增175克，约需0.274兆卡代谢能。以此推算：妊娠前期根据不同体重，每日需要4.5～5.0兆卡代谢能，妊娠后期每日需要6.0～7.0兆卡代谢能。

（2）粗蛋白质　蛋白质对胚胎发育和母猪增重都十分重要。妊娠前期母猪需要粗蛋白质176～220克/天，妊娠后期需要260～300克/天。饲料中粗蛋白质水平为12%。蛋白质的利用率决定于必需氨基酸的平衡。

（3）钙、磷和食盐　钙和磷对妊娠母猪非常重要，是保证胎儿骨骼生长和防止母猪产后瘫痪的重要元素。妊娠前期需钙10～12克/天，磷8～10克/天，妊娠后期需钙13～15克/

[1] 1兆卡＝4.1840兆焦。

天，磷 10 ～ 12 克 / 天。碳酸钙和石粉可补充钙的不足，磷酸盐或骨粉可补充磷。使用磷酸盐时应测定氟的含量，氟的含量不能超过 0.18%。饲料中食盐为 0.3%，补充钠和氯，维持体液的平衡并提高适口性。其他微量元素和维生素的需要由预混料提供。

（4）妊娠期母猪参考配方　配方 1：玉米 51.6%，菜粕 10%，麦麸 20%，米糠 10%，黄豆 5%，骨粉 2.4%，生长素 0.5% ，食盐 0.5%；配方 2：玉米 59%，麦麸 10%，米糠 10%，黄豆 10%，骨粉 2.4%，鱼粉 4%，蚕蛹 4%，微量元素 0.3%，食盐 0.3%。

2. 饲养

饲养妊娠母猪的任务：一是保证胎儿在母体内顺利着床并正常发育，防止流产，提高配种分娩率；二是确保每窝都能生产尽可能多的、健壮的、生活力强的、初生重大的仔猪；三是保持母猪中上等体况，为哺乳期储备泌乳所需的营养物质。针对母猪在妊娠不同时期不同的生理特点及对日粮的不同需求，按照“低妊娠，高泌乳”的饲养方式是一种可行的饲养方法。

（1）妊娠早期（0 ～ 20 天）　对这一时期母猪饲养上的营养建议水平争议颇多。一些证据表明，过量饲喂会降低尚未着床的胚胎的存活（胚胎在第 14 ～ 18 天附植于子宫壁），但另外一些研究表明，饲喂水平对胎儿的存活没有影响。某些应激因素如过热、环境不适、吵闹、对水和事物的渴求、猪舍周围的侵略性威胁等都可能降低妊娠期第一个月胚胎的存活。

由于高饲料采食量对胚胎存活的作用尚未阐明，下述做法是合乎逻辑的，即在妊娠的头三个星期不要过量饲喂，如喂过多的精料，大部分转化为母体增重，这样，不仅不利于胎儿发育，而且母猪会养得过肥，影响产仔率和仔猪成活率。但也不要对采食量限制太多，饲喂水平太低，比如每日 1.4 ～ 1.5 千克的饲喂量不但可能引起母猪挨饿，而且这个数量可能比产仔能力高的母猪的维持需要能量还低。

（2）妊娠中期（21 ～ 100 天）　现在普遍认为，如有必要，

妊娠中期需要对体脂的贮存状况进行评估和纠正，因此，这一时期应根据母猪膘情进行饲喂。对体况较差哺乳期消耗较大的经产母猪，为迅速恢复其妊娠后的体况，除喂优质青绿饲料外，还应适当添加部分精料，以维持体况保持中等水平。

（3）妊娠后期（100天～分娩）　由于胎儿的生长发育和母体的增重都较快，因此妊娠后期要增加母猪采食量以便让胎儿快速生长。在妊娠的最后2～3个星期这一点尤为重要，每100千克体重喂给2千克的饲料，其中1千克用于维持母猪自身生活，1千克用于增重和胎儿生长，每千克日粮中粗蛋白质占16%～18%，骨粉4%，食盐0.5%，胡萝卜素7～8毫克。在这个阶段，如果饲料喂量不足，不仅胎儿发育不良，不整齐，生下的仔猪弱，育成率下降，同时也给母猪今后的连产带来不利影响。妊娠后期饲喂量的增加需要持续到分娩前的一两天，此时，饲喂量应酌量减少以避免便秘并使分娩顺利进行，但必须保证母猪能喝到足够的水。

总之对于妊娠母猪的饲料喂量，应根据母猪体重、气候条件，灵活掌握，以保证母猪体况适宜，既不过肥，也不过瘦。

3. 管理

（1）保证饲料质量　要求日粮为质高均衡的全价饲料，并且配合青绿饲料最好。注意饲料的发霉变质，发霉和有毒的饲料原料应废弃。

（2）饲养方式　饲养方式可分为小群饲养和单栏饲养。妊娠母猪对环境的要求及习惯如下。猪比较喜好干净卫生的环境。要求饲养人员首先要抓好母猪的定位工作，让它定点排粪尿，日后母猪会养成很好的卫生习惯，减少疾病的发生。猪是群居性动物（公猪要单饲），每头猪躺卧占地面积约1.5米^2，每个圈舍饲养3～4头，每头猪要有足够的休息空间。母猪分群饲养时，要大小分开，强弱分开，病残猪只单独饲养，以避免饲喂时争食、打架、相互咬伤等。单栏饲养也叫禁闭式饲养，妊娠母猪从空怀阶段开始到妊娠产仔前，均饲养在宽 60 ～ 70 厘米、长 2.1 米的栏内，优点是吃食量均匀，没有相互间碰撞，缺点是不能自由活动，蹄病较多。

（3）良好的环境条件　猪喜凉怕热，妊娠母猪适宜的温度为 10 ～ 28℃。由于母猪体脂较高，汗腺又不发达，外界温度接近体温时，母猪会忍耐不了，出现腹式呼吸，同时体内胎儿得不到充足的氧，出现流产，死胎、木乃伊增加。定期通风换气，降低舍内氨气、甲烷等有害气体的浓度。尤其是冬季，通风换气与保温相矛盾，饲养人员往往忽略了通风换气工作。饲养人员除了每天饲喂工作外，还要求每天清除圈舍粪便，保持圈舍卫生清洁，观察母猪粪便有无异常，哪头母猪出现了问题，要及时给予治疗。拉干粪的母猪，要喂些青绿饲料或键胃药物。同时要勤观察母猪是否有流产痕迹，是否有发情的母猪，要及时调出，避免爬跨其他母猪，造成不必要的机械流产；母猪耳标有脱落的，要及时补打；母猪有外伤的，及时隔离治疗；围产期母猪是否有产仔的迹象；饮水器是否有水；食槽、水管、圈栏、地面、漏粪板有破损的，要及时调圈修理；设备是否能正常运行；舍内温度、湿度情况，要定期通风换气；舍内粪沟贮粪情况，及时抽粪排出；舍内物品摆放整齐；舍门口消毒脚池每大更换一次，进行常规带猪消毒工作；公猪的刷拭训练及运动；本段舍外场区的卫生等。

（4）消毒工作　妊娠母猪常规每周带猪消毒 3 次，采取隔日消毒。消毒药物有氯制剂、酸制剂、碘制剂、季铵盐类、甲醛、高锰酸甲等。老场要求用强消毒剂，季铵盐类消毒剂多用于母猪上床清洗及新场的日常消毒。带猪消毒切记浓度过大，一定要按标准配制消毒液。带猪要喷雾消毒，消毒要彻底，不留死角。空舍净化消毒，要求达到终末消毒；净化程序为：清理—火碱闷—冲洗—熏蒸—消毒剂消毒。

（5）免疫工作　妊娠期的母猪防疫，一定要考虑母猪对疫苗的反应。比如：母猪对口蹄疫疫苗（尤其是亚 O 型口蹄疫疫苗）

的反应就很明显。免疫后体温升高，不进食等，建议对刺激性强的疫苗，后期母猪要推迟免疫，待产后补免。有的疫苗注射后，个别猪只甚至出现休克死亡，要求免疫后饲养人员勤观察，发现问题，及时汇报兽医人员，并辅助兽医人员及时抢救，减少损失。

（6）耐心的管理　饲养妊娠母猪，要求饲养人员要温和耐心细致，不要打骂惊吓母猪，培养母猪温顺的性情，以利于泌乳阶段带好仔猪。每天都要观察母猪吃料、饮水、粪尿和精神状态，做到治病防病。要让妊娠母猪适当地运动。无运动场的猪舍，要赶至圈外运动。在产前 5 ～ 7 天应停止驱赶运动。

（五）分娩前后母猪的饲养管理

1. 母猪分娩前后的饲养要点

（1）分娩前的饲养　产前几天，根据母猪膘情肥瘦、乳房表现决定增减饲料。体况良好的母猪，在产前 5 ～ 7 天应逐步减少 20％～ 30％的精料喂量，到产前 2 ～ 3 天进一步减少 30％～ 50％，青料也减量或停喂，避免产后最初几天泌乳量过多或乳汁过浓引起仔猪下痢或母猪发生乳房炎。体况一般的母猪不减料，对体况较瘦弱的母猪可适当增加优质蛋白质饲料，以利于母猪产后泌乳。临产前母猪的日粮中，可适量增加麦麸等带轻泻性饲料，可调制成粥料饲喂，并保证供给饮水，以防母猪便秘导致难产。产前 2 ～ 3 天不宜将母猪喂得过饱。

（2）分娩当天的饲养　母猪在分娩当天因失水过多，身体虚弱疲乏，此时可补喂 2 ～ 3 次麸皮盐水汤，补充其体液消耗。每次麸皮 250 克，食盐 25 克，水 2 千克左右。一般母猪产后消化机能较弱，食欲不好，不宜喂料过多。个别母猪也可能多吃，喂得过多容易发生“顶食”，以后几天不吃食，影响泌乳，造成仔猪死亡，所以一定要控制喂给量。

（3）分娩后的饲养　在分娩后 2 ～ 3 天内，由于母体虚弱，消化机能差，不可多喂精料，可喂些稀拌料（如稀麸皮料），并保证清洁饮水的供应，以后逐渐加料，经 5 ～ 7 天后按哺乳母猪标准饲喂。

2. 母猪分娩前后的管理

管理措施是产前 7 ～ 10 天宜早进产房，使母猪熟悉环境条件。在圈内铺上清洁干燥的垫草，母猪产仔后立即更换垫草，清除污物，保持垫草和圈舍的干燥清洁。注意进出栏门，防止事故，加强观察。生产完毕，立即用温水与消毒液清洗消毒乳房、阴部与后躯血污。要防止贼风侵袭，避免母猪感冒引起缺奶造成仔猪死亡。胎衣排出后立即取出，防止母猪吞吃，引起消化不良与形成吃仔猪的恶癖。妊娠后期饲养不良，则产后 2 ～ 5 天由于血糖、血钙突然减少等原因，常易发生产后瘫痪，食欲减退或废绝，乳汁分泌减少甚至无奶，这时除进行药物治疗外，应检查日粮营养水平，喂给易消化的全价日粮，刷拭皮肤，促进血液循环，增加垫草，经常翻转病猪，防止发生褥疮。产后 2 ～ 3 天不让母猪到户外活动，产后第 4 天无风时可让母猪到户外活动。让母猪充分休息，尽快恢复体力。哺乳母猪舍要保持安静，以利于母猪哺乳。要注意，对产后母猪的观察，如有异常及时请兽医诊治。

四、注重种公猪的饲养管理

（一）种公猪的饲养

种公猪在某种意义上可以说是制造精液和精子的机器。种公猪对整个猪群的作用很大，自然交配时每头公猪可负担 20 ～ 30 头母猪的配种任务，一年繁殖仔猪 400 ～ 600 头；人工授精时每头公猪一年可繁殖仔猪万头左右。农谚中说“母猪好管一窝，公猪好管一坡”，充分表明种公猪在猪群中的重要作用。因此，加强种公猪的饲养管理，提高公猪的配种效率，对增加仔猪数量，改进猪群品质，都是十分重要的。要提高种公猪的配种效率，必须经常保持营养、运动和配种利用三者之间的平衡。营养是保证公

猪健康和生产优良精液的物质基础；运动是增强公猪体质、提高繁殖机能的有效措施；而配种利用即是决定营养和运动需要量的依据。例如，在配种繁殖季节，则应加强营养，减少运动量；而在非配种季节，则可适当降低营养，增加运动量，以免公猪肥胖或者消瘦而影响公猪的性欲和配种效果。

1. 种公猪的营养需要

公猪的射精量在各种畜禽中是最高的，一次射精量200～300毫升，含有精子约250亿个。其中水分占97%，粗蛋白质占1.2%～2%，脂肪占0.2%，灰分占0.9%。为了保证种公猪具有健壮的体质和旺盛的性欲，提高射精量和精液品质，就要从各方面保证公猪的营养需要。种公猪营养需要的特点，要求供给足够的蛋白质、矿物质和维生素。饲粮中蛋白质的品质和数量对维持种公猪良好的种用体况和繁殖能力，均有重要作用。供给充足优质的蛋白质，可以保持公猪旺盛的性欲，增加射精量，提高精液品质和延长精子的存活时间。因此，在配制公猪饲粮时，要有一定比例的动物性蛋白质饲料（如鱼粉、血粉、肉骨粉等）与植物性蛋白质饲料（如豆类及饼粕类饲料）。在以禾本科籽实为主的饲料条件下，应补充赖氨酸、蛋氨酸等合成氨基酸，对维持种公猪生殖机能有良好的作用。种公猪饲粮中能量水平不宜过高，控制在中等偏上（每千克饲粮含消化能10.46～12.56兆焦）水平即可。长期喂给高能量饲料，公猪不能保持结实的种用体况，因体内脂肪沉积而肥胖，造成性欲和精液品质下降；相反能量水平过低，公猪消瘦，精液量减少，性机能减弱。

矿物质对公猪的精液品质和健康有显著影响。饲粮中钙不足或缺乏时，精子发育不全，活力降低或死精子增加；缺磷引起生殖机能衰退；缺锰会产生异常精子；缺锌使睾丸发育不良，精子生成停止；缺硒引起贫血，精液品质下降，睾丸萎缩。公猪饲粮多为精料型，一般含磷多钙少，故需注意钙的补充。食盐在公猪日粮中也不可缺少。在集约化养猪条件下，更需注意补充上述微量元素，以满足其营养需要。

维生素A、维生素D和维生素E对精液品质亦有很大影响。长期缺乏维生素A时，会使公猪睾丸肿胀或萎缩，不能产生精子，失去繁殖能力。缺乏维生素E时，亦会引起睾丸机能退化，精液品质下降。公猪可从青绿饲料中获得维生素A、维生素E，在缺乏青饲料的条件下，应注意补充多维。维生素D影响钙磷代谢，间接影响精液品质。日粮中每千克应供给维生素A 4100国际单位，维生素D 275国际单位，维生素E 11毫克。饲料中维生素D含量虽少，但只要公猪每天有1～2小时的日光浴，便可使皮内的7-脱氢胆固醇转化为维生素D，满足机体需要。故公猪舍应向阳，并伴有运动场，其原因便在于此。

2. 饲喂

公猪饲养应随时注意营养状况，使其终年保持健康结实、不肥不瘦、性欲旺盛、精力充沛的体质。过肥的公猪整天贪睡，性欲减弱，甚至不能配种。当发现种公猪过肥时，则应通过减少能量饲料喂量，增喂青饲料，加强运动来纠正。如果公猪过瘦，则说明营养不足或配种过度，则应及时调整饲粮和控制配种次数。

在常年分散产仔的猪场，公猪配种任务比较均匀，因此，全年各月都要维持公猪配种期所需要的营养水平。采用季节集中产仔时，则需要在配种开始前1～1.5个月逐渐增加营养，做好配种前的准备，待配种季节结束以后，再逐渐适当降低营养水平。配种期间每天可加喂2～4枚鸡蛋或小鱼、小虾等动物性蛋白质饲料，以保证良好的精液品质。冬季寒冷时，饲粮的营养水平应比饲养标准提高10%～20%。种公猪应用精料型日粮。配制种公猪饲粮，每千克含消化能12.55兆焦，粗蛋白质12%～14%，钙0.66%，磷0.53%，食盐0.35%。公猪饲粮体积不宜过大，以免形成垂腹影响配种。日粮中饲料合理搭配是养好种公猪的重要措施。配制日粮时应因地制宜并注意以下几点：一是饲料新鲜质量好；二是种类繁多配精料；三是鱼粉、骨粉加食盐；四是采

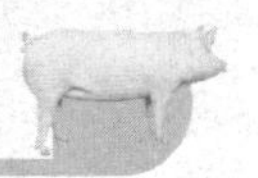

精不忘喂鸡蛋。一般大型良种公猪每日喂青料 3 千克，精料（配合料）3 千克。配合比例为玉米 25%，豆饼 25%，米糠 20%，麸皮 25%，鱼粉 2.5%，骨粉 2%，食盐 0.5%。采精后补饲鸡蛋 1～2 个，确保公猪精力充沛，性欲旺盛。总之，在规模化养猪条件下，应采用针对种公猪生理特点配制的营养均衡的全价配合饲料。表 1-4 为公猪日粮配方。

表 1-4　公猪日粮配方

饲　料	非配种期	配种期
玉米 /%	60.5	67
豆饼 /%	19	25.3
麸皮 /%	15	0
大麦 /%	0	4.2
草粉 /%	3	0
鱼粉 /%	0	1
骨粉 /%	2	2
食盐 /%	0.5	0.5
合计 /%	100	100
消化能 /（兆焦 / 千克）	12.84	13.68
粗蛋白质 /%	15.07	16.66
钙 /%	0.71	0.73
磷 /%	0.65	0.56

注：另外添加维生素和微量元素。

（二）种公猪的管理

1. 建立日常管理制度

要根据不同季节为种公猪制订一套饲喂、运动、洗刷和采精等日常管理制度，使公猪养成良好的习惯，形成条件反射，以利于公猪的健康和利用。种公猪的饲养管理制度一经制订，就必须执行，不要随便更改。

2. 单圈饲养

种公猪要单圈饲养，公猪舍放在场内安静、向阳和离母猪舍有一定距离的地方，这样可以减少刺激，以免受母猪和其他公猪影响而造成精神不安，食欲减退，同时避免相互间爬跨和造成自淫的恶习，甚至降低公猪的种用价值。

3. 保持圈舍和猪体的清洁卫生

公猪圈舍应天天坚持打扫，保持清洁、干燥，每天用刷子刷拭 1 ～ 2 次皮毛，保持猪体清洁，防止皮肤病和体外寄生虫病的发生，同时能加强公猪的性欲。通过刷拭，还可以促进血液循环，加强新陈代谢。炎热夏天还可洗浴 1 ～ 2 次。要特别注意保持公猪阴囊和包皮的清洁卫生。

4. 合理运动

种公猪的适当运动是养好公猪的重要措施之一。加强公猪运动，不仅可促进食欲，增强体质，避免虚胖，提高精液质量，而且还可防止肢蹄病的发生。公猪运动场应宽敞、阳光充足。饲料营养水平过高，若运动不足会引起公猪贪睡虚胖，睾丸发生脂肪变性，性欲衰退，爬跨时后肢无力，死精增多，精子活力不强等现象。因此，种公猪一般每天要坚持运动 2 次，上、下午各 1 次，每次运动 1 小时，行程 2 ～ 3 千米，有条件时可对公猪进行放牧，这也可代替运动。夏季宜早晚运动，冬季中午运动。公猪运动后不要立即洗浴或饲喂。并注意防止公猪因运动量过大而造成疲劳。配种旺期，应适当减少运动，非配种期和配种准备期应适当增加运动。

5. 注意防暑降温和防寒保暖

公猪体型大，皮下脂肪厚，汗腺又不发达，对炎热和寒冷的耐受能力都较差。在夏季炎热的天气，可以在公猪栏内洒水和给公猪水浴降温（每天水浴 1 ～ 2 次），也可采用水帘降温。冬季寒冷时，圈内多铺垫草，堵塞墙壁、门窗、顶棚上的一切缝隙，以防贼风侵袭。

6. 定期称重

公猪应定期称重，根据体重变化情况检查饲料是否适当，以便及时调整日粮。对正在生长的幼龄公猪，要求体重逐月增加，但不宜过肥。成年公猪体重应无太大变化，但需要经常保持中上等膘况。

7. 定期检查精液品质

配种季节应重视精液品质的检查，最好7～10天检查1次。根据精液品质好坏，调整营养、运动和配种次数，这是保证公猪健康和提高受胎率的重要措施之一。对种公猪还应合理利用，利用不当会影响后期生产性能。

（三）种公猪的合理利用

配种利用是饲养种公猪的唯一目的，种公猪利用得当是发挥种公猪在人工授精中效能的重要因素之一。实践证明，公猪初配年龄和采精次数对精液品质影响很大，而精液品质的优劣与受胎率的高低、产仔数的多少有着密切关系，受胎率与精子密度和正常精子百分比呈正相关。因此，应根据饲养管理条件和年龄等因素，对种公猪进行合理的利用。

1. 公猪的初情期与性成熟

公猪的初情期是指公猪第1次射出成熟精子的年龄（有人认为是精液精子活率应在10%以上，有效精子总数在5000万时的年龄）。猪的初情期一般在3～6月龄。初情期公猪的生殖器官及其机能还未发育完全，一般不宜此时参加配种，否则将降低受胎率与产仔数，并影响公猪生殖器官的正常生长发育。

公猪的性成熟是指生殖器官及其机能已发育完全，具备正常繁殖能力的年龄。一般在5～8月龄。适宜的配种年龄一般稍晚于性成熟的年龄，以提高繁殖力。

公猪达到初情期后，在神经和激素的支配和作用下，表现出性欲冲动、求偶和交配三方面的反射，统称为性行为。

2. 公猪的射精量与精液组成

公猪的射精量大，一般为 150 ～ 500 毫升，平均 250 毫升。公猪精液由精子和精清两部分组成，在不同的射精阶段两部分的比例不同。第一阶段射出的是精子前液，主要由凝胶和液体构成，只有极少不会活动的精子，占射精总量的 10%～ 20%；第二阶段射出的是富含精子的部分，颜色从乳白色到奶油色，占射精总量的 30%～ 40%；第三阶段射出的是精子后液，由凝胶和水样液构成，几乎不含精子，占射精总量的 40%～ 60%。据测定，在附睾内精子贮备达到稳定之后，射精持续时间一般为 5 ～ 10 分钟，平均 8 分钟。除了第一和第二阶段之间有一短暂间歇外，射精一般都是连续进行的。

3. 猪的人工授精

人工授精技术目前在猪场普遍应用，可以提高优秀种公猪的利用率，加快猪种遗传改良的速度，提高商品猪质量；确保配种环节中的公猪精液质量，克服公、母猪因体格大小差异以及时间、区域的差异所造成的配种困难，适时配种，提高配种妊娠率及分娩率；减少由于配种所带来的疾病传播；减少种公猪饲养数量，节省公猪饲养费用，是猪场降低成本和提高效益的重要措施之一，同时可充分发挥优秀种猪的作用。

（1）采精前的准备及采精次数

① 公猪的选择　应选已满 7 月龄，体重在 110 ～ 120 千克的健康的优秀公猪（经性能测定后再选更佳）以供采精。种公猪一般每 7 天采精 1 次；满 12 月龄后，每周可增加到 2 次；成年后每周采精 2 ～ 3 次。采精用的公猪一般使用 2 ～ 3 年后即淘汰，也可以根据猪种改良的实际需要，及时用更优秀的公猪进行更新。

② 所需器械　采精杯（保温杯亦可），用前应预热并保持 37℃（可在 40℃左右热水中预热），将消毒纱布或滤纸固定（橡

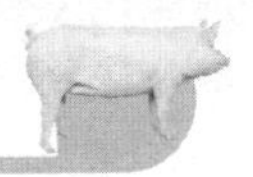

皮筋）在杯口，并微向内凹；乳胶手套一副；假台猪一个。

③ 准备地方　准备好一个采精的地方，该处要防止积水地滑。

④ 采精训练　公猪要先进行采精训练，使之适应假台猪采精，要事先清理采精公猪的腹部及包皮部，除去脏物并剪掉包皮毛。

（2）采精方法　通常采用徒手采精法，此种方法由于不需要特别设备，操作简便易行。采精员戴上消毒手套，蹲在假母猪左侧，等公猪爬上后，用0.1%的高锰酸钾溶液将公猪包皮附近洗净消毒，当公猪阴茎伸出时，导入空拳掌心内，让其转动片刻，用手指由轻至紧，握紧阴茎龟头不让其转动，待阴茎充分勃起时，顺势向前牵引，手指有弹性、有节奏地调节压力，公猪即可射精。另一只手持带有过滤纱布集精瓶收集精液，公猪第一次射精完成，按原姿势稍等不动，即可进行第二、第三或第四次射精，直至完全射完，采集的精液应迅速放入30℃的保温瓶中。由于猪精子对低温十分敏感，特别是当新鲜精液在短时间内剧烈降温至10℃以下时，精子将产生不可逆的损伤，这种损伤称为冷休克。因此在冬季采精时应注意精液的保温，以避免精子受到冷休克的打击不利于保存。集精瓶应该经过严格消毒、干燥，最好为棕色，以减少光线直接照射精液而使精子受损。由于公猪射精时总精子数不受爬跨时间、次数的影响，因此没有必要在采精前让公猪反复爬跨母猪或假母猪提高其性兴奋程度。

（3）精液质量检查　检查精液的数量、色泽、气味、pH值、精子活率、精子密度以及精子形态，保证精子优质。

（4）精液稀释和分装

① 精液采集后应尽快稀释，原精储存不超过30分钟。未经品质检查或检查不合格（活率0.7以下）的精液不能稀释。

② 稀释液与精液要求等温，两者温差不超过1℃，即稀释液应加热至33～37℃，以精液温度为标准，来调节稀释液的温度，绝不能反过来操作。

③ 稀释时，将稀释液沿盛精液的杯（瓶）壁缓慢加入到精液中，然后轻轻摇动或用消毒玻璃棒搅拌，使之混合均匀。

④ 如作高倍稀释时，应进行低倍稀释［1 ：（1 ～ 2)］，稍待片刻后再将余下的稀释液沿杯（瓶）壁缓慢加入，以防造成“稀释打击”。

⑤ 稀释倍数的确定。活率≥ 0.7 的精液，一般按每个输精剂量含 40 亿个总精子，输精量为 80 ～ 90 毫升确定稀释倍数。例如：某头公猪一次采精量是 200 毫升，活率为 0.8，密度为 2 亿 / 毫升，要求每个输精剂量含 40 亿个精子，输精量为 80 毫升，则总精子数为 200 毫升 ×2 亿个 / 毫升＝ 400 亿个，输精头份为 400 亿个 ÷40 亿个＝ 10 份，加入稀释液的量为 10×80 毫升－ 200 毫升＝ 600 毫升。

⑥ 稀释液的配方。见表 1-5。

表 1-5 稀释液的配方

配方名称	配方组成
Kiev	葡萄糖 6 克，EDTA（乙二胺四乙酸）0.37 克，二水柠檬酸钠 0.37 克，碳酸氢钠 0.12 克，蒸馏水 100 毫升
IVT	二水柠檬酸钠 2 克，无水碳酸氢钠 0.21 克，氯化钾 0.04 克，葡萄糖 0.3 克，氨苯磺胺 0.3 克，蒸馏水 100 毫升，混合后加热使充分溶解，冷却后通入 CO_2 约 20 分钟，使 pH 达 6.5。此配方欧洲应用较广
奶粉 - 葡萄糖液（日本）	脱脂奶粉 3 克，葡萄糖 9g，碳酸氢钠 0.24 克，α - 氨基对甲苯磺酰胺盐酸盐 0.2 克，磺胺甲基嘧啶钠 0.4 克，火菌蒸馏水 200 毫升
我国常用配方	葡萄糖 5 ～ 6 克，柠檬酸钠 0.3 ～ 0.5 克，EDTA 0.1 克，抗生素 10 万单位，蒸馏水加至 100 毫升。（目前常使用庆大霉素、林肯霉素、大观霉素、新霉素、黏菌素等）

⑦ 不准随便更改各种稀释液配方的成分及其比例，也不准几种不同配方稀释液随意混合使用。

⑧ 稀释后要求静置片刻再作精子活力检查，如果稀释前后活力一样，即可进行分装与保存；如果活力下降，说明稀释液的配制或稀释操作有问题，不宜使用，应查明原因并加以改进。稀释后的精液应分装在 30 ～ 40 毫升（一个精量）的小瓶内保存。要装满瓶，瓶内不留空气，瓶口要封严。保存的环境温度为 15℃左右（10 ～ 20℃）。通常有效保存时间为 48 小时左右，如原精液

品质好，稀释得当可达 72 小时左右。按以上要求保存的精液可直接运输，在运输过程中要避免振荡，保持温度（10 ～ 20℃）。

⑨ 注意事项。

第一，分装后的精液如果要保存备用，则不可立即放入 17℃左右的恒温冰箱内，应先留在冰箱外 1 小时左右，让其温度下降，以免因温度下降过快刺激精子，造成死精子等增多。

第二，从放入冰箱开始，每隔 12 小时，要摇匀一次精液，因精子放置时间一长，会大部分沉淀。每次摇动时，动作要轻缓均匀，同时观察精液的色泽状况，并做好记录，发现异常及时处理。

第三，保存过程中，要切实注意冰箱内温度的变化（通过温度计的显示），以免因意想不到的原因而造成电压不稳，从而导致温度升高或降低。

第四，远距离购买精液时，运输是关键的环节。高温的夏天，一定要在双层泡沫保温箱中放入冰块（17℃恒温），再放精液进行运输，以防止天气过热，死精太多。严寒的季度，要采取保温措施防止精液因寒冷使精子死亡。

（5）输精时间、准备和输精管选择

① 适时输精　保存的精液随着保存时间的影响，精子活力逐渐变弱，死精子数增多，母猪受胎率偏低。适时输精的时间可以这样掌握：上午发现有呆立反应的母猪，下午输精一次，第二天下午再进行第二次输精；下午发现有呆立反应的母猪，第二天上午输精一次，第三天上午进行第二次输精。最成功的输精应在呆立反应开始后 18 ～ 30 小时进行。

② 输精的准备　输精前，精液要进行显微镜检查，检查精子密度、活力、死精率等。死精率超过 20% 的精液不能使用。输精使用的输精管，要严格清洗、消毒并使之干燥，用前最好用精液冲一下。要清洗待输母猪的外阴部，并用一次性消毒纸巾擦拭，预防将病原微生物等带入母猪阴道。

③ 输精管的选择　一次性输精管多具有海绵头结构，其后连一直径约 5 毫米的塑料细管，长度约 50 厘米。根据海绵头大小分

成两种，一种海绵头较小，适用于后备母猪输精；另一种海绵头较大的适用于经产母猪输精。海绵头一般用质地柔软的海绵制成，通过特制胶与塑料细管粘在一起，很适合生产中使用。选择海绵头输精管时，一应注意海绵头粘得牢不牢，不牢固的则容易脱落到母猪子宫内；二应注意海绵头内塑料细管的长度，一般以 0.5 厘米为好，若塑料细管在海绵头内偏长，则海绵头太硬，容易抽伤母猪阴道和子宫颈口黏膜，若偏短则海绵头太软而不易插入或难于输精。一次性的输精管使用方便，不用清洗，但成本较高，大型集约化猪场一般使用一次性输精管。

多次性输精管是用特制无毒橡胶制成的类似公猪阴茎的胶管，因其具有一定的弹性和韧度，适用母猪的人工授精，又因其成本较低和可重复使用较受欢迎，但因头部无膨大部，输精时可出现倒流，并因每次使用后均应清洗、消毒、干燥等，如若保管不好还会变形，因此使用受到一定的限制。

（6）输精方法及步骤

第一步，输精时，先在输精管海绵头上涂些精液或消毒的液体石蜡，以利于输精管插入时的润滑，并赶一头试情公猪在母猪栏外，刺激母猪性欲的提高，以促使精液被吸入到母猪的子宫内。

第二步，清洗并擦干母猪的外阴部后，将输精管沿着稍斜上方的角度慢慢插入阴道内，当插入 25 ～ 30 厘米左右时，会感到有些阻力，此时，输精管基本顶到了子宫颈口皱襞处，再将输精管左右旋转，稍一用力，输精管的海绵头就可进入子宫颈第 2 ～ 3 皱折处，发情母猪受到此刺激，子宫颈口括约肌收缩，将输精管锁定，再回拉则感到有一定的阻力，此时可进行输精。

第三步，用瓶装精液输精时，当插入输精管后，用剪刀将精液瓶盖的顶端剪去，插到输精管尾部就可输精；用袋装精液输精时，只要将输精管尾部插入精液袋入口即可。为了便于精液被吸入到母猪的子宫内，可在输精瓶底部开一个口，利用空气压力促使精液吸入。输精时输精人员同时要对母猪腹肋部进行按摩，

实践证明，这种按摩更能增加母猪的性欲。输精人员倒骑在母猪背上，并进行按摩，操作方便，输精效果也很好。正常的输精时间应和自然交配一样，一般为3～10分钟，时间太短，不利于精液的吸入，太长则不利于工作的进行。为了防止精液倒流，输完精的不要急于拔出输精管，将精液瓶或袋取下，将输精管尾部打扣，这样既可防止空气的进入，又能防止精液倒流。每头母猪每次输精都应使用一条新的一次性输精管，防止子宫炎发生。经产母猪用一次性海绵头输精管，输精前检查海绵头是否松动；初产母猪用一次性螺旋头输精管。

（7）输精时的问题处理

① 如果在插入输精管时，母猪排尿，就应将这支输精管丢弃（多次性输精管应带回重新消毒处理）。

② 如果在输精时，精液倒流，应将精液袋放低，使生殖道内的精液流回精液袋中，再略微提高精液袋，使精液缓慢流入生殖道，同时注意压迫母猪的背部或对母猪的侧腹部及乳房进行按摩，以促进子宫收缩。

③ 如果以上方法仍然不能解决问题，继续倒流或不下，可前后移动输精管，或抽出输精管，重新插入锁定后，继续输精。

五、影响母猪繁殖率的原因分析

目前母猪生产已进入微利阶段。特别是近几年以来猪粮比价持续走低，猪的盈利不能指望猪价的上涨，只能靠提高生产水平改善产品品质和降低成本来实现，而母猪的繁殖力决定着猪场的生产效率，是猪场降低成本，提高经济效益的关键所在，所以应特别重视提高母猪的繁殖力。目前，在养猪生产中，母猪产仔数少、繁殖力下降成为困扰养殖场的难题，为了提高商品猪出栏量，不得不增加可繁母猪的饲养量，这样势必导致养猪场的饲养成本增加，经济效益减少，在生产中，要仔细分析造成母猪产仔少的原因，针对猪场实际情况，加以防范。

（一）配种阶段

1. 配种员的配种水平

配种员是母猪配种是否成功的重要因素。技术水平高的配种员，由于经验丰富，鉴定母猪发情、输精等工作做得很好，所以母猪受胎率和产仔数均较高。因此，母猪繁殖性能的好坏，除与品种、公猪等有一定的关系外，还与配种员有很大的关系。配种员有对生产数据分析的能力，可以对每一次繁殖成绩不好的原因进行分析。

2. 子宫炎症

母猪虽然表现发情，但不排卵，排浓腥物，这时初诊为患有子宫炎症，配种时会出现发情紊乱现象，所以会导致配种的失败。

3. 猪体过肥

猪圈面积小，没有充足的运动场地，猪吃饱了就躺卧。由于运动量小，促使脂肪沉积，造成体质过度疏松，性欲下降，发情失常。子宫周围沉积过多的脂肪，引起子宫壁血液循环障碍，从而影响母猪受孕。

4. 气温

7 月份、8 月份平均每日最高气温约 33℃，有时高达 35℃以上。猪场没有遮阴设施，使温度严重超出母猪适宜温度范围（16 ～ 22℃），温度过高易引起母猪热应激反应。公猪室温过高或者过低，都会使公猪精子活力下降，精液量减少，质量降低。

5. 配种时间不当

目前大部分规模猪场引入的瘦肉型猪种，性成熟时间一般在 6 ～ 8 月龄，而且母猪表现在发情后 24 ～ 48 小时排卵，错过这一时段受精率降低。

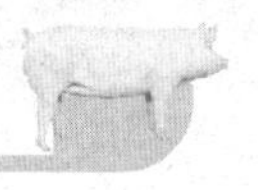

6. 精液保存不当

用于采集精液的保温杯没有严格消毒，细菌影响了精子的活力；常温保存时间过长，精子受微生物侵入并在其中繁殖，导致精子活力降低；在运输过程中与其他物品相撞影响精液的质量。

7. 环境影响

畜舍隔热效果不佳、通风不良、气温过高、温差过大、饲养密度太高、相邻猪场距离过近、疾病预防不足、劳力不足、饲养管理不当、遗传缺陷、营养障碍等都会造成母猪繁殖率低下。

8. 初配困难

后备母猪初次配种时，发情期短，发情症状不明显，不习惯公猪爬跨。特别是引入品种及其杂种初配反应更明显，所以这也是造成配种困难的一个重要原因。

9. 生殖器官疾病及内分泌因素

（1）生殖器官幼稚和畸形　营养性因素、对外界环境刺激不敏感或者生殖腺体的因素引起的卵泡分泌雌激素减少或者停止分泌以及母猪生殖器官发育不全称为幼稚病或者生殖器官发育畸形。表现为没有繁殖力，但可能有正常的发情周期和发情表现，能正常交配但不受胎。

（2）内分泌机能紊乱　内源性促卵泡素的产生和释放受抑制，大量使用促肾上腺皮质激素（ACTH），在发情周期的卵泡期受到应激、日照时间的变化等影响，都会引起母猪的内分泌机能紊乱，表现为不发情、发情延迟或流产。

（3）卵巢机能障碍　卵巢机能减退、发育不全、萎缩或硬化、卵巢上形成持久黄体或卵巢囊肿等因素易造成卵巢机能障碍，表现为母猪不排卵、不发情。

（4）卵巢囊肿　雌激素分泌不足或停止分泌，不能对下丘脑形成负反馈调节促使下丘脑持续分泌促性腺激素释放激素（GnRH），从而使垂体持续分泌促卵泡素（FSH），而促黄体素（LH）分泌较少，不能形成 LH 峰值，就不能使卵巢排卵。若卵泡持续生长，卵巢卵泡上皮细胞变性、增生，使卵泡发育中断而卵泡液未被吸收，会导致卵泡囊肿。该类母猪多肥壮，性欲亢进，频繁发情，外阴充血、肿胀，常流出大量透明黏液性分泌物，但屡配不孕。直肠检查触摸卵巢，体积增大，有大的囊肿卵泡，按压无疼痛反应，质硬。猪的卵巢囊肿主要是形成黄体囊肿，是由未排卵的卵泡壁上皮细胞黄体化而形成的，所以又称黄体化囊肿。另外还有多泡性小型囊肿、单泡性囊肿。

（5）持久黄体　周期黄体或妊娠黄体存在于卵巢内使卵泡不能正常发育，致使母猪不发情，成年母猪多表现为周期停止而不发情，有的发情但屡配不孕。母猪外阴皱缩，阴道黏膜苍白，也没有分泌物流出。直肠检查，卵巢比正常的稍大而硬实，调查病因多因子宫炎、子宫蓄脓或子宫胎儿干尸化所致。

（6）病毒、细菌、寄生虫等疾病因素　猪细小病毒病、非典型猪瘟、乙型脑炎、布鲁氏菌病、猪繁殖与呼吸综合征、链球菌病、弓形体病、钩端螺旋体病等许多疾病防控不到位或防控的措施不强易造成许多母猪繁殖障碍疾病的发生。

（二）妊娠阶段母猪流产或死胎的原因

1. 非传染性因素

（1）遗传因素　中小型猪场在引种上不注重种猪系谱，或小群自繁自养，较易造成近亲繁殖。从遗传学的角度分析可引起流产、产怪胎、产死胎，导致妊娠期延长，使足月胎儿在子宫内因拥挤扯断脐带而死亡。

（2）配种年龄因素　高产瘦肉型种母猪的配种时间应为 7 ～ 8 月龄，体重 110 ～ 120 千克，第二或第三次发情期为宜。过早配种时由于母猪自身发育未成熟，导致受胎率低，易引起流产、难产、死胎多，并且母猪体能损耗大，影响母猪繁殖性能及使用年限。

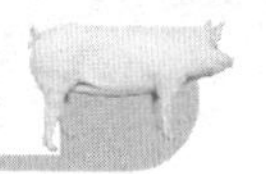

（3）老龄因素　一般在 3 ～ 6 胎次无论是产仔数、仔猪初生重、均匀度、生产性能，还是泌乳性能，母猪潜能都能得到极大的发挥。以后随着胎次的增加，各种性能呈缓慢下降的趋势。卵子过于衰老，虽可勉强受精，但易造成胚胎发育不良形成木乃伊胎。老龄时随着各种机能下降，供给胎儿的钙、磷等矿物质及其他营养因子的量减少，造成胎儿营养失衡，易引起死胎。

（4）生产期过长因素　科学合理地供给母猪日粮，可使其在产期保持良好的体况。供给过量的或者不足量的蛋白质，单纯提高能量含量，缺乏维生素、矿物质，都可能影响母猪的体况。母猪因过肥、过瘦，以及缺钙、老龄、配种过早等因素，均可导致胎儿排出缓慢，造成胎盘中氧的供应中断，引起胎儿窒息和不可逆的脑损伤。产程间隔 50 分钟以上，排出的常为死胎。过肥母猪的子宫周围沉积的脂肪较多，压迫子宫，造成供血不足等，易导致流产。

（5）饲喂量的因素　母猪在应激条件下，会在行为、代谢和分泌等方面进行适应性调整。母猪首先采取的适应性调整是减少采食量，如果提供的营养成分不变，采食量的降低会影响母猪的体况，导致集体抵抗力下降，供给胎儿的营养不足，影响胎儿的正常发育。若应激条件持续 3 天以上，易造成妊娠母猪流产，产弱胎、死胎等。

（6）饲养管理因素　中小型猪场对母猪的饲养管理只流于配种关、哺乳关，饲喂的日粮过于单纯；对于高产瘦肉型母猪的管理也只按地方品种或良杂型饲养法，一般只在哺乳期和产期 10 天左右加上精料，其他时间只喂杂料，并且混合比例不合理，有可能在一定程度上引起蓄积中毒；高热量日粮如玉米、高粱、小麦、甘薯干等，若超量使用易引起母猪长期便秘或肥胖及子宫内温度升高，从而影响胎儿正常发育。这种降低成本的饲养方式，会影响母猪的繁殖和生产性能潜力发挥，以及减少其使用年限，综合效益差。另外，对母猪的驱虫保健、圈舍地面结构和空间合理使用及周围的环境卫生等不够重视，这些都与流产或产死胎关系密切。比如母猪可因长期饲养在阴冷、潮湿的环境中而造成流产。

（7）营养缺乏因素　在母猪繁殖性能对营养的需求方面，强调较多的是矿物质、维生素、微量元素等，尤其是钙、镁、铬、碘、维生素A、B族维生素、维生素E，母猪对其要求是一定的，随意增减都易导致繁殖性障碍。饲料数量不足和饲料营养价值不全，尤其是蛋白质、维生素E、钙、镁的缺乏，使胎儿营养物质代谢发生障碍或因突然改变饲料配方，使妊娠母猪一时不适应而引起流产的现象在生产中时有发生。现在许多猪场都意识到了在母猪饲料中添加预混料和添加剂的重要性，但还有个别猪场使用小饲料厂生产的全阶段预混料，殊不知母猪各个阶段的营养需要不尽相同，使用小猪料喂大猪都是不合适的，正确的是应该正确选择正规生产厂家生产的母猪专用饲料，这样不仅可以补充母猪和胎儿营养，而且还能有效地预防流产、死胎的发生。

（8）应激因素　母猪可因跌摔、碰撞、挤压、踢跳、鞭打、惊吓等，使子宫及胎儿受到冲击震动造成流产。特别是热应激对母猪影响较大，在热环境中，母猪采食量降低，呼吸加快，在泌乳期失重较多，泌乳量下降，内分泌、新陈代谢异常。由于高温导致营养摄入不足，会造成胎儿供血不足和营养不足，这对正常怀孕期母猪的胎儿损害加大，死胎率增加。在夏季分娩的母猪妊娠期和生产时间一般都会延长，可能使母猪呼吸加快，消耗太多能量，以致分娩无力，产程延长，引起死胎；同时，在母猪适应应激的过程中，易感继发呼吸道及产道疾病，引起母猪发烧，食欲差，使母猪的全身机能衰退，若使用激素类药物或毒性强的抗生素易引起流产或死胎。

（9）医源性因素　给怀孕母猪实施治疗时保定不当或使用了促子宫收缩的药物，如大剂量的地塞米松、新斯的明、麦角新碱等。

（10）习惯性流产及生殖道疾病　习惯性流产因母猪前一胎流产后对子宫处理不彻底，引起内分泌机能紊乱等所致。患有局限性子宫炎、阴道炎都可使胎儿发育发生障碍而引起流产。妊娠激素失调，主要是孕酮分泌不足和雌激素过多而引起流产。

2. 传染性因素

（1）传染病性流产　有些传染病可引起流产，如猪瘟、细小病毒病、乙型脑炎、伪狂犬病、衣原体病、支原体病、布鲁氏菌病、沙门氏菌病、繁殖与呼吸综合征、圆环病毒病、链球菌病、流感等。

（2）寄生虫病性流产　如附红细胞体病、弓形虫病、鞭虫病、血吸虫病等。

（三）初生仔猪阶段

1. 初生死亡

大部分为分娩异常或遗传因素所造成的。在正常情况下，仔猪产出后，脐带可以随着仔猪的活动伸长到一定范围，几分钟后自然断裂。有时，仔猪出生时脐带缠绕仔猪颈部，造成死胎或生后即死。也有时因仔猪在产道内过早呼吸，缺氧而死。猪瘟、猪伪狂犬病、猪蓝耳病和猪细小病毒病，也是造成初生仔猪发生死亡的重要因素。

2. 仔猪能量代谢失常死亡

（1）低血糖　仔猪生后 24 ～ 48 小时表现正常，以后发生颤抖、萎靡，停止吸乳，如遇惊动时，发出微弱的尖叫声，继而转入昏迷，24 ～ 36 小时死亡。

（2）血液中的高浓度乳酸　初生仔猪血液中的乳酸浓度为 3.2 ～ 4.0 毫克 / 升，仔猪死胎的血液中可高达 159 毫克 / 升。

（3）内分泌的因素　由于寒冷或甲状腺素、肾上腺素的活动，仔猪大量释放胰岛素，干扰了体液平衡，或造成甲状腺机能亢进，也可能造成仔猪死亡。

3. 仔猪下痢

（1）乳汁不正常　①奶水不足或品质差。由于奶水不足，仔猪经常处于半饥饿状态，从而到处寻找其他东西充饥，造成下痢。乳汁过浓，脂肪含量高，仔猪食后不易消化，引起仔猪下痢。这多是因为母猪饲料过浓，或缺乏维生素和矿物质所致的。②乳质突变。当猪饲料突然改变时，会造成乳质质量的变化，大部分仔猪下痢。

（2）贫血下痢　母猪乳汁中缺乏铁质等微量元素，常会造成仔猪的食欲减退，生长停滞，出现异食癖。被毛蓬乱，皮肤和黏膜苍白，严重时下痢死亡。

（3）天气骤变或猪舍潮湿　天阴凉或雨后，由于仔猪受寒，常常发生下痢。圈舍潮湿，不换垫草，环境卫生不良，也是造成下痢的重要原因之一。

（4）猪场内有传染性下痢的病史　忽略了必要的消毒措施，使致病性大肠杆菌长久存在于猪舍内，如遇条件变化，随即侵袭仔猪，造成黄莉、白痢等细菌性下痢。

（5）补料不适　补料不适也会造成仔猪下痢，一般多见于15～20日龄仔猪，但病程短，恢复快，对仔猪影响不大。

4. 其他传染病

仔猪猪瘟、猪伪狂犬病和猪蓝耳病等传染病均可使仔猪大量死亡。

第二招 提高哺乳仔猪的成活率和增重率

【提示】

养猪产业作为我国经济发展中的一部分，哺乳仔猪的存活率及断奶体重直接关系到养猪产业的经济效益。提高哺乳仔猪的成活率和断奶重与断奶窝重、缩短仔猪体重达 25 千克的时间是养猪生产中重要的技术环节。

【注意的几个问题】

（1）新生仔猪的特点

• 生长发育快，物质代谢旺盛　仔猪出生重一般为 1.2 千克左右，不到成年猪体重的 1%，但生长发育迅速，10 日龄体重可达出生时的 2 ～ 3 倍，30 日龄达 5 ～ 6 倍。仔猪的物质代谢旺盛，20 日龄的仔猪，每千克体重需沉积蛋白质 9 ～ 14 克，相当于成年猪的 30 多倍，每千克体重所需代谢净能为成年猪的 3 倍左右，矿物质代谢也高于成年猪。可见，仔猪对营养物质的需要，在数量

和质量上都相当高，对营养不全极为敏感。

• 消化器官不发达，消化腺机能不全　新生仔猪消化器官的重量和容积都小，出生时胃重 4 ～ 8 克，容纳乳汁 25 ～ 50 毫升，20 日龄的仔猪胃重 35 克左右，容积扩大 3 ～ 4 倍。新生仔猪食物进入胃内到排空（通过幽门进入十二指肠）的速度快，10 日龄的仔猪排空时间约为 1.5 小时，30 日龄的仔猪为 3 ～ 5 小时。新生仔猪缺乏反射性的胃液分泌，食物进入胃内直接刺激胃壁，才能分泌胃液，5 日龄左右才能形成反射性的胃液分泌。

• 调节体温的机能不全，对寒冷的应激力差　新生仔猪的大脑皮层发育不全，垂体和下丘脑的反应能力以及为下丘脑所必需的传导结构机能尚低，特别是 5 日龄以内的仔猪对寒冷的应激力差。由于仔猪被毛稀疏，皮下脂肪少，保温隔热的能力差，又由于新生仔猪大脑皮层调节体温的机制不完善，不能有效地进行化学性调节，同时，新生仔猪体内能源贮备有限（每 100 毫升血液中含血糖 100 毫克左右），刚出生的仔猪处于 13 ～ 24℃的环境中，1 小时后体温下降 3℃左右，如将刚出生的仔猪裸露在 1℃的环境中，2 小时可冻昏、冻死。初生仔猪必须处于适宜的环境温度条件下。

• 缺乏先天免疫力，容易得病死亡　免疫抗体是一种大分子结构的球蛋白，由于母体血管和胎儿脐血管之间被 6 ～ 7 层组织隔开，限制了抗体通过血液转移给胎儿，使新生仔猪缺乏先天免疫力，抗病能力低，易患各种疾病。初乳中含免疫抗体，其含量变化很大，母猪分娩 24 小时以后明显下降，新生仔猪对初乳中抗体的最大吸收是在 24 小时以内，因此，让新生仔猪尽快吃到初乳是保健的重要措施。

（2）新生仔猪所处环境的变化　仔猪出生是生命进程中的重大转折时期，所处环境发生了巨大变化。胎儿在母体内靠母体血液通过胎盘进行气体交换，吸收氧气，排出二氧化碳，摄取营养，排出废物。出生后即刻转变为自行呼吸、采食（即哺乳）、排泄。在母体子宫内温度恒定、环境稳定，出生后易受有害菌的袭击，易患病死亡。

（3）仔猪行为特性

● 戏耍和舔食行为　刚出生仔猪在生理上要比牛、马等动物早熟。强壮的初生仔猪，产后即刻能起立和蹒跚行走；产后5～8分钟，即会在短距离内自行走向母猪寻找乳头；产后2小时即能离开母猪走动；产后第1天即可自由在栏内走动；产后第4天就会跑步，嬉戏，舔栏地；产后第9天会互相爬背；2周龄后仔猪的嬉戏行为显著增多，几周后则追逐和跳跃成为常见形式，其活动时间主要在上午9～11时，下午3～5时。产后第4～11天时，在喂诱食料时，少数仔猪会来舔食少量诱食料，其中第9～11天舔食者占80%。用幼嫩的山芋藤叶等青绿料、甜味料、煮熟料做成小丸状诱食，可提前到产后第6天来嚼食，有的仔猪在产后第7天就会随母猪吃嫩青草。到第12～14天（最早第9天）时部分仔猪已会上槽吃料。在诱食情况下，部分仔猪产后第5天即能自由进出仔猪补料栏，初生仔猪开始饮水时间一般在产后第5天，夏天还会提前。据此，可以合理安排仔猪补料时间、饮水时间和补料方法。

● 吃乳行为　哺乳仔猪以母乳为主要食物来源，由于仔猪胃肠容积小，排空速度快，所以需每天多次吮乳。且随着仔猪日龄增长，每天哺乳次数和每次哺乳的持续时间都逐渐减少。母猪哺乳间隔期，在分娩当天不定，生后第2周平均为60分钟左右，以后逐渐延长，到离乳前为86分钟左右，且夜间比白昼稍长。母猪1次哺乳所需时间，分娩当天最长，平均8分钟左右，其后逐渐缩短，但变幅不大。母猪每次哺乳时的泌乳时间也是分娩当天最长，为46.7秒，第3天为22秒，以后逐渐缩短，到离乳前为11.1秒。母猪的每天哺乳次数，产后第3天为每天24次，第7天为26.4次，其后逐渐减少，到离乳时为每天16.6次，整个哺乳期平均每天22次，其中白天11.3次，夜间10.7次。仔猪每天的吮乳量，在分娩当天每千克体重373克，3～7天为316～319克，以后随着发育而减少，到离乳前为31克。母猪的泌乳量随窝产仔数增加而增多，而每头仔猪1天吮乳量与窝产仔数成反比。

● 睡眠行为　仔猪从初生到5周龄期间，每天用于睡眠的时间是不变的，并且每次睡眠的持续时间也基本不变。例如，仔猪每小时大约睡眠 26 分钟，在出生后最初 5 周龄中就相当稳定。此后，随日龄增大，活动时间增多，睡眠时间逐渐减少。如 5 周龄内幼仔猪的睡眠时间平均每天约为 10.5 小时，到 3 ～ 4 月龄时则减少到一天 8 小时左右。

● 采食行为　仔猪 6 ～ 10 日龄开始出现采食，40 日龄前后采食次数明显增多，至 60 日龄高达 25 次，40 ～ 60 日龄间平均 21.8 次，每次采食 14.48 分钟，间隔 42.84 分钟。随着日龄增长，每次采食时间延长，间隔时间缩短，仔猪在一天中采食最活跃的时间为上午 7 ～ 11 时和下午 4 ～ 7 时。饲养员应该抓住此规律，在此时间段内做好仔猪补料工作。仔猪的饮水出现在 3 ～ 10 日龄，40 ～ 60 日龄日均饮水 11.5 次，每次 8.28 秒，随日龄增长而延长。仔猪在 35 日龄前的哺乳期内，有 51.3%在吮乳后采食，断乳期（35 ～ 60 日龄）有 52.5%在休息后采食。早期断乳仔猪，往往会互相拱挤和啃咬，特别是在吃料后。在某些应激条件下（如拥挤，空气质量不佳，光线过强，饲料中某些营养元素的缺乏）会因此发展成咬尾或咬耳现象。

（4）哺乳仔猪的死亡及分析

● 死亡损失　仔猪从出生至断奶死亡率 20%左右，严重影响猪群的发展，造成经济损失重大。据报道，出生时死亡 1 头仔猪约损失 63 千克饲料，10 周龄死亡 1 头约损失 110 千克饲料。一头母猪年提供的断奶仔猪头数越多，每头断奶仔猪应负担的饲料越少。因此，提高哺乳仔猪的成活率是提高经济效益的重要措施。

● 死亡原因　仔猪出生后，环境发生变化，又具有多方面的特点，如饲养不当，护理不周，就会引起患病和死亡。

◇ 出生死亡。有些胎儿因脐带围绕颈部，造成死胎或生后即死；有些胎儿在产道内因瓢膜破裂过早，缺氧窒息而死；近亲交配易造成先天不足或畸形；感染猪瘟、细小病毒等，可造成死胎或生后死亡。

◇ 代谢失常。仔猪生后表现正常，24 小时后发生颤抖、萎靡，

发出微弱的尖叫声，停止哺乳，转入昏迷而死亡，大多由于低血糖而致。血糖低于60毫克（正常仔猪每100毫升血液中血糖含量为100～130毫克），易造成死亡；血液中乳酸超过70毫克（正常仔猪每100毫升血液中乳酸含量为32～40毫克），就会因乳酸浓度过高而使仔猪死亡。另外环境温度偏低或甲状腺素、肾上腺素的活动，仔猪释放胰岛素的数量增加，体液失衡或甲状腺机能亢进，也常会造成仔猪死亡。

◇ 仔猪下痢。母猪奶水不足或过浓，乳质突变或品质差，易造成下痢而死亡。新生仔猪铁的贮存量很少，乳汁中铁的含量很低，仔猪常因缺铁造成食欲减退、贫血、抵抗力下降、生长停滞，致下痢死亡。舍内卫生状况差，天气骤变或舍内潮湿，场内有传染性致痢的病史，没有严格消毒，仔猪易下痢死亡。

◇ 仔猪水肿。新生仔猪常因皮下水肿或浆液过多而死亡，可能是溶血性大肠杆菌所致的或因缺碘、血液中蛋白质过低而引起。

● 死亡分析

◇ 病因和非病因死亡。据分析，病因死亡占仔猪死亡总数的24.1%，其中下痢死亡占死亡总数的13.7%，肺炎占3.3%，其他占7.1%；非病因死亡占死亡总数的75.9%，其中压死、踩死的占死亡总数的33.1%，弱小或先天不足占17.3%，缺奶占5.7%，淹死占2.7%，冻死占2.8%，咬死占5.3%，其他占9.0%。环境温度改善，非病因死亡可能减少，如忽视防疫消毒，可能加大仔猪的因病死亡。

◇ 死亡时间。体大膘肥的母猪易造成临产时胎儿死亡，死亡占出生仔猪总数的9.2%，占哺乳仔猪死亡总数的69.2%。3日龄以内死亡的仔猪占死亡总数的26.63%，4～7日龄占29.27%，8～15日龄占20.21%，16～20日龄占9.92%，21～25日龄占7.27%，26～35日龄占2.17%，36～45日龄占1.15%，46～60日龄占3.02%。加拿大对6890头仔猪的分析，从出生到20日龄，仔猪死亡率为25.6%，其中分娩时死亡占死亡总数的15.3%，7日龄以内死亡占43.7%。

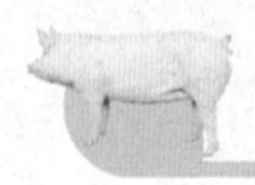

◇ 死亡体重。据资料分析，仔猪初生重 0.5 千克以下，哺乳期间死亡占死亡总数的 80% 以上，0.6 ～ 1.0 千克占 13%，1.1 千克以上占 6%。可见，仔猪初生重越小，死亡率越高。

（5）提高哺乳仔猪成活率和断奶体重的措施

- 重视种猪的选择；
- 提高母猪的泌乳力；
- 做好母猪的分娩和接产；
- 加强哺乳仔猪饲养管理；
- 加强疫病防治。

一、注重妊娠母猪的饲养管理

养好妊娠母猪是获得初生体重大而健康的仔猪的基础。仔猪初生体重大小，对其成活率和断奶重量有重要影响，而仔猪初生体重大小与妊娠母猪的后期的营养有关。妊娠 1 ～ 90 天，胎儿一般只长到 500 克，妊娠最后 23 天仔猪长到 1300 ～ 1500 克。因此，一定要保证妊娠母猪后期的营养。每日每头需消化能 28.03 ～ 29.28 兆焦，粗蛋白质 260 ～ 300 克，钙 13 ～ 15 克，磷 10 ～ 12 克，其他矿物质、维生素也应满足需求，每天还应饲喂一定量的青绿饲料。妊娠后期的饲喂量，也要由 2 ～ 2.5 千克增加到 2.5 ～ 3 千克。有研究表明，在母猪妊娠期和哺乳期的饲料中添加适量脂肪，是提高仔猪成活率和促进仔猪生长发育的措施之一。

规模猪场的环境条件对母猪的发情、配种以及妊娠期间胎儿的发育，都有一定影响。因此要注意冬季保暖和夏季防暑。猪场给饲养妊娠母猪单栏的水泥地面上，铺上塑料漏缝板，解决妊娠母猪卧床的寒冷和潮湿，效果很好。妊娠母猪的饲养管理详见第一招。

二、加强哺乳期母猪的饲养管理

（一）预产期的推算

猪的妊娠期是 111 ～ 117 天，平均 114 天（3 个月 3 周 3 天）。

推算出每头妊娠母猪的预产期，是做好产前准备工作的重要步骤之一。如果粗略地计算，一般是在配种月份上加4，在配种日上减6，就是产仔日期。例如配种期是4月20日，4＋4＝8，20－6＝14，所以预产期是8月14日。但由于月份有大月、小月之分，所以精确日期应是8月12日。

（二）分娩前的准备

1. 母猪临产症状及分娩过程

（1）母猪临产症状　母猪怀孕后期，乳腺发达，乳房凸起，乳房基部与腹部之间形成两条丰满的“奶埂”。出现这一现象时，一般离分娩时间为12～15天。当母猪乳房进一步发育，每对乳头呈“八”字形向两侧分开时，一般离分娩时间为一周左右。当母猪阴户出现红肿、潮红，尾根两侧下陷，塌胯时，一般离分娩时间为1～2天。此时在饲养上不宜喂得过饱，饲料不宜过稠，喂些稀粥状饲料即可。母猪起卧行动缓慢慎重，烦躁不安，时起时卧，衔草做窝，是临产的特有症状。观察表明，初产母堵比常产母猪做窝早；冷天比热天做窝早；国外引进猪种虽无明显衔草做窝现象，但有将圈草或干土拱成一堆的表现。表2-1所列为母猪产前表现与产仔时间。

表2-1　产前表现与产仔时间

产前表现	距产仔时间
乳房胀大	15天左右
阴户红肿，尾根两侧下陷（塌胯）	3～5天
挤出乳汁（乳汁透亮）	1～2天（从前排乳头开始）
衔草做窝	8～16小时
乳汁乳白色	6小时
每分钟呼吸90次左右	4小时左右
躺下，四肢伸直，阵缩间隔时间逐渐缩短	10～90分钟
阴户流出分泌物	1～20分钟

（2）分娩过程　分娩过程分为3期，一般在第1期和第2期

之间没有明显的界线。在助产之中，重要的应该掌握住在正常分娩情况下第 1 期和第 2 期母猪的表现和两期各所需的时间，以便确定是否发生难产。一般来说，在分娩未超过正常所需时间之前，不需采取助产措施，但在超过正常分娩所需时间之后，则需采取助产措施，帮助母猪将胎儿排出。

第 1 期，开口期。本期从子宫开始收缩起，至子宫颈完全张开。母猪喜在安静处时起时卧，稍有不安，尾根举起常做排尿状，衔草做窝。

在开口期母猪子宫开始出现阵缩，初期阵缩持续时间短，间歇时间长，一般间隔 15 分钟左右出现 1 次，每次持续约 30 秒。随着开口期的后移，阵缩的间歇期缩短，持续期延长，而且阵缩的力量加强，至最后间隔数分钟出现 1 次阵缩。子宫的收缩呈波浪式进行，开口期所需时间为 3 ～ 4 小时。

第 2 期，胎儿娩出期。本期从子宫颈完全张开至胎儿全部娩出。在本期母猪表现起卧不安，前蹄刨地，低声呻吟，呼吸、脉搏增快，最后侧卧，四肢伸直，强烈努责，迫使胎儿通过产道排出。

在开口期间，子宫继续收缩，力量比前期加强，次数增加，持续时间延长，间歇期缩短，同时腹壁发生收缩。阵缩和努责迫使胎儿从产道娩出。当第 1 个胎儿娩出后，阵缩和努责暂停，一般间隔 5 ～ 10 分钟后，阵缩和努责再次开始，迫使第 2 个胎儿娩出。如此反复，直至最后一个胎儿娩出。胎儿娩出期的时间为 1 ～ 4 小时。

第 3 期，胎衣排出期。本期从胎儿完全排出至胎衣完全排出。当母猪产仔完毕后，表现为安静，阵缩和努责停止。休息片刻之后，母猪开始闻嗅仔猪。不久阵缩和努责又起，但力量较前期减弱，间歇期延长。最后排出胎衣，母猪恢复安静。胎衣排出期的时间为 0.5 ～ 1 小时。

2. 接产的准备工作

结合母猪的预产期和临产症状综合预测产期，在产前 3 ～ 5 天做好准备工作。首先准备好产房，将待产母猪移入产房内待产。

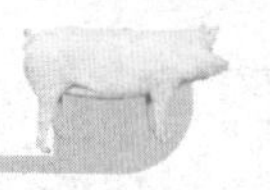

产房要求宽敞，清洁干燥，光线充足，冬暖夏凉，安静无噪声。产房内温度以22～25℃为宜，相对湿度在65%～75%。产房打扫干净后，用3%～5%的石炭酸、2%～5%的来苏儿或3%的火碱水消毒，围墙用20%石灰乳粉刷。地面铺以垫草。在寒冷地区，冬季和早春做好防风保暖工作。产房内准备好接生时所需药品、器械及用品，如来苏儿、酒精、碘酊、剪刀、秤、耳号钳，以及灯、仔猪保姆箱（窝）、火炉等。母猪进入产房前，将其腹部、乳房及阴户附近的污泥清洗干净，再用2%～5%来苏儿溶液消毒，然后清洗干净进入产房待产。产房内昼夜均应有专人值班，防止意外事故发生。

（三）分娩处理

1. 接助产

母猪一般是侧卧分娩，少数为伏卧或站立分娩。仔猪娩出时，正生和倒生均属正常，一般无须帮助，让其自然娩出。当仔猪娩出时，接产人员用一手捉住仔猪肩部，另一手迅速将仔猪口鼻腔内的黏液掏出，并用毛巾擦净，以免仔猪呼吸时黏液阻塞呼吸道或进入气管和肺，引起病变。再用毛巾将仔猪全身黏液擦净，然后在距离仔猪腹部4厘米处用手指掐断脐带，或用剪刀剪断，在脐带断端用5%碘酊消毒。如果断脐后流血较多，可以用手指捏住断端，直至不流血，或用线结扎断端。当做完上述处理后，将新生仔猪放入保姆窝内。每产一仔，重复上述处理，直至产仔结束。在母猪产仔结束时，体力耗损很大，这时可以将麦麸、米糠之类粉状饲料用温热水调制成稀薄粥状料，内加少许食盐，喂给母猪，可以帮助母猪恢复体力。

2. 假死仔猪的处理

假死仔猪是指新生仔猪中已停止呼吸，但仍有心跳的个体。对假死仔猪施以急救措施，可以恢复其生命，减少损失。急救可以采取以下措施。一是用手捉住假死猪两后肢，将其倒提起来，

用手掌拍打假死猪后背，直至恢复呼吸。二是用酒精刺激假死猪鼻部或针刺其人中穴，或向假死仔猪鼻端吹气等，促使呼吸恢复。三是人工呼吸。接产人员左、右手分别托住假死仔猪肩部和臀部，将其腹部朝上。然后两手向腹中心方向回折，并迅速复位，反复进行，手指同时按压胸肋。一般经过几个来回，可以听到仔猪猛然发出声音，表示肺脏开始呼吸。再徐徐重做，直至呼吸正常。四是在紧急情况时，可以注射尼可刹米或用0.1%肾上腺素1毫升，直接注入假死仔猪心脏急救。

3. 编号

种猪场在仔猪出生后要给每头猪进行编号，通常与称重同时进行。常见的编号方法有耳缺法、刺号法和耳标法。全国种猪遗传评估方案规定的编号系统由15位字母和数字构成，编号原则为：前2位用英文字母表示品种，DD表示杜洛克猪，LL表示长白猪，YY表示大白约克夏猪，HH表示汉普夏猪，二元杂交母猪用父系+母系的第一个字母表示，例如长大杂交母猪用LY表示；第3位至第6位用英文字母表示场号；第7位表示分场号，用1，2，3……A，B，C……表示；第8位至第9位用数字表示个体出生时的年度；第10位至第13位用数字表示场内窝号；第14位至第15位用数字表示窝内个体号。见图2-1。

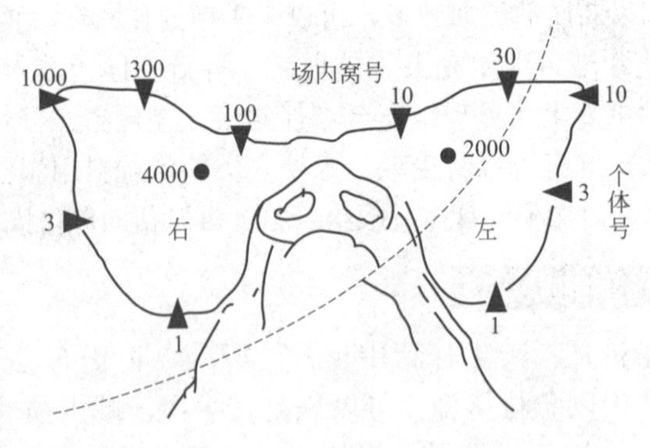

图2-1　耳缺号样图

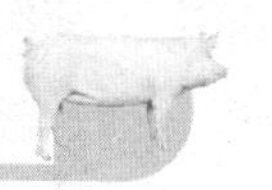

4. 母猪产后的护理

母猪在分娩过程中和产后的一段时期内，机体的消耗很大，抵抗力降低，而且生殖器官须经 2 ～ 8 天才能恢复正常，在 3 ～ 8 天阴道内排出恶露，容易因饲养管理不当招致疾病。产后对母猪精心护理，可使母猪尽快恢复正常。在母猪分娩结束时，结合第 1 次哺乳，对母猪乳房、后躯和外阴清洗，尤其是尾根和外阴周围应清洗干净。圈内勤打扫，做到清洁卫生，舍内通风良好，冷暖适宜，安静无干扰。在饲养和日粮结构上，给予适当照顾，逐步过渡到哺乳期的饲养。母猪产后可能出现一些病理现象，如胎衣不下，子宫或阴道脱出，产道感染，缺乳少乳，瘫痪，乳房炎等病变。因此，在产后头几天的日常管理中，注意观察母猪状况，一旦出现异常，应立即采取相应措施加以解决。

（四）哺乳母猪的泌乳规律

1. 母猪的泌乳量

母猪一次泌乳量约 250 ～ 400 克，整个泌乳期可产乳 250 ～ 500 千克，平均每天泌乳 5 ～ 9 千克。整个泌乳期泌乳量呈曲线变化，一般约在分娩后 5 天开始上升，至 15 ～ 25 天达到高峰，之后逐渐下降。母猪有十几个乳房，不同乳房的泌乳量不同。前面几对乳房的乳腺及乳管数量比后面几对多，排出的乳量也多，尤以第 3 ～ 5 对乳房的泌乳量高。仔猪有固定乳头吸吮的习性，可通过人工辅助将弱小仔猪放在前面的几对乳头上，从而使同窝仔猪发育均匀。

2. 泌乳次数和泌乳间隔时间

母猪泌乳次数随着产后天数的增加而逐渐减少，一般在产后 10 天左右泌乳次数最多。在同一品种中，日泌乳次数多的，泌乳量也高。但在不同品种中，日泌乳次数和泌乳量没有必然的联系，往往泌乳次数较少，但每次泌乳量较高，如太湖猪、民猪，60天哺乳期内，平均日泌乳25.4次，共6.2千克，而大白猪和长白猪平均日泌乳20.5次，共9.8千克。

3. 乳的成分

母猪的乳汁可分为初乳和常乳。初乳通常指产后3天内的乳，以后的乳为常乳。初乳中干物质、蛋白质含量较高，而脂肪含量较低。初乳中含镁盐，具有轻泻作用，可促使仔猪排出胎粪和促进消化道蠕动，因而有助于消化活动。初乳中含有免疫球蛋白和维生素等，能增强仔猪的抗病能力。因此，使仔猪生后及时吃到初乳非常必要。表2-2所列为母猪在泌乳期中泌乳量和乳成分的变化。

表2-2　母猪在泌乳期中泌乳量和乳成分的变化

项目	第1周	第2周	第3周	第4周	第5周	第6周	第7周	第8周
日泌乳量/千克	5.10	6.50	7.12	7.18	6.95	6.95	5.70	4.89
无脂固形物/%	11.52	11.32	11.18	11.41	11.73	12.05	12.61	12.99
脂肪/%	8.26	8.32	8.84	8.58	8.33	7.52	7.36	7.31
蛋白质/%	5.76	5.40	5.31	5.50	5.92	6.23	6.83	7.34
乳糖/%	4.99	5.15	5.08	5.08	4.90	4.86	4.75	4.56
灰分/%	0.77	0.77	0.79	0.83	0.91	0.96	1.03	1.09

4. 影响母猪泌乳量的因素

影响母猪泌乳量的因素包括遗传和环境两大类。诸如品种（系）、年龄（胎次）、窝带仔数、体况及哺乳期营养水平等。

（1）品种（系）　品种（系）不同，泌乳力也不同，一般规律是大型肉用型或兼用型猪种的泌乳力较高，小型脂肪型猪种的泌乳力较低。例如，民猪平均日泌乳量为5.65千克，哈白猪为5.74千克，大白猪为9.20千克，长白猪为10.31千克。同一品种内不同品系间的泌乳力也有差异，如同属太湖猪的枫泾系日泌乳量为7.44千克，梅山系为6.43千克，沙乌头系为7.60千克，二花脸系为6.20

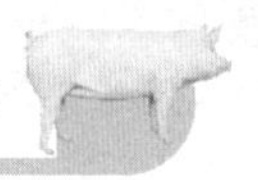

千克。此外，不同品种（系）间杂交，其后代的泌乳力也有变化。

（2）胎次（年龄）　在一般情况下，初产母猪的泌乳量低于经产母猪，原因是初产母猪乳腺发育不完全，又缺乏哺育仔猪的经验，对于仔猪吮乳的刺激，经常处于兴奋或紧张状态，加之自身的发育还未完善，泌乳量必然受到影响，同时排乳速度慢。据测定，民猪、哈白猪 60 天哺乳期内，初产母猪平均日泌乳量比经产母猪分别低 1.20 千克和 1.45 千克。一般来说，母猪的泌乳从第二胎开始上升，以后保持一定水平，6 ～ 7 胎后有下降趋势。我国繁殖力高的地方猪种，泌乳量下降较晚。

（3）带仔数　母猪一窝带仔数多少与其泌乳量关系密切，窝带仔数多的母猪，泌乳量也大，但每头仔猪每日吃到的乳量相对较少。带仔数每增加 1 头，母猪 60 天的泌乳量可大约增加 25 千克。如前所述，母猪的放乳必须经过仔猪的拱乳刺激脑垂体后叶分泌催产素，然后才放乳，而未被吃乳的乳头分娩后不久即萎缩，因而带仔数多，泌乳量也多。因此，调整母猪产后的带仔数（串窝、并窝），使其带满全部有效乳头的做法，有利于发挥母猪的泌乳潜力。产仔少的母猪，仔猪被寄养出去后，可以促使其尽快发情配种，从而提高母猪的利用率。

（4）分娩季节　春秋两季，天气温和凉爽，青绿饲料多，母猪食欲旺盛，所以在这两季分娩的母猪，其泌乳量一般较多。夏季虽青绿饲料丰富，但天气炎热，影响母猪的体热平衡，冬季严寒，母猪体热消耗过多。因此，冬夏分娩的母猪泌乳受到一定程度的影响。为了避免夏季炎热和冬季严寒对母猪泌乳量的影响，有些猪场采取春秋两季季节性分娩。

（5）营养与饲养　母乳中的营养物质来源于饲料，若不能满足母猪需要的营养物质，母猪的泌乳潜力就无从发挥，因此饲粮营养水平是决定泌乳量的主要因素。在配合哺乳母猪饲粮时，必须按饲养标准进行，要保证适宜的能量和蛋白质水平，最好要有少量动物性饲料，如鱼粉等。同时要保证矿物质和维生素含量，否则不但影响母猪泌乳量，还易造成母猪瘫痪。泌乳期饲养水平过低，除影响母猪的泌乳力和仔猪发育，还会造成母猪泌乳期失重过多，影响断乳后的正常发情配种。

（6）管理　干燥、舒适而安静的环境对泌乳有利。因此，哺乳舍内应保持清洁、干燥、安静，禁止喧哗和粗暴地对待母猪，不得随意更改工作日程，以免干扰母猪的正常泌乳。若哺乳期管理不善，不但降低母猪的泌乳量，还可能导致母猪发病，大幅度降低泌乳量，甚至无乳。

（五）哺乳母猪的饲养

1. 营养需要

哺乳母猪的营养需要由其本身的维持需要和泌乳需要两部分组成。哺乳母猪的能量需要：体重 120 ～ 150 千克、哺育 10 头仔猪的哺乳母猪，一般每天需要 14 ～ 15 兆卡消化能，每日需喂混合料 5 千克左右；体重 120 千克以下的哺乳母猪每日喂料不超过 5 千克混合料；体重 150 ～ 180 千克的哺乳母猪每日喂不少于 5 千克混合料。其蛋白质的需要：每头哺乳母猪每天需要粗蛋白质 700 克左右，如果每天吃 5 千克混合饲粮，那么每千克饲粮中需含粗蛋白质 140 克。矿物质的需要：每千克饲粮中含钙 0.9%，含磷 0.7%。

2. 饲料

为了充分满足哺乳母猪的营养需要，必须使母猪的每千克配合饲料中含 14%～ 16%的可消化粗蛋白质。每千克饲料中要有 0.5%的赖氨酸和 0.4%的蛋氨酸加胱氨酸。不论是瘦肉型母猪，还是脂肪型母猪，都应满足其维生素和微量元素需要，最好的办法是在饲料中增添含有这些养分的添加剂。如果青绿多汁饲料资源丰富，如甘薯、苜蓿、苦菜、野草和野菜，南瓜、西葫芦及其他青绿饲料等，应充分利用这些饲料为哺乳母猪补充维生素和一些微量元素，这样，就可不用添加剂。哺乳母猪的饲料，要严防发霉变质，以免母猪发生中毒或导致仔猪死亡。参考饲料配方：玉米

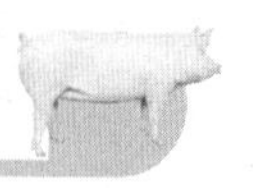

58%，麦麸29.5%，鱼粉1.5%，豆饼9%，骨粉1.7%，食盐0.3%。

3. 哺乳母猪饲养

（1）掌握投料量　在产后喂粥状料3～4天，以后逐渐改喂干料或湿拌料。产后不宜喂料太多，经3～5天逐渐增加投料量，至产后一周，母猪采食和消化正常，可放开饲喂。根据每头哺乳母猪带仔多少，喂料量随之变化，每多带一头仔猪，按每猪维持料加喂0.3～0.4千克料。母猪的维持需要料量，一般按每100千克体重1.1千克料。例如，150千克体重的母猪带仔8头，则每天平均喂4.7～4.8千克，如果只带五头仔猪，则每天只喂3.3千克料即可满足。断奶前1周即可减料到原喂量的1/3或1/5，只要体况正常，即可准备配种。如果提早30～35天断奶，减料可以提前，逐渐改喂空怀母猪料。

（2）饲喂次数　以日喂4次较好，时间为每天的6时、10时、14时和22时，最后一餐不可再提前。这样母猪有饱感，夜间不会站立拱草寻食，可减少压死、踩死仔猪，有利于母猪泌乳和休息。

（3）饮水和投料　泌乳母猪最好喂湿拌料［料：水为1：（0.5～0.7）］，另外饲料中可添加经打浆的南瓜、甜菜、胡萝卜等催乳饲料。

（4）做好两个关键时期的饲养　保证母猪充足的泌乳量，必须做好两个关键时期的饲养。一是母猪妊娠后期饲养。妊娠后期胎儿发育很快，母猪的乳腺也同时发育。如果营养不足，母猪乳腺发育不好，产仔后泌乳量就少。因此妊娠后期要加强营养使母猪乳腺得到充分发育，为产仔后的泌乳打下基础。二是母猪产后饲养。母猪产后20天左右达到泌乳高峰，以后逐渐下降。从产后第5天恢复正常喂量起，到产后30天以内，应给予充分营养，母猪能吃多少精料就给多少精料，不限制其采食量，使它的泌乳能力得到充分发挥，仔猪才能增重快、健康、整齐。猪乳中的蛋白质、钙、磷和维生素，都是从饲料中得到的。饲料中的蛋白质不但数量要够，而且品质要好。钙和磷不足能引起泌乳期母猪瘫瘓和跛行。饲料中维生素丰富，通过乳汁供给仔猪的维生素也多，能促使仔猪健康发育。

（六）哺乳母猪的管理

1. 良好的环境条件

定期通风换气，降低舍内氨气、甲烷等有害气体的浓度；饲养人员除了每天饲喂工作外，还要求每天清除圈舍粪便，保持圈舍卫生清洁，尽量减少各种应激因素，保持安静的环境条件。

2. 舍外运动

最好有适当的舍外运动时间。

3. 保护母猪的乳房和乳头

母猪乳房乳腺的发育与仔猪的吸吮有很大关系，特别是头胎母猪，一定要使所有的乳头都能充分利用。围栏应平坦，特别是产床要去掉突出的尖物，防止剐伤乳头。

4. 保证充足的饮水

母猪哺乳阶段需水量大，只有保证充足洁净的饮水，才能有正常的泌乳量。

5. 注意观察

随时观察母猪的吃食、粪便、精神状态及仔猪的生长发育，以便判断母猪的健康状态，如有异常要及时找出原因，采取有效措施解决。

（七）母猪产后无奶及解决方法

产后乳汁充足的母猪，乳房大而下垂，哺乳后明显变小；放奶时间长，间歇短；小猪发育整齐，毛亮而紧，白毛的仔猪皮膨胀呈粉红色；吃完奶后能安静地睡觉或活泼地玩耍。缺奶的母猪乳房不充实，仔猪毛梢不顺，哺乳之后仔猪仍在拱奶吃，而母猪

呈犬坐或趴卧，拒绝哺乳。

用手挤出一些猪乳，如果清而稀，是精料量不够，浓厚黏稠，是缺青料；白色而能顺利挤出来，则数量质量都没有问题。

1. 母猪产后缺奶或无奶的原因

（1）对妊娠母猪的饲养管理不当　尤其是妊娠后期营养水平低，能量和蛋白质不足，母猪消瘦，乳房发育不良。母猪的营养不全面，能量水平高而蛋白质水平低，体内沉积了过多的脂肪，母猪虽然很肥，但泌乳很少。

（2）母猪年老或配种过早　年老的母猪体弱，消化机能减退，饲料利用率低，自身营养不良。小母猪过早配种，身体还在强烈地生长，需要很多营养，这时配种，造成营养不足，生长受阻，乳腺发育不良，泌乳量低。

（3）疾病　母猪产后高烧造成缺奶或无奶，发生乳房炎或子宫炎都影响泌乳，使泌乳量下降。

2. 解决方法

一是加强妊娠后期的营养，尤其要考虑能量与蛋白质的比例；二是对分娩后瘦弱缺奶或无奶的母猪，要增加营养，多喂些虾、鱼等动物性饲料，也可以将胎衣煮给母猪吃，喂给优质青绿饲料等；三是对过肥无奶的母猪，要减少能量饲料，适当增加青饲料，同时还要增加运动；四是在调整营养的基础上，给母猪喂催奶药；五是要及时淘汰老龄母种猪，第七胎以后的母猪，繁殖机能下降，泌乳量低，要及时用青年母猪更新；六是母猪患病要及时治疗。

3. 泌乳母猪催奶方法

方法 1：豆汁 200 毫升，加动物油 50 毫升，一次喂服，每天两次，连喂 2 ～ 3 天。

方法 2：花生仁 0.5 千克，鸡蛋 4 个，加水共煮，分两次喂服。

方法 3：虾皮 0.5 千克，大米 0.25 千克，加水共熬粥，分两次

喂服。

方法4：羊肉0.75千克，加水煮熟，连汤喂母猪。

方法5：猪鞭3～4条，与大米共煮成粥，加白米醋喂母猪。

方法6：黄瓜根蔓适量，切碎洗净，放豆汁中煮烂喂服。

方法7：黄酒0.25千克，红糖0.2千克，鸡蛋两个，拌饲料喂母猪。

方法8：猪蹄两只，加中药王不留行60克，天花粉10克，漏芦40克，僵蚕30克，水煎，间隔5小时，分两次喂母猪。

方法9：海带0.2千克煮汤喂母猪，加黑豆效果更佳。

方法10：用兽药二合一催奶灵喂母猪，每次1～2包，连服4次。

方法11：猪脚1只，草药五指牛奶100克，加水煎煮喂母猪，分两次喂完。

方法12：枫树枝叶100克，水煎，冲黄酒、黄糖适量，待猪吃完稍后再服。

方法13：党参30克，黄芪25克，加鲤鱼1条，煮熟去骨喂母猪。

三、精心饲养哺乳仔猪

哺乳期仔猪是指从出生到断奶前的仔猪。这一阶段是仔猪培育的最关键环节，仔猪出生后的生存环境发生了根本的变化，由在母体内通过脐带靠母体血液进行气体交换，吸收氧气和排出二氧化碳，转变为通过自身呼吸系统进行自主呼吸，由母体的恒温环境而不需进行体温调节转变为随着外界的环境温度的变化而需要自身调节以维持体温的恒定。环境的突然改变，加之哺乳仔猪的热调节能力差，脂肪层薄，对温热环境变化敏感，又缺乏先天性免疫力（在母体内处于无菌环境，不需产生抗体以抵抗病原菌），其抵抗力、适应力和抗病力比较差，导致哺乳期仔猪死亡率明显高于其他生理阶段。因此，减少仔猪死亡率和增加仔猪体重是养好哺乳期仔猪的关键。

（一）养好哺乳仔猪的关键性时期

仔猪出生后生活环境发生了剧烈变化，仔猪在7日龄以内，是第一个关键性时期，应加强护理。母猪的泌乳量一般在分娩后21天达到高峰，而后逐渐下降（图2-2），仔猪的生长发育随日龄的增长而迅速上升，仔猪对营养物质的需求增加，如不及时给仔猪补饲，容易造成仔猪增重缓慢、瘦弱、患病或死亡。因此，7日龄训练仔猪开食是养好仔猪的第二个关键性时期。仔猪4周龄前后食量增加，是仔猪过渡到全部靠采食饲料独立生活的重要准备时期，此期应为安全断乳做好准备。乳猪断乳则是养好乳猪的第三个关键性时期。

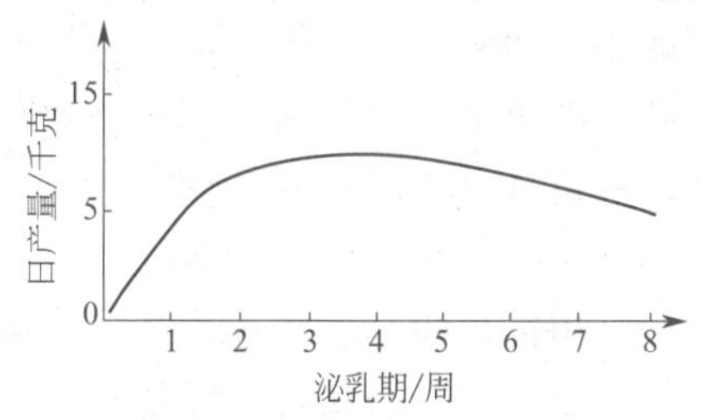

图2-2　母猪泌乳量变化曲线

（二）哺乳仔猪饲养管理

初生仔猪对外界适应能力很差，抵抗力弱，若饲养管理稍不细致，就容易引起死亡。特别是头5天，死亡率最高，为提高仔猪成活率和断奶窝重，养育中应采取以下措施。

1. 抓好初生关，提高仔猪成活率

让仔猪出生后获得足够的母乳，是保证仔猪发育健壮的关键，做好防寒、防压、防病工作是提高成活率的基本措施。

（1）固定乳头，吃足初乳　母猪产后3天内分泌的乳汁，称为初乳。初乳中含有丰富的蛋白质、维生素、免疫抗体和镁盐等；初乳酸度高，有利于消化活动。初乳中的各种养分，在小肠内几

乎能被全部吸收。初乳对仔猪有特殊的生理作用，能增强仔猪的抗病能力，增进健康，提高抗寒能力，促进胎便排泄。

仔猪出生后，即应放在母猪身边让其吃初乳。如果初生仔猪吃不到初乳，则很难成活，所以初乳对仔猪是不可缺少和替代的。仔猪在生后前几天，进行固定乳头的训练，乳头一旦固定下来，一般到断奶很少更换。实行固定乳头的措施，既能保证每头仔猪吃足初乳，同时又能提高全窝仔猪的均匀度。初生仔猪开始吃乳时，往往互相争夺乳头，强壮的仔猪占据前边的乳头，而弱小的往往吃不上或因争夺咬伤母猪乳头或仔猪颊部，引起母猪烦躁不安，影响母猪正常放乳或拒绝哺乳。最后强壮的仔猪强占出乳多的乳头，甚至一头仔猪强占 2 个乳头，弱小仔猪只能吸吮出乳少的乳头，结果就会形成一窝仔猪中强的愈强，弱的愈弱，到断乳时体重相差悬殊，严重的甚至会造成弱小仔猪死亡。使全窝仔猪生长均匀健壮，提高成活率，应在仔猪出生后 2 ～ 3 天内，进行人工辅助，固定乳头，让仔猪吃好初乳。即母猪分娩后，第一次哺乳时，先用湿毛巾擦净母猪腹部和乳房、乳头，挤掉乳头内前几滴乳，再将仔猪放在母猪身边，让仔猪自寻乳头，待多数仔猪找到乳头后，对个别弱小或强壮争夺乳头的仔猪再适当调整。将发育较差、初生重小的仔猪放在前边乳头上吮乳，使其多吃初乳，以弥补其先天不足，体大强壮的仔猪固定在后边乳汁较少的奶头上。饲养员监视吮乳仔猪，不许打乱次序，每次哺乳都坚持既定顺序，经过几天的调教，仔猪就能按固定的顺序吮乳。这样不仅可以减少弱小仔猪死亡，而且还可使全窝仔猪发育匀称。对于初产母猪，此法可促使其后部乳房的发育，对提高其以后几胎的泌乳量和带仔数有重要作用。人工固定乳头，一般采用“抓两头顾中间”的办法比较省事。就是把一窝中最强的、最弱的和最爱抢奶的控制住，强制其吃指定的乳头，至于一般的仔猪则可以让其自由选择乳头。在固定奶头时，最好先固定下边的一排，然后再固定上边的一排，这样既省事也容易固定好。此外，在乳头未固定前，让母猪朝一个方向躺卧，以利于仔猪识别自己吸吮

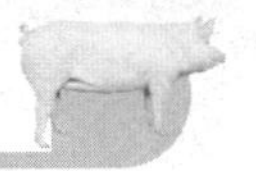

的乳头。给仔猪固定乳头是一项细致的工作，特别是开始阶段，一定要细心照顾，必要时，可用各种颜色在仔猪身上打记号，便于辨认每头仔猪，以缩短固定乳头的时间。

（2）防压防踩　仔猪生后1周内，压死、踩死数占总死亡数的绝大部分。这是由于初生仔猪体质较弱，行动不灵活，不会吸乳以及对复杂的外界环境不适应，特别是寒冷季节，喜挤在一起，好钻草堆或钻入母猪腹底部取暖，稍有不慎，就有可能被母猪压死、踩死。但在分娩后的第1天，由于母猪过分疲劳而不愿意活动，故很少压死仔猪，母猪压死仔猪的现象一般是在母猪排粪的时候。据观察，母猪通常一昼夜排粪6～7次，其中白天4～5次，平均4次，夜晚2次，即半夜及快天亮时各排1次。因此，初生仔猪的管理中，一定要掌握母猪的排粪习性，加强管理，防止仔猪受压被踩。尤其是大型母猪或过肥的母猪，体格笨重，腹大下垂，起卧时更易踩死、压死仔猪。此外，初生仔猪个体小，生活力弱或患病，也易被压死。防止母猪踩死、压死仔猪，可以采取以下措施。

① 保持母猪安静，减少母猪压死仔猪的机会　仔猪出生后如让其自由哺乳，容易发生仔猪争夺乳头咬架，造成母猪烦躁不安，时起时卧，易压死、踩死仔猪。故应在第一次哺乳时就人工辅助固定乳头哺乳，这是防止仔猪争夺乳头的有效措施。

② 剪掉仔猪獠牙　仔猪吸乳时，往往由于尖锐的獠牙咬痛母猪的乳头或仔猪面颊，造成母猪起卧不安，容易压死、踩死仔猪。故仔猪出生后，应及时用剪子或钳子剪掉仔猪獠牙，但要注意断面的整齐。

③ 保持环境安静　防止突然声响，避免母猪受惊，踩压仔猪。

④ 设置护仔间或护仔栏　中小型养猪场，最好设专用产房，产房内设有铝合金材料或镀锌管弯接焊合成的分娩栏，每头母猪都安置在分娩栏内，从而可大大降低踩死、压死仔猪的可能性。在不采用分娩栏产仔的猪舍，除应保持圈舍的安静，注意提高产房的温度，地面平整，防止垫草过长、过厚外，可在栏圈内设置

护仔间（以后可供补饲用），定时放出喂奶，这是保温和防止仔猪被压、被踩的有效办法。如果没有护仔间，也可在头5天内采用护仔筐，将母仔分开，每隔60～90分钟哺乳一次。还可在猪床靠墙的一面或三面用钢管、圆木或毛竹（直径5～10厘米）在离墙和地面各25～30厘米外装设护仔栏，以防母猪靠墙卧时，将仔猪挤压到墙边或身下致死。如发现母猪压住仔猪，可拍打母猪耳根，或提起母猪尾巴，令其站起，救出仔猪。

（3）防寒保暖　初生仔猪大脑皮层不发达，皮下脂肪层薄，被毛稀疏，调节体温适应环境的应激能力差，怕冷。其体温比成年猪高1℃以上，维持体温的单位代谢体重所需能量为成年猪的3倍。仔猪利用热源基质能力差，出生24小时基本不能利用乳脂肪和乳蛋白质氧化供热，主要热源是靠分解体内贮存的糖原和母乳的乳糖。在气温较高的条件下，仔猪24小时后氧化脂肪供热的能力才加强；而在低温环境下（5℃），仔猪需经60小时后，才能有效地利用乳脂氧化供热。因此，初生仔猪保温差，需热多，产热少，很怕冷，尤其最初几天最为严重。仔猪的最适宜温度是：1～7日龄为28～32℃，8～30日龄时为25～28℃，31～60日龄时为23～25℃。

仔猪的保温措施很多，可根据条件因地制宜。一般小猪场可通过调节仔猪的产仔季节，采用春秋季节适宜月份产仔。如全年产仔，应设产房，堵塞风洞，加铺垫草，保持舍内干燥。在仔猪躺卧处加铺厚垫草，天冷时，可在仔猪窝的上面悬吊一束干草，让仔猪钻在下面取暖，这种方法既简便，效果又好。规模猪场在产圈内设置保温箱，保温箱可由木材、铝板、塑料、砖或水泥等制成，容量约1米3，固定于产圈或产床的一角，留一个仔猪出入口（宽20厘米、高30厘米），内悬挂一个250瓦的红外线灯泡（表2-3，仔猪躺卧处的温度，用随时调节红外线灯泡的高度来控制）或在保温箱内铺设电保温板。仔猪出生后经几次训练，就会习惯自由出入。吃完乳后进去休息，需要吃乳时出来。这样，仔猪既不会被冻死，又可避免被压死、踩死；同时还可用作补

料间，一物多用，效果较好。

表 2-3　红外线灯（250 瓦）的温度

高度 / 厘米	不同灯下水平距离红外线灯的温度 /℃					
	0 厘米	10 厘米	20 厘米	30 厘米	40 厘米	50 厘米
50	34	30	25	20	18	17
40	38	34	21	17	17	17

（4）寄养并窝　一头母猪所能哺乳的仔猪数受其有效乳头数的限制，同时也受到营养状态的限制。当分娩仔猪数超过母猪的有效乳头数，或因母猪分娩后死亡、缺乳等可以采取寄养或并窝的措施，以提高仔猪的成活率。并窝就是将母猪产仔数较少的 2 ～ 3 窝仔猪合并起来，给其中一头产乳性能好的母猪哺育，让其他母猪提早发情。而寄养则是将一头或数头母猪所产的多余的仔猪，另找一头母猪哺养，或者将全窝仔猪分别由其他几头母猪哺养。在出现下列情况时，应该实行寄养并窝。

① 母猪无乳　母猪丧失泌乳能力、产后因病不能养育仔猪和母猪死亡等情况，均需要给仔猪寻找代哺母猪，实施寄养。

② 母猪寡产或产仔过多　老母猪产仔少或者母猪产仔过多超过了母猪的有效乳头数，则需要将多余的仔猪寄养给其他代哺母猪。

③ 仔猪弱小　种猪场或母猪专业户，在分娩母猪多而且集中的情况下，将初生日龄相近的仔猪，让其吃足初乳后，按体质强弱由一头母猪哺养，就可以避免因弱小仔猪抢不着乳头，形成“乳僵”猪或因吸不到母乳而饿死。

为使寄养或并窝获得成功，所寄养或并窝的仔猪，其产期应接近。由于母猪多余的乳头在 3 天内会丧失泌乳能力，因此，仔猪寄养或并窝时，母猪的产仔日期应尽量接近，最好不超过 3 ～ 4 天。否则会出现以大欺小、以强凌弱的现象，或者大的仔猪霸占 2 个以上乳头，致使弱小仔猪抢不到乳头变成“乳僵猪”或被饿死。同时，过继的仔猪一定要吃到初乳。若是将没吃到初乳的仔猪寄养给 3 天以后的母猪身边，这些仔猪将不能成活。另外，所选择的代哺母猪

必须要母性强，性情温顺，泌乳量高。不宜选择性情粗暴的母猪作代哺母猪，否则寄养并窝将难以成功。并窝寄养时，可能发生被寄养的仔猪不认代哺乳母猪而拒绝吃乳，一般多发生于先产的仔猪往后产的窝里寄养时。其解决办法是，把寄养的仔猪暂停哺乳2～3小时，待仔猪感到饥饿时，就会自己寻找代哺乳母猪的多余乳头吃乳；如果个别仔猪再继续拒绝吃乳，可人工辅助把乳头放入仔猪口中，强制挤奶哺乳，这样强化2～3次，寄养可获得成功。另外，也可能发生代哺乳母猪不认寄养仔猪而拒绝哺乳并追咬仔猪的情况。母猪主要是靠嗅觉来辨别自己的仔猪和别的仔猪的。因此，在寄养时可先将母猪隔开，然后把寄养的和原有的仔猪放在一起0.5～1小时，使两窝仔猪的气味一致后，而且这时母猪的乳房已膨胀，仔猪已有饥饿感，再将其放出哺乳，即易寄养成功。或将寄养的仔猪与原有仔猪同放一窝内，向窝内喷洒少量的酒，混淆仔猪间的气味，然后再让代哺母猪哺乳。

在母猪产仔多而又无寄养并窝条件时，可采用轮流哺乳方法。把仔猪分为两组，其中一组与母猪乳头数相等，两组轮流哺乳，必要时加喂牛乳或羊乳，并进行早期断乳。这种方法较费劳力，工作繁重，夜间尚需值班人员照顾仔猪。对于超过了母猪的有效乳头数的多产仔猪或因疾病等母猪死亡的初生仔猪，在无寄养条件时，可在24小时以内将其送到初生仔猪交易市场进行交易。对于产仔少于母猪有效乳头数的，则需要购买同期出生的仔猪进行代哺乳，以提高母猪的年生产力和仔猪的育成率。重庆市荣昌县是优良地方品种猪——荣昌猪的保种基地县，农民历来都有饲养母猪的习惯，饲养1～2头母猪的居多。至20世纪90年代初开始，农民就自发地在荣昌县石河镇形成了一个初生仔猪交易市场，经过几年发展，此法至今已在全县范围内得到广泛推广。初生仔猪交易市场的形成和发展，调节了农户初生仔猪的余缺，不仅提高了荣昌县仔猪的育成率，而且对增加农户的经济效益和提高养猪效益都具有重要作用。此法值得在有饲养母猪多的地区推广。为了避免血统混杂，寄养时需要给仔猪打耳号，以便识别。

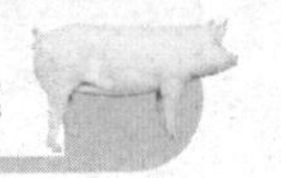

（5）人工乳哺育　对于母猪产仔后，泌乳不足或无乳，在仔猪无寄养条件时，需配制人工乳才能使其正常生长发育，以提高仔猪的成活率和育成率。近年来在养猪生产中，为了提高母猪的利用率，对仔猪普及早期断奶或超早期断奶（出生2周内断奶）技术。

人工乳的适口性好，消化率高，配制的营养成分与浓度应与猪乳相似。人工乳主要是由动物蛋白质、动物脂肪、矿物质、维生素和抗生素等组成的，具有促进发育和预防疾病的作用。

2. 抓好补饲关，提高仔猪断奶重

提前诱饲、早期补饲是提高哺乳仔猪断奶重的关键措施。

（1）仔猪早期补饲的重要性　仔猪时期是生长最快、饲料利用率高和单位增重耗料低的关键时期。随着仔猪日龄的增加，其体重及营养需要每日俱增。从母猪的泌乳规律来看，母猪的泌乳量在20天左右达到泌乳高峰，以后又逐渐下降，此时仔猪生长发育加快，对营养的需要也越来越多，这就出现了仔猪的营养需要与母猪乳汁供应的矛盾。传统的养猪方法是在仔猪20～30日龄才给仔猪补饲，由于补饲时间迟，在母猪泌乳下降时，仔猪还不能采食饲料，不能从饲料中得到足够的营养补充，因而营养不足，体重下降，瘦弱，抗病力下降，易发生血痢等疾病，严重影响仔猪发育，甚至导致形成僵猪死亡。解决这个矛盾的办法就是“提前诱食，早期补饲”。即在仔猪出生后7～8天开始用诱食料（或称开口料），引诱仔猪开口吃饲料，逐渐养成采食饲料的习惯，待母猪泌乳下降时，仔猪已能大量采食饲料，这时可通过补饲饲料供给仔猪快速生长的营养所需，以弥补母乳的不足。

（2）哺乳仔猪早期补饲的优点

① 促进消化器官发育，增强消化功能　经早期补饲的仔猪胃的容积（680～740毫升）比未补饲的（370～430毫升）大1倍左右，容纳食物的数量多。食物进入胃，刺激胃壁，激活胃蛋白酶原，从而促进蛋白质消化。

② 提高饲料转化率　饲料通过母体转化成奶，再通过仔猪吃乳的消化率仅为 20%～30%，而饲料不经过母体，直接由仔猪利用的转化率为 50%～60%，提高了 1 倍左右，由此可见，饲料直接由仔猪利用更为经济。

③ 提高断奶重和成活率　经补饲的仔猪消化器官发育良好，营养物质充足，生长发育快，体质好，抗病力增强。

④ 缩短母猪繁殖周期，提高年产仔数　采用早期补饲，仔猪增重快，可提前 10～20 天断奶，母猪哺乳期掉膘不严重，体质好，断奶后可及时配种，从而缩短了繁殖周期。

（3）诱食的方法　仔猪出生后 3～5 日龄，活动量显著增加，有时离开母猪到圈外啃咬硬物或拱掘地面；7～10 日龄开始长牙，齿龈发痒也正是训练的好机会。诱食一般从 7～10 日龄开始，经过 7～14 天的诱食训练，仔猪就可习惯吃料，进入旺食期。在生产实践中，诱食方法有以下几种。

① 饲喂甜食　仔猪喜食甜食，对 7～10 日龄的仔猪诱食时，应选择香甜、清脆、适口性好的饲料。如将带甜味的南瓜、胡萝卜切成小块，或将炒熟的麦粒、谷粒、豌豆、玉米、黄豆、高粱等喷上糖水或糖精水，并裹上一层配合饲料，拌少许青料，于上午 9 时至下午 3 时之间，放在仔猪经常游玩的地方，任其自由采食。

② 强制诱食　母猪泌乳量高时，仔猪恋乳而不愿提早吃料，必须采取强制性措施。应将配合饲料加糖水调制成糊状，涂抹于仔猪嘴唇上，让其舔食。仔猪经过 2～3 天强制诱食后，便会自行吃料。

③ 喂黄土料　仔猪 7～10 日龄，开始长牙，齿龈发痒，喜欢啃食和拱土，此时可将炒熟的粒状饲料撒在新鲜的红黏土上，让仔猪一边拱土，一边吃食。

④ 以大带小　仔猪有模仿和争食的习性。可以将已学会吃料的仔猪和还没有学会吃料的仔猪放在一起吃料，利用仔猪模仿和争食的习性，能很快地引诱仔猪吃食。

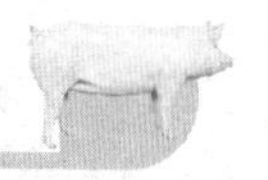

⑤ 铁片上喂料　把给仔猪诱食的饲料撒在铁片上，或放在金属的浅盘内，利用仔猪喜欢舔食金属的习性，达到诱食的目的。

⑥ 少喂勤添　仔猪具有“料少则抢，料多则厌”的特性，所以诱食的饲料要少喂勤添，促进仔猪吃料而不浪费饲料。

⑦ 母仔分开　诱食期间，将母猪和仔猪分开，让仔猪先吃料后吃奶。每次间隔时间为 1 ～ 2 小时。

（4）加强补料　由于仔猪消化机能不健全，仔猪对乳汁以外其他营养物质的消化能力受到限制。为了获得满意的断奶重，除保证母猪的泌乳性能外，提高仔猪料的质量是极为重要的。哺乳仔猪对饲料的反应特别敏感，用于哺乳仔猪的饲料一定要营养全面，易消化，适口性好，并具有一定的抗菌抑菌能力，使仔猪采食后不易拉稀。从母乳的营养水平来看，常乳中含 19％的干物质，其中含乳蛋白 5.5％，乳糖 5％，乳脂 7.5％，消化能 22.2 兆焦 / 千克。乳脂占全乳干物质的 40％左右，最符合仔猪的消化特点。因此，仔猪料的营养特点应尽量与母乳相符，体现高能量低蛋白的特性。从乳猪料的原料组成来看，如果能选用一部分乳制品（如奶粉或乳清粉），其效果最好。乳清粉中含乳糖 70％以上，乳蛋白 10.96％～ 15％，消化能 13.2 兆焦 / 千克左右，具有非常好的适口性（甜味）和消化性。其他原料可选择燕麦（去壳、压偏）、小麦、部分大麦、玉米等作为能量饲料。这些原料最好经过炒熟或膨化加工，效果更好。蛋白质原料除奶粉外，还可选择优质的鱼粉、经过加工的豆粕和经过炒熟的或膨化的全脂大豆。适宜胃肠道 pH 值是发挥消化酶活性和控制有害微生物的重要保证。肠道病原微生物如大肠杆菌、沙门氏菌、葡萄球菌等细菌最适的 pH 是 6 ～ 8，pH 4 以下才能失活。所以，可以添加柠檬酸、甲酸钙或富马酸（延胡索酸）以降低胃肠道的 pH 值，减少病原微生物的感染和痢疾的发生，同时可改善饲料的适口性。仔猪喜爱甜、香的口味，所以仔猪料中还可以加糖（葡萄糖或蔗糖），并经过制粒等加工工艺，制成粒度大小适宜、口感香甜的乳猪料。

此外，乳猪料中还可以选择使用高铜（$120\times10^{-6}\sim200\times10^{-6}$

微克 / 千克）、杆菌肽锌和硫酸黏菌素等抗生素，也可用生物制剂如乳酸杆菌等，作为哺乳仔猪的添加剂，来促进仔猪增重和降低仔猪下痢的发病率。仔猪补料的方法有以下几种。

① 仔猪补料的传统方法　补料的方法一般是少喂勤添，保证饲料新鲜。每日喂料 4 ～ 6 次，饲喂量由少至多，进入旺食期后，夜间可多喂 1 次。同时，应以幼嫩多汁的青饲料配合饲喂，效果更好。母猪泌乳量高时，所带仔猪往往不易上料，则应有意识地进行“逼料”，即每次喂乳后，把仔猪关进补料间，时间为 1 ～ 1.5 小时，仔猪产生饥饿感后会对补料间的饲料或青料产生一定的兴趣，迫其吃料。但应注意关的时间不宜过长，以免影响母猪的正常泌乳。仔猪 35 日龄后，生长加快，采食量大增，此时除白天增加补饲次数外，在晚上 9 ～ 12 时增喂 1 次饲料。

② 全价颗粒饲料补饲的方法　目前，在国内市场上均有不同品牌的种类繁多的全价饲料，这类饲料具有价高质好的特点。乳猪料为颗粒状或粉状，每千克含消化能 13.26 ～ 13.67 兆焦，粗蛋白质 18％～ 20％，粗纤维 3％～ 4％，粗脂肪 3％～ 5％，钙 0.7％～ 0.9％，磷 0.6％～ 0.8％，同时含有多种维生素和微量元素，是哺乳仔猪理想的补饲料，也适用于 7 ～ 30 千克断奶的哺乳仔猪。使用乳猪全价饲料还具有仔猪生长快、发病少和腹泻少的特点。但在使用该类饲料时，应注意以下几方面。第一，全价颗粒料直接饲喂哺乳仔猪，不要用水拌湿，严禁蒸煮。第二，撒在地面或食槽内的饲料，要防止母猪或其他畜禽偷食。撒饲应选择平坦、清洁、干燥、无杂物的场地，否则会浪费饲料。第三，因为该类饲料是完全饲料，不必再添加其他饲料和任何添加剂。第四，实行少喂勤添，让每头仔猪吃饱为止。第五，供给仔猪清洁饮水，并保持昼夜不断。

③ 预混料的补饲方法　猪用预混料是含有哺乳仔猪必需的各种矿物元素、生长促进剂和保健药物的科技产品，适用于农村家庭使用，对于粗放饲养的猪只，效果更为明显。预混料可防止多种肠道疾病和营养不良引起的生长停滞等代谢性疾病，促进动物

细胞分裂及蛋白质合成，使猪只快速生长和提高饲料利用率。其方法是将选用的添加剂预混料按要求的配合比例，用自产的饲料与之均匀混合，配制成补饲料待用。补饲时，按需补饲的饲料量称取粉状料，用少量水分将其发湿，调制成湿粉料，将其撒于饲槽内，任仔猪自由采食。补饲时，仍须做到少喂勤添，以仔猪吃饱为止。在使用该类饲料时应注意：第一，不能多种添加剂预混料混合使用；第二，仔猪饲料尽量多样化搭配，让仔猪吃饱；第三，不可将其放入40℃以上的饲料中饲喂，更不能放入锅中煮沸；第四，将其置于阴凉干燥处保存，每次使用后应及时封上口袋，防止受潮。

（5）加强补铁　铁是形成血红蛋白和肌红蛋白所必需的微量元素。仔猪缺铁时，血红蛋白便不能正常生成，影响血液运输氧和二氧化碳的功能而发生贫血。新生仔猪体内贮存40～50毫克铁，仔猪生后1周内，母猪从乳中每天能供给1～1.3毫克左右的铁（每100克母乳含铁0.2毫克，小猪每天能吃到500～650克乳），就是仔猪出生2周的母乳，每天也只能供给2.3毫克铁。然而，哺乳仔猪每天需铁7～11毫克，这就发生了供求矛盾，如不及时补铁，7天后仔猪表现出缺铁，因此新生仔猪（3～4日龄）必须补铁。

生产中常采用口服和肌内注射含铁制剂补铁。上海郊区及其他地方，有用红壤补铁的习惯，具体做法是：取10厘米以下的深层土，在铁锅中焙炒，加少量盐后，散放在仔猪补饲间内。经仔猪舔食后，补充其所需要的铁。此外，还可用1000毫升水加上2.5克硫酸亚铁和1克硫酸铜配制成铁铜溶液。每日每头10毫升，可涂于母猪乳头上，也可用奶瓶灌服。但在大群生产中此法不易坚持，因此效果不佳。

在大群生产中常推荐用肌内注射的方法。注射的铁剂有氨基酸螯合铁、右旋糖酐铁（即市售“牲血素”或“血宝”），仔猪出生后3～4天，在颈部肌肉处注射，补充量为100毫克。若补铁后仍有贫血现象，应再补充100～250毫克。目前，我国各地正广泛使用右旋糖酐铁钴注射液给仔猪补铁。其用法与用量：一般要求注射 2 次，新生仔猪 3 日龄肌内注射 1 ～ 2 毫升，10 日龄注射 2 毫升；也有 3 日龄一次肌内注射 3 ～ 4 毫升，以后不再注射的。各地猪场反映：该注射液不仅能有效地预防仔猪贫血，而且还能预防仔猪白痢。因为贫血仔猪体弱、抗病力下降，最容易发生仔猪白痢。

（6）补充硒　在我国东北等广大地区，土壤中硒的含量相当稀少，在这些地区生长的农作物及其籽实中（用作饲料）硒的含量极微。硒作为谷胱甘肽过氧化物酶的成分，能防止细胞线粒体脂类过氧化，与维生素 E 一起，对保护细胞膜的正常功能起重要作用。当饲料中缺硒时，仔猪突然发病。病猪多为营养状况中上等或生长快的。病猪表现出体温正常偏低，叫声嘶哑，行走摇摆，进而后肢瘫痪。有的病猪排出灰绿色或灰黄色稀便，皮肤和可视黏膜苍白，眼睑水肿。病猪食欲减退，增重缓慢，严重者死亡。对缺硒的仔猪应及早补硒。一般仔猪生后 3 ～ 5 天肌内注射 0.1% 亚硒酸钠生理盐水 0.5 毫升，断奶时再注射 1 毫升。

（7）补充水　水是猪所需要的主要养分之一。缺水会导致食欲下降，消化作用减缓，损害仔猪健康。由于仔猪代谢旺盛，需水分较多，5 ～ 8 周龄仔猪需水量为其体重的 1/5。同时，母猪乳中含脂率高，仔猪常感口渴，因此需水量较大。若不及时补水，仔猪便会饮用圈内不清洁的水或尿液而易发生下痢。因此，在仔猪 3 ～ 5 日龄起，就应在补料间内设置饮水槽，保证清洁饮水的供给。提早补充饮水，不仅能帮助仔猪消化，防止下痢，而且还能使仔猪精神活泼，皮毛光亮。

另外，由于哺乳仔猪缺乏盐酸，20 日龄前可用含 0.08% 盐酸水供仔猪饮用，能起到活化胃蛋白酶的作用。据试验，仔猪 60 日龄重可提高 13%。

3. 疾病预防

仔猪腹泻是养猪生产中的一个重要问题，对提高仔猪育成率

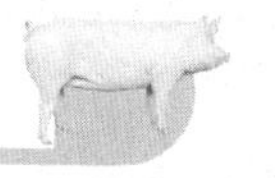

和断奶窝重威胁很大，是仔猪多活快长的大敌。据调查，仔猪因腹泻而死亡数，占整个哺乳期仔猪死亡总数的30%。哺乳仔猪有2个时期容易发生腹泻。第一个时期是生后3～5日龄，多为黄痢；第二个时期是在2～3周龄前后，多为白痢和奶痢。生产中实践经验表明，仔猪腹泻多发生于产后20天以前，多为白痢。对仔猪腹泻的防止必须贯彻"预防为主"的方针，采取综合措施。对已发生腹泻的个体，应及时治疗，以减少损失。为防止传染病发生的危害，在仔猪40日龄时，对仔猪猪瘟、猪丹毒、猪肺疫和仔猪副伤寒等主要传染病进行预防注射。

4. 仔猪适时去势

凡不留种用的仔猪，均应早期去势，促进生长。去势时间一般为公猪20～30日龄，母猪30～40日龄，仔猪5～10千克。早期去势不仅伤口愈合快，手术简便，对仔猪造成的损伤较小，而且去势后能加速仔猪生长。

第三招 促进生长肥育猪快速出栏

【提示】

掌握猪的生长发育规律，选择优良猪种，保持适宜环境，加强饲养管理，才能保证育肥猪快速出栏。

猪的生长发育规律介绍如下。

● 体重的绝对增重规律　体重的绝对增重是随着日龄的增加而变化的，一般是慢—快—慢的趋势。正常的饲养条件下，初生仔猪体重为 1.0 ～ 1.2 千克，7 日龄内增重为 110 ～ 180 克；2 月龄体重为 17 ～ 20 千克，日增重为 450 ～ 500 克；3 月龄体重为 35 ～ 38 千克，日增重为 550 ～ 600 克；4 月龄体重为 55 ～ 60 千克，日增重为 700 ～ 800 克；6 月龄体重为 70 ～ 100 千克，日增重为 700 克左右。

● 机体组织生长规律　骨骼在 4 月龄前生长强度最大，随后稳定在一定水平上；皮肤在 6 月龄前生长最快，其后稳定；肌肉在体重 70 千克前生长最快，其后稳定；脂肪的生长与肌肉刚好相反，在体重 70 千克以前增长较慢，70 千克以后增长最快。综合起来，就是通

常所说的“仔猪长骨，中猪长皮（指肚皮），大猪长肉，肥猪长油”。饲养员可以充分利用这一规律，在猪增重呈上升趋势时，尽量满足其生长发育的营养需要，采取适当的饲养管理方法，促进其生长发育，

● 猪体化学成分变化规律　随着年龄的增长，猪体内蛋白质、水分及矿物质含量下降，如体重10千克时猪体组织内水分含量为73%左右，蛋白质含量为17%；到体重100千克时，猪体组织内水分含量只有49%，蛋白质含量只有12%。初生仔猪体内脂肪含量只有2.5%，到体重100千克时含量高达30%左右。可以利用幼猪含水量高、低脂肪和成年猪含水量低、高脂肪的生长规律，在前期促进生长，减少饲料消耗。

一、优良种猪的选择

种猪质量不仅影响肉猪的生长速度和饲料转化率，而且还影响肉猪的品质。只有选择具有高产潜力、体型良好、健康无病的优质种猪，并进行良好的饲养管理，才能获得优质的商品仔猪，才能为快速育肥奠定一个坚实的基础。

（一）品种选择

根据生产目的和要求确定杂交模式，选择需要的优良品种。如生产中，为提高肉猪的生长速度和胴体瘦肉率，人们常用引进品种进行杂交生产三元杂交商品猪。因为引进品种生长速度快，饲料利用率高，胴体瘦肉率高，屠宰率较高，并且经过多年的改良，它们的平均窝产仔数也有所提高，而且肉猪市场价格高。如我国近年引进数量较多、分布较广的有长白猪、大约克猪、杜洛克猪、皮特兰猪等（表3-1）。

表3-1　几种主要引进瘦肉型品种猪的比较

品种名称	原产地	特性	缺陷
长白猪	丹麦	母性较好，产仔多，瘦肉率高，生长快，是优良的杂交母本	饲养条件要求高，易患肢蹄病
大约克猪（大白猪）	美国	繁殖性能好，产仔多，作母本较好	眼肌面积小，后腿密度小

续表

品种名称	原产地	特性	缺陷
杜洛克猪	美国	瘦肉率高，生长快，饲料利用率高，是理想的杂交终端父本	胴体短，眼肌面积小
皮特兰猪	比利时	后腿和腰特别丰满，瘦肉率极高	生长速度较慢，易产生劣质肉

（二）体型外貌选择

种猪的外貌要求是：体型匀称，膘情适中，胸宽体健，腿臀肌肉发达，肢蹄发育良好，个体性征明显。种猪应具有种用价值且无任何遗传疾患。种公猪还要求睾丸发育良好，轮廓明显，左右大小一致。不允许有单睾、隐睾或阴囊疝，包皮积尿不明显。种母猪要求外生殖器发育正常，乳房形质良好，排列整齐均匀，无瞎乳头、翻乳头或无效乳头，大小适中且乳头数不少于7对。

（三）种猪场的选择

要尽可能从规模较大、历史较长、信誉度较高的大型良种猪场购进良种猪。购猪时要注意查看或索取种猪卡片及种猪系谱档案，确保其为优良品种的后裔并具有较高的生产水平。

二、断奶仔猪的饲养管理

断奶仔猪是指断奶后（一般28～35日龄）至70日龄左右的仔猪。就体重而言，一般为6～7千克到20千克左右的仔猪。由于断奶仔猪不再哺乳，从而失去了由母乳提供的营养，同时还要转圈分群，进行合群饲养，造成环境条件及饲料的巨大变化，形成了对仔猪的一个极大应激，造成仔猪消化不良，采食不足，精神紧张，进而严重影响仔猪的生长发育，甚至导致仔猪发病死亡。因此，维持哺乳期内的生活环境和饲料条件，做好饲料、环境、管理制度的过渡，是养好断奶仔猪的关键。

（一）早期断乳

1. 仔猪早期断奶的优点

随着畜牧科学技术的发展，人们为了提高母猪的繁殖效率、仔猪的成活率和饲料效率，仔猪的断奶日龄在不断提早。由传统的45～60日龄断奶已逐渐提早到21～35日龄，甚至更早日龄，如超早期断奶（8～12日龄）等。早期断奶优点表现在如下几方面。

（1）提高母猪年生产力　母猪年生产力一般是指每头母猪一年所提供的断奶仔猪数。

（2）减少母猪哺乳期失重　提前给仔猪断奶，减少了母猪的哺乳时间，从而也就减轻了哺乳母猪的哺乳期营养消耗，也就减少了母猪体重在哺乳期的损失量。研究表明，早期断奶的母猪体况普遍较好，21～35日龄断奶的母猪失重为19%～22%，60日龄断奶的母猪失重为33%～49%。而且前者的母猪一般断奶后3～7天发情，后者的母猪需7～10天发情，但两者母猪下一胎的产仔数却十分接近。

（3）提高仔猪的均匀度与育成率　实验表明，21～35日龄断奶的仔猪，其生长发育较60日龄断奶的仔猪整齐。这是由于35日龄前仔猪的营养主要来自母乳，而不同位置乳头的泌乳量是不同的，因而仔猪往往发育不均匀。而提前断乳后，仔猪摄取的饲料量逐日增多，饲料成为仔猪的主要营养来源。一些在哺乳期生长较慢的仔猪，由于具有生长补偿作用而吃料较多，生长相对较快，体重逐渐追赶上来。到60日龄时，全窝仔猪的生长发育就会变得较均匀，使窝内仔猪体重很接近，从而可获得较大断奶窝重。

仔猪的育成率也与断奶日龄有关。据实验，21日龄断奶仔猪育成率可达100%，28日龄断奶的为98.5%，35日龄断奶的为92%。仔猪不同的断奶日龄育成率的这种差异，主要是由于母猪的干扰造成的。如哺乳时间长，仔猪被母猪踩死、压死、咬死，粪便污染导致的仔猪发病死亡的概率会相应增加。

（4）提高仔猪的饲料利用率　仔猪出生后越早断奶，母猪在

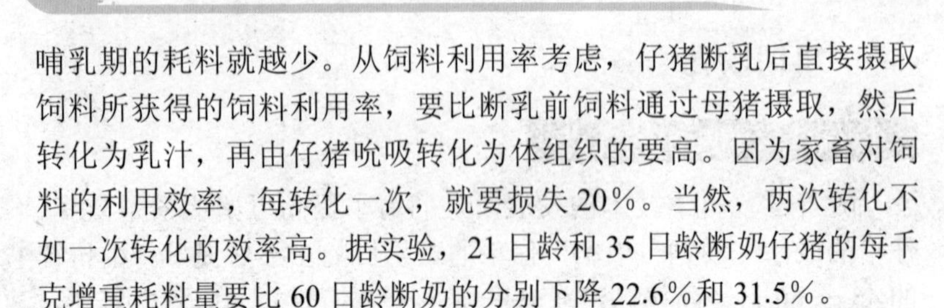

哺乳期的耗料就越少。从饲料利用率考虑，仔猪断乳后直接摄取饲料所获得的饲料利用率，要比断乳前饲料通过母猪摄取，然后转化为乳汁，再由仔猪吮吸转化为体组织的要高。因为家畜对饲料的利用效率，每转化一次，就要损失20%。当然，两次转化不如一次转化的效率高。据实验，21日龄和35日龄断奶仔猪的每千克增重耗料量要比60日龄断奶的分别下降22.6%和31.5%。

（5）提高分娩猪舍和设备的利用率　在规模化养猪场，若实行仔猪早期断奶，缩短母猪的哺乳期，则可减少母猪占用产仔栏的时间，从而提高分娩猪舍和设备的利用率，提高每个产仔栏的年产仔窝数和断奶仔猪头数，相应可降低生产1头断奶仔猪的产仔栏设备的生产成本。如一条年生产5000头商品猪的生产线，由计划的4周龄断奶改为3周龄断奶，每个产栏的年产断奶窝和年产断奶仔猪头数约提高了15%。

2. 早期断乳的适宜日龄

如上所述，实行仔猪早期断奶有众多优点。但是，早期断奶的适宜日龄也并非越早越好。这是因为，实行早期断奶的前提条件是要求养猪企业必须具备良好的断奶仔猪培育设备和条件，如保证温湿度适宜的断奶仔猪舍和网上饲养设备，营养丰富、全价且适口性好、易消化的早期断乳仔猪饲料，较高水平的饲养断奶仔猪的饲养管理水平和经验，以及高素质的饲养人员队伍。如果上述条件不具备，早期断乳不仅不能取得良好效果（包括生产水平的提高和良好的经济效益），反而会给养猪生产带来很大损失。再则，超早期断奶的母猪，其断奶后繁殖器官尚未恢复正常机能，需要一定时间恢复，至再次发情配种时间会相应延长，且再次配种后的下一胎产仔数也会受到不同影响。因此，仔猪早期断奶的适宜日龄不能一概而论，也不能是越早越好，而应视养猪生产单位具体情况而定。一般而言，生产单位条件较好，饲养设备、人员素质和饲养管理水平较高的，可以适当提早断奶；而条件不具备的生产单位应选择适当晚些断奶。在生产实践中，确

定仔猪早期断奶的时间应根据哺乳仔猪的发育状况、采食量、环境控制的条件及饲养管理水平等因素而决定。一般要求断奶时仔猪体重应达到 5 千克以上，日采食量应在 25 克以上。但对于一般猪场，以 35 日龄断奶较为稳妥，因这时的仔猪所需营养已有 50％左右来自饲料，日采食量已达 200 克以上，个体重已达 8.5 千克以上，适应和抵御逆境的能力已较强，不会因断奶遭受较大影响。

3. 早期断奶应激所引起的生理变化

早期断奶对仔猪而言是一个综合应激，主要的应激因子有心理、营养和环境三大方面。心理应激，主要是由于母仔分离所引起的。仔猪失去母猪的爱抚和保护，在并窝分群中还要发生咬斗和重新争夺群体中的位次等。营养应激，仔猪由吮乳改变为采食干饲料来获取营养，消化酶系统和生理环境均不相适应。环境应激是由于仔猪从分娩栏转移至断乳仔猪栏所引起的，周围环境、物理温度、群居条件、伙伴关系等均发生了很大变化，从而对仔猪产生很大的影响。这些应激因子会使断奶仔猪一时很难适应，需要一段时间的调整。以上三种应激中以营养应激最为激烈，影响程度也最大，会引起仔猪失重，血糖、胰岛素、生长激素和肝糖原水平降低，胃液 pH、氢化可的松、游离脂肪酸水平提高。而另外两种应激的影响则相对较小，而且通过人为调控可得到较大改进，进一步降低对仔猪的影响，上述应激对仔猪引起如下生理反应。

（1）抗病力降低　断乳应激可降低血液抗体水平，抑制细胞免疫力和免疫水平，引起仔猪抗病力减弱，容易拉稀和生病等。资料显示，早期断奶与自然吮乳相比，2 ～ 3 周龄仔猪表现显著的免疫反应抑制，而 5 周龄断奶仔猪与吮乳仔猪相比无差异。限制性饲养的仔猪的免疫反应能力比自由采食仔猪明显降低，认为采食量对断乳仔猪的免疫反应能力和生长至关重要。

（2）消化系统紊乱

① 小肠黏膜上皮绒毛萎缩　3周龄前的仔猪正常小肠黏膜上皮绒毛呈现纤长手指状，隐窝较小，断乳后一周内则绒毛变为较短的平滑舌状，隐窝加深。这种形态学的变化，影响小肠黏膜功能，导致小肠绒毛刷状缘分泌的消化酶活性降低。小肠黏膜形态结构的变化主要由饲料类型改变所引起。断乳后5天左右，黏膜高度与隐窝深度的比值达到最低值，断乳后第11天恢复。饲粮变化引起的绒毛萎缩的机制是：减少隐窝新生细胞的形成，而没有加速肠绒毛表面细胞的丢失。此外，轮状病毒也会引起再生性绒毛高度的萎缩，肠吸收面积减少，发生腹泻。这是因为病毒复制主要在肠绒毛细胞中进行。轮状病毒与大肠杆菌联合感染，则导致腹泻尤为严重。大肠杆菌产生的热稳定肠毒素B亚型（STb）可能也与绒毛萎缩有关，如将肠黏膜暴露于STb时会引起其结构改变，表现为绒毛吸收细胞丢失和绒毛部分萎缩。肠毒素大肠杆菌感染的断奶仔猪，若暴露于适度的慢性冷应激时，极易出现腹泻，说明冷应激是腹泻发病率上升的诱发因素。

② 消化酶活性下降　仔猪在0～4周龄期间，胰脂肪酶、胰蛋白酶、胰淀粉酶、胃蛋白酶、胃蛋白分解酶活性逐周成倍增长，但4周龄断奶后1周内各种消化酶活性降低到断奶前水平的1/3。经2周后，除胰脂肪酶活性仍无明显恢复外，其他酶的恢复甚至超过断奶前水平。在未断奶仔猪0～5周龄期间仔猪肠道中脂肪酶活性逐周几乎成倍增长，但21日龄或35日龄断奶则使其活性停止增长，经1～2周后才会重新增长。仔猪断奶后不同消化器官的同一消化酶活性（尤其是淀粉酶）恢复速度也不同，肠道组织消化酶活性恢复速度快于胰腺组织。由此可见，消化酶活性降低可能是早期断奶仔猪断奶后1～2周内消化不良、生长缓慢的一个重要原因。

③ 胃内酸性环境恶化　成年猪胃液正常pH为2.0～3.5，这是胃蛋白酶激活的最佳酸性环境，而仔猪胃液pH要低于4才有利于乳蛋白消化，若喂大豆蛋白或鱼粉蛋白，则需达到pH2～3。可是仔猪胃底腺细胞分泌盐酸的能力很弱，胃酸明显不足。但由

于乳猪可以通过吮吸母乳而获得较多量的乳糖，乳糖可以被胃中乳酸杆菌分解成乳酸，可弥补胃酸不足，仍可使胃内酸性环境维持在较低水平。同时母乳缓冲能力强，比普通固体饲料更容易酸化。仔猪采食酪蛋白和右旋糖饲料之后2小时之内，因采食而上升的胃液pH可回落到2以下，而采食大豆蛋白和右旋糖饲料则需4小时。此外，哺乳仔猪1天吃乳次数多而每次的吮食量却并不多，因此不会出现像采食固体饲料的仔猪那样因一顿采食大量饲料而使胃液pH顿时大幅度升高，不必暂时性大量分泌盐酸来促使胃液pH回落。故哺乳仔猪尽管分泌胃盐酸能力很弱，但仍消化良好。早期断奶仔猪的情况就不同了，由于胃酸不足，乳糖来源断绝，饲料中的一些蛋白质及无机阳离子还会与胃酸结合，同时一顿大量采食固体饲料，采食后胃液pH会上升到5.5，一直到8～10周龄时，仔猪胃液pH才会很少受采食影响，而达到成年猪的水平。断乳仔猪的胃液pH过高，酸化环境恶化，使胃蛋白酶活性降低，饲料及其蛋白质的消化率降低，并进而破坏肠道的微生态环境。

④ 消化能力降低　无论是大肠杆菌感染仔猪还是非感染仔猪，由于消化系统在应激条件下的一系列生理变化，断乳后其肠道的消化能力和吸收能力均有下降。仔猪断乳后第1天至第2天拒食或少食，第3天至第4天则因饥饿，又超量采食饲料，结果引起食物消化不良，大量未消化饲料移行到后段肠道。如果大肠中存留大量碳水化合物（糖类），则有利于糖分解菌的繁殖，使碳水化合物分解产酸，酸又增强肠道蠕动，加速食糜通过肠道，影响营养物的消化吸收，并引起腹泻。如果回肠末端和大肠中存留大量蛋白质和氨基酸，促进蛋白分解菌（如大肠杆菌、变形杆菌和梭状芽孢杆菌）的繁殖，使蛋白质分解，产酸和产氨，氨又刺激肠黏膜，引起肠道分泌大量肠液，加速食糜通过，微生物群落改变，肠内渗透压升高，使分泌量进一步增加，出现所谓渗透性腹泻。

（3）肠道微生物区系结构改变　动物肠道微生物区系在维持

动物健康方面起着重要作用。据研究，初生仔猪肠道大肠杆菌和链球菌在出生后 2 小时内就出现，出生后 5 ～ 6 小时已达到很高水平，而乳酸菌出现较晚，出生后 48 小时才构成优势菌落。在正常情况下，这些微生物中的有益微生物占优势，有害微生物的繁殖受到抑制，逐步形成一个对健康有利的、生态平衡的肠道微生物区系。仔猪在断乳之前，由于母乳中含有抗体和消化道的有效黏膜屏障（如抗体具有抵制体内溶血性大肠杆菌繁殖，阻止细菌对肠黏膜细胞的附着，促使巨噬细胞吞噬的作用；天然小肠黏膜屏障作用表现为健康动物的小肠黏膜表面经常受黏膜分泌物的淋洗，而分泌物中富含抗菌酶和抗体）可阻止病原微生物在黏膜表面的移行生长，有利于良好肠道微生物区系的建立。但仔猪断乳后，母乳断绝，胃液 pH 升高，消化系统紊乱，这样就不利于有益细菌的繁殖，而有利于有害细菌的繁殖（大肠杆菌、葡萄球菌、梭状芽孢杆菌在猪肠道中生长所需最适 pH 分别为 6 ～ 8、6.8 ～ 7.5、6 ～ 7.5，到 pH 4 以下时才能使大量病原菌失活。而 pH 3 ～ 4 却是乳酸杆菌生长最适酸度环境。因此，pH 小于 4 时，有利于乳酸杆菌大量繁殖，而病原菌的繁殖受抑制，就能建立起良好的肠道微生物区系），再加上随饲料采食带入大量病原微生物，从而破坏了原有的良好肠道微生物区系。

（4）饲料蛋白质抗原所引起的过敏反应　饲料蛋白质可能含有会引起仔猪肠免疫系统过敏反应的抗原物质，如大豆中的大豆球蛋白、豌豆中的豆球蛋白和豌豆球蛋白等，这些饲料抗原蛋白可使仔猪发生细胞介导过敏反应，对消化系统甚至全身造成损伤。其中包括肠道组织损伤，如小肠壁上绒毛萎缩、隐窝增生等，并引起功能上的变化，如双糖酶的活性和数量下降，肠道吸收功能下降。由于肠道受损伤后，会使病原微生物大量繁殖，致使仔猪发生病原性腹泻。同时，由于仔猪对蛋白质的消化能力下降，摄入饲料中蛋白质未能充分消化便涌入大肠，在细菌作用下发生腐败，生成氨、胺类、酚类、吲哚、硫化氢等腐败产物。而氨对肠道黏膜细胞具有毒性作用，大多数胺类会刺激肠壁引起肠道损

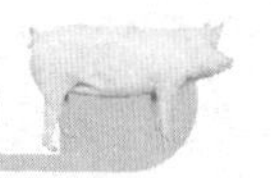

伤和消化功能紊乱，如组织胺进入血液会引起全身性水肿，包括肠绒毛水肿，从而致使消化道功能紊乱。酚类、吲哚、硫化氢对仔猪肠黏膜也有刺激作用。由于腐败产物数量的增加，对结肠也产生损伤，使结肠的吸收机能降低，肠液分泌量上升，引起仔猪腹泻。结肠是吸收肠道中水分和电解质的重要器官，结肠受损伤，对水分的吸收率下降，这种下降即使是轻度的（如下降仅10%），也会使粪中水分含量增加1倍。

总之，在仔猪断奶时，应该采取措施，尽可能减小应激因子对仔猪的刺激，使仔猪顺利度过断乳期。

（二）仔猪断奶方法

仔猪断奶可采用一次断奶法、分批断奶法、逐渐断奶法和隔离式早期断奶。

1. 一次断奶法

一次断奶法在仔猪达到预定断奶日龄时，将母猪隔出，仔猪留原圈饲养。此法由于断奶突然，易因食物及环境突然改变而引起仔猪消化不良，又易使母猪乳房胀痛，烦躁不安，或发生乳房炎，对母猪和仔猪均不利。但方法简便，适宜工厂化养猪使用，应注意对母猪和仔猪的护理，断奶前3天要减少母猪精料和青料量以减少乳汁分泌。

2. 分批断奶法

分批断奶法在母猪断奶前数日先从窝中取走一部分个体大的仔猪，剩下的个体小的仔猪数日后再行断奶，以断奶前7天左右取走窝中的一半仔猪，留下的仔猪不得少于5～6头，以维持对母猪的吮乳刺激，防止母猪在断奶前发情。

3. 逐渐断奶法

逐渐断奶法在断奶前4～6天开始控制哺乳次数，第一天哺乳4～5次，以后逐渐减少哺乳次数，使母猪和仔猪都有一个适应过程，最后到断奶日期再把母猪隔离出去。逐渐断奶法能够缩短母猪从断奶到发情的时间间隔。

4. 隔离式早期断奶

仔猪在20日龄以内，一般在10～21天实施断奶，并被运送到远离母猪舍以外的保育舍进行饲养，当体重增长到25千克左右时，再将其转移到设在另一地点的保育场，直至上市出售，这种方法称为隔离式早期断奶。这种方法是1993年以后在美国养猪界开始试行的一种新的养猪方法，称为SEW方法（segregated early weaning）。实施这一方法的优点如下。首先，让仔猪尽早远离母猪舍，防止母猪生产场环境中经常存在的某些疾病对仔猪的威胁，而将仔猪运到环境状况得到严格控制的保育舍去饲养，从而减少仔猪发病机会，加速了仔猪的快速生长（到10周龄时体重可达30～35千克，比常规饲养的仔猪提高将近10千克）。其次，提早断奶，可使母猪尽快进入下一个繁殖周期，提前发情配种，从而提高母猪利用率。采用SEW管理体制所需要的几项必要条件如下。一是仔猪需要在抗体免疫保护仍然存在的时候断奶。二是仔猪需要从繁殖猪场移至清洁的仔猪场中，使之无法与母猪接触。保育舍的隔离条件和消毒条件要求较高，一定要保证经常消毒，严格控制传染源的传播，防止仔猪感染疾病，保证仔猪快速生长。三是需向断奶仔猪提供专门的饲料和圈舍，并给予格外照顾，以保证其快速生长势头。采用全进全出方式，猪舍每间装100头仔猪，每小间以18～20头仔猪为好。四是进入育肥期之前再次转移到育肥猪场，再次打断疫病传播的重要环节，减少疾病发生。五是兽医需对繁殖母猪群进行血清学监测，检验抗体水平，以确定仔猪断奶的最佳时间和进行辅助疫苗免疫或辅助投药的最佳时机。六是兽医还应对有助于确定仔猪最佳断奶时间的其他有关指标进行监测。七是分批配对也是保证SEW成功的关键，应根据猪群的大小，按特定的重量标准要求事前做好分批进行的安排。

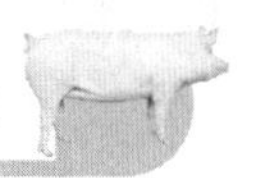

（三）合理确定断乳时间

断乳日龄以早期断乳为佳，但要根据猪场实际情况。因为早期断奶要求猪场具备较好条件，如要求仔猪生长发育良好，28日龄时体重在6～7.5千克左右；仔猪断乳后要有专用优质断乳饲料饲喂，这种饲料要营养丰富，易消化，适口性好，止痢性好；保育猪舍的环境条件要较优越，特别是室温（要求25～28℃左右）和通风换气条件；同时还要求饲养员有较高饲养水平，工作认真负责。具备上述条件的猪场应实行早期断奶，以提高养猪生产水平。而不具备条件的则以迟一些断奶为好，以保证猪场的稳定生产。目前我国大部分猪场宜采用28～35日龄断乳，小部分条件较好的国有和合资合作猪场可实行21～28日龄断乳。

仔猪断奶不仅要看日龄大小，还要看体重大小。一般断乳时要求仔猪应达到一定体重标准。因为断乳体重越大，以后生长速度也相对较快，且仔猪适应性强，生理机能也较完善，不易得病死亡。一般要求仔猪断乳体重在5千克以上，否则，仔猪容易生病，而且会影响以后的生长发育。小于5千克的仔猪，应推迟断乳。

（四）断乳仔猪的饲养管理

1.“两维持，三过渡”

为了养好断乳仔猪，过好断乳关，要做到饲料、饲养制度及生活环境的“两维持，三过渡”，即维持在原圈管理和维持原哺乳期饲料，并逐渐做好饲料、饲养制度及环境的过渡。

（1）维持原圈饲养　仔猪断乳后1～2天很不安定，经常嘶叫并寻找母猪，夜间更重。当听到邻圈母猪哺乳则闹得更厉害。为了减轻仔猪断乳后因失掉母乳和母仔共居环境而引起的不安，应将母猪调出另圈饲养，仔猪维持原圈饲养。仔猪断乳后不应立即混群，以免仔猪受到断乳、混群的双重刺激。

（2）维持原哺乳期饲料　断乳后 2 ～ 3 周内，仔猪饲料配方必须保持与哺乳期补料配方相同，以免突然改变饲料降低仔猪食欲，引起胃肠不适和消化机能紊乱。

（3）饲料过渡　断乳仔猪采食 2 ～ 3 周哺乳期饲粮后至 1 个月左右逐渐过渡到断乳仔猪饲粮，使仔猪有个适应过程。断乳仔猪饲粮组成应基本与哺乳期一致，只调整饲粮营养水平。

（4）饲养制度过渡　稳定的生活制度和适宜的饲料调制，是提高仔猪食欲、增加采食量、促进仔猪生长的保证。

（5）饲喂次数逐渐过渡　断乳后仔猪由吃料加母乳改变为独立吃料生活，胃肠不适应，很容易发生消化不良而下痢，断乳后第一周要适当控制仔猪采食量。如果哺乳期是定时饲喂，则断乳后 2 ～ 3 周每日饲喂次数和时间应保持与哺乳期相同，以后逐渐减少。如果断乳仔猪实行自由采食，则最初 5 ～ 7 天可把饲料撒在地板上，因为断乳仔猪喜欢把饲料立即吃光，直接进行自由采食往往由于仔猪食料过量而引起消化不良。撒料时应保证每头仔猪都能吃到足够的饲料，从第八天起采用自由采食方式。饲料类型逐渐过渡，饲料的适口性是增加仔猪采食量的一个重要因素，如果哺乳期补料的料型与断乳仔猪不同，应采用逐渐过渡的方法，防止突然改变。

2. 保证清洁饮水的充足

断乳仔猪采食大量饲料后，常会感到口渴，如供水不足而饮污水则引起下痢。

3. 合理调控猪舍环境

进猪之前的保育舍应进行彻底清洗消毒，如先用清水冲洗干净猪舍，待干燥后再用 2% 碱液进行全面消毒，过 1 天再用高锰酸钾加甲醛在密封条件下进行熏蒸，隔天打开门窗后，再用消毒水消毒一遍。保育舍舍温也要适当调整，最初断奶一周温度应比产房高 1 ～ 2℃，应在 25 ～ 28℃左右，以后两周降低

3℃，并保持在22℃。并注意猪舍经常通风换气，保持舍内空气新鲜，无有害气体和过多灰尘。经常打扫猪舍粪便，保持猪舍干燥卫生。

4. 合理分群调栏

为了减少对断乳仔猪的应激，断乳时可采用“赶母留仔”方法，即把母猪赶到待配舍去，仔猪仍留在产房内1周，以便逐渐适应。断乳后的仔猪要合理分群，将体重大小相同的仔猪放在同一栏内饲喂，同时要注意饲养密度不宜过大，一般每栋猪舍可养不超过1500头仔猪，每栏饲养不超过25头为宜，大约每头断乳仔猪占栏面积为0.4～0.5米^2，占房舍空间为0.7～1.0米^2。在以后的饲养过程中，还会由于各种原因出现生长发育不良的猪，因此，应经常进行观察，随时将落脚猪另关一栏，单独饲养，以加强饲养管理，使赶上其他猪的体重。

仔猪断乳后如必须调圈、并窝或转群，应在断乳2周左右仔猪采食及粪便正常后进行。为避免并圈转群后的不安和相互咬斗，应在分群前3～5天使仔猪同槽进食或一起运动，使之彼此熟悉，然后根据体重大小、采食速度快慢进行分群。对体弱仔猪，宜另组一群，精心护理。每群头数视圈舍而定，但群内头数不宜过多。

5. 认真进行调教

刚断乳的仔猪当其进入新的保育舍时，要认真对其进行调教，使其养成在固定的地方休息、采食和排泄粪便的习惯，这是保持猪舍卫生、干燥的重要手段。因为猪本来就有在阴暗、潮湿的墙角等地方排泄粪便，在干燥向阳的地方休息的天性。因此，饲养员在猪舍进猪之前应将猪舍打扫干净，并有意识地将少量粪便堆放于粪沟和栏角处，以引诱仔猪到该处去排泄。并于进猪后一周内按时将猪驱赶到排泄粪便处，并不断巡视，发现随地乱排泄粪便的仔猪要进行鞭打教训，并及时清扫已排粪便，保持猪舍干净，从而使仔猪逐渐形成定位大小便的习惯。

6. 饲料更换和控料

仔猪断乳后要逐渐由哺乳仔猪料换为断乳仔猪料。但调换速度要慢，以便仔猪胃肠逐渐适应新的饲料，防止消化不良和腹泻的发生。一般断乳后 7 ～ 10 天开始换料，但每天只更换 20%，经 5 ～ 7 天即可全部调换完。在饲料的给量上也要加以控制，断乳最初几天不能喂给过多。据上海大江公司种猪场经验，仔猪进舍第 1 天，喂给其在产房喂量的 50%，约每头每天喂 100 克左右，第 2 天开始酌情加料，每天增加料量 20%左右。到第 2 周时每头每天可喂到 250 克料。以后加快加料速度，到第 3 周可喂到每头每天 480 克，到第 4 周可喂到 780 克。

7. 及时免疫、驱虫、去势

根据各场疫苗免疫程序，多种疫苗都要在保育期内注射，如仔猪副伤寒、猪瘟、猪丹毒等疫苗，这是猪场防病的重要内容，必须按时完成。为了使仔猪生长发育更快，猪场一般在保育期内还要对仔猪进行投药驱虫和阉割去势。但要注意这些工作最好不同时操作，以避免对猪造成更大应激打击，影响仔猪健康和生长发育。

8. 矫正仔猪咬尾、咬耳恶癖

有些仔猪在保育阶段会发生咬尾巴、咬耳朵恶癖的现象。分析其原因，此现象与仔猪饲养密度过大、猪舍光线过强、饲料中缺乏某些营养元素、未使仔猪吃饱等因素有关。为防止仔猪咬尾巴、咬耳朵恶癖的发生，可采取如下措施。

（1）除去病因　如适当调整饲养密度到合理水平，使每头仔猪至少占有栏地面积 0.4 ～ 0.5 米^2；补充饲料中各种微量元素，以防缺乏；调整饲料配方，使营养物质均衡；调整猪舍内光线强度和舍温到适宜水平，以 20 ～ 22℃为宜；调整饲料给量，防止饲

喂不足造成咬尾、咬耳恶癖。

（2）栏内吊木棍或放一些树枝　在栏内吊挂一根硬木棍，或在栏内放入一些粗树枝等让仔猪空闲时咬玩。

（3）注意隔离　发现有个别仔猪形成咬尾、咬耳恶癖时，应将其抓出隔离，单独饲养，防止继续咬伤其他仔猪。一旦发现有被咬伤的仔猪时，也应将其隔离，另关一栏饲养，防止被其他猪只不断啃咬已受伤的部位，并对外伤进行处理，防止继发细菌感染而发病。

（4）断尾　为防止继续发生咬尾、咬耳恶癖现象，可于仔猪出生 1 ～ 3 天内将其尾巴在距尾根 2 ～ 3 厘米处剪掉，但要注意止血和消毒，防止出血过多和感染。

（五）仔猪断奶后易出现的问题及解决办法

断奶仔猪的管理，特别是断奶后的第 1 周，是仔猪管理环节的重中之重，因为断奶是仔猪自出生后的最大应激因素。仔猪断奶后的饲养管理技术直接关系到仔猪的生长发育，搞不好会造成仔猪生长发育迟缓、腹泻、发生水肿病，甚至死亡等严重后果。下面将讨论仔猪断奶后易出现的问题、发生的机制，以及解决办法。

1. 断奶仔猪易出现的问题

断奶意味着仔猪不再通过母乳来获取食物。仔猪需要一个适应过程（一般为 1 周），这就是通常所说的“断奶关”。这期间若饲养管理不当，仔猪会出现一系列的问题。

（1）生长倒扣　断奶仔猪由于断奶应激，断奶后的几天内食欲较差，采食量不够，造成仔猪体重不会增加，反而会下降。往往需 1 周时间，仔猪体重才会重新增加。

断奶后第 1 周仔猪的生长发育状况会对其一生的生长性能有重要影响。据报道，断奶期仔猪体重每增加 0.5 千克，则达到上市体重标准所需天数会减少 2 ～ 3 天。

（2）仔猪腹泻　断奶仔猪通常会发生腹泻，表现为食欲减退，饮欲增加，排黄绿稀粪。腹泻开始时尾部震颤，但直肠温度正常，耳部发绀。死后解剖可见全身脱水，小肠胀满。

（3）发生水肿病死亡　仔猪水肿病多发生于断奶后的第2周，发病率一般为5%～20%，死亡率可达100%。表现为震颤，呼吸困难，运动失调，数小时或几天内死亡。尸检可见胃内容物充实，胃大弯和贲门部黏膜水肿，腹股沟浅淋巴结、肠系膜淋巴结肿大，眼睑和结肠系膜水肿，血管充血和脑腔积液。

2. 发生机制

（1）仔猪生理特点　仔猪整个消化道发育最快的阶段是在20～70日龄，说明3周龄以后因消化道快速生长发育，仔猪胃内酸环境和小肠内各种消化酶的浓度有较大的变化。

仔猪出生后的最初几周，胃内酸分泌十分有限，一般要到8周以后才会有较为完整的分泌功能。这种情况严重影响了8周龄以前断奶仔猪对日粮中蛋白质的充分消化。哺乳仔猪因母乳中含有乳酸，使胃内酸度较大，即pH值较小。仔猪一经断奶，胃内pH值则明显提高。

仔猪消化道内酶的分泌量一般较低，但随消化道的发育和食物的刺激而发生重大变化。其中碳水化合物酶、蛋白酶、脂肪酶会逐渐上升。

（2）仔猪的免疫状态　新生仔猪从初乳中获得母源抗体，在1日龄时母源抗体达最高峰，然后抗体滴度逐渐降低。第2～4周龄母源抗体滴度较低，而主动免疫也不完善，如果在此期间断奶，仔猪容易发病。

（3）微生物区系变化　哺乳仔猪消化道的优势微生物是乳酸菌，它可减轻胃肠中营养物质的破坏，减少毒素产生，提高胃肠黏膜的保护作用，有力地防止因病原菌造成的消化紊乱与腹泻。乳酸菌最宜在酸性环境中生长繁殖。断奶后，胃内pH值升高，乳酸菌逐渐减少，大肠杆菌逐渐增多（pH为6～8的环境中生长），原微生物区系受到破坏，导致疾病发生。

（4）应激反应　仔猪断奶后，因离开母猪，在精神和生理上会产生一种应激，加之离开原来的生活环境，对新环境不适应，如舍温低、湿度大、有贼风，以及房舍消毒不彻底等，从而导致仔猪发生条件性腹泻。

3. 解决办法

（1）补饲　仔猪的生长非常迅速，在 2 ～ 4 周龄时，母乳所提供的营养物质已不能满足其生长需要，补饲能减少断奶后饲料转换应激。据研究，12 日龄开始补饲，21 日龄断奶时胃内盐酸和胃蛋白酶分泌量均高于断奶前未补饲的仔猪，补饲还可减轻肠绒毛萎缩和隐窝加深的程度。

① 日粮原料的选择　选择适合仔猪消化生理特点的饲料原料，是配制高质量断奶仔猪日粮、提高断奶后采食量、提高生长速度和减少下痢的重要条件。这些原料包括脱脂奶粉、乳清粉、乳糖、喷雾干燥血浆粉、优质鱼粉、膨化大豆、去皮高蛋白豆粕等。据研究，乳清粉能明显改善 3 ～ 4 周龄断奶仔猪最初 2 周的生产性能，由于是乳制品，含天然乳香味，既能促进仔猪食欲，提高采食量，进入胃中又能产生乳酸，降低断奶仔猪胃中 pH 值，有利于食物蛋白的消化。喷雾干燥血浆粉含 68％的蛋白质，而且含有抗病因子，口味又极好，是断奶仔猪日粮的理想原料。

② 酸化剂的使用　仔猪消化道酸碱度（pH 值）对日粮蛋白质消化十分重要。大量研究表明，在 3 ～ 4 周龄断奶仔猪玉米 - 豆粕型日粮中添加有机酸，可明显提高仔猪的日增重和饲料的转化率。已知有机酸中效果确切的有柠檬酸、富马酸（延胡索酸）和丙酸，添加量依断奶日龄而定。

③ 酶制剂的使用　仔猪日粮中添加酶制剂的目的是为了弥补断奶后体内消化酶的活性下降，提高饲料的消化利用率，改善仔猪的生长率，目前最为成功的酶制剂是植酸酶。

④ 高铜和高锌的应用　众所周知，仔猪日粮中添加高剂量的铜具有明显的促进生长的效果，并能提高饲料转化率。添加量

一般为0.02%～0.05%。仔猪日粮中添加高锌具有和高铜相似的作用，除能够提高仔猪生产性能外，还能防止仔猪下痢。

（2）管理措施

① 母去仔留　断奶仔猪对环境变化的应变能力很差，尤其是温度变化。仔猪断奶后，将母猪赶走，让仔猪继续待在原圈，可以减少应激程度。

② 适宜的舍温　刚断奶仔猪对低温非常敏感。一般仔猪体重越小，要求的断奶环境温度越高，并且越要稳定。据报道，断奶后第1周，日温差若超过2℃，仔猪就会发生腹泻和生长不良。

③ 干燥的地面　应该保持仔猪舍清洁干燥。潮湿的地面不但使动物被毛紧贴于体表，而且破坏了被毛的隔热层，使体温散失增加。原本热量不足的仔猪更易着凉和体温下降。

④ 避免贼风　研究表明，暴露在贼风条件下的仔猪，生长速度减慢6%，饲料消耗增加16%。

三、快速育肥

肥育的目的是在尽可能短的时间内，以最少的投入，生产出量多质优的猪肉，以供应市场，并从中获得经济效益。为此生产者必须根据猪的生长发育规律，应用猪遗传育种、饲料营养、环境控制等方面的研究成果，采用科学的饲养管理与疫病防治技术，使猪只健康、增重快、耗料少、胴体品质优、成本低，以获得较高效益。

（一）影响肉猪育肥的因素

在生产实际中，常常会出现用同样的饲料和肥育方法，而产生不同的肥育效果，说明影响肥育的因素有很多，而且各因素之间又是互相联系和互相影响的。

1. 品种类型及其杂交利用

采用不同的品种或品系及相应的方式杂交，利用杂种优势，可

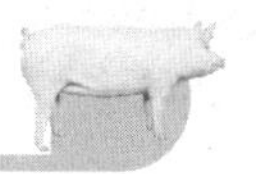

提高肥育效果，使杂种后代生活力增加，生长发育快，肥育期短，饲料利用率提高，饲养成本降低，故必须选择优良的母猪与种公猪。

（1）品种方面　猪的品种很多，类型各异，对肥育的影响很大。由于猪的品种和类型形成和培育条件的差异，猪品种间的经济特征不同，在品种和类型之间的肥育性能和胴体品质也有差异。一般选择育肥猪要根据养猪条件、规模、资金、销路等来决定。若销路畅，出口或供应大、中城市，就要选良种杂交二元、三元、四元瘦肉型猪（长白、大约克、杜洛克、汉普夏、皮特兰等），进行规模化养殖。此种猪杂交后有杂交优势，长得快，日增重平均在800～900克，耗料少，料肉比在2.5∶1，瘦肉率在60%左右，屠宰率高达72%～79%，价比一般当地土杂猪高20%～30%。条件差的不能进行规模化养猪的零星散养户，就养土×良杂交一代或土×良杂交三元猪（瘦肉兼用型）。此种猪耐粗料，适应性强，繁殖率高，但生长速度慢15%～20%，耗料多，比良杂高16%，屠宰率在70%左右，瘦肉率在50%～55%。

（2）杂交利用　采用不同的品种或品系及相应的方式杂交，利用杂种优势，可提高肥育效果。但是杂交优势的显现，受许多因素的制约，不同的杂交方式杂交效果不同，不同的杂交组合杂交效果不同，不同的环境条件杂交效果不同，不同个体间杂交效果不同，不同经济性状表现的杂交优势不同。据国外的统计资料，肥育的增重速度和饲料利用率的优势平均为5%，但变异幅度很大。

2. 性别

我国养猪生产实践表明，公、母经过去势后育肥，性情安静，食欲增强，增重速度提高，脂肪沉积增强，肉的品质改善。猪去势后，性机能消失，异化过程减弱，同化过程增强，将所吸收的营养，能更多地用到增膘长肉上来。

3. 仔猪初生重和断奶重

一般情况下，仔猪初生重大，生活力就强，体质健壮，生长快，肥育增重就快，民间有“初生差一两，断奶差一斤，肥猪差十斤”的说法，这就要求重视饲养管理，特别是加强对母猪的饲养和仔猪的培育，设法提高仔猪的初生重和断奶重，为提高肥育猪的肥育效果奠定良好的基础。

4. 营养和饲料

营养水平对肥育影响极大，一般来说，肥育猪摄取能量越多，日增重越快，饲料利用率越高，屠宰率也越高，胴体脂肪含量也越多，膘越肥。蛋白质对肥育猪也有影响，蛋白质不足，不仅影响肌肉的生长，同时也影响肥育猪的增重。一般认为当蛋白质含量超过18%时对增重无很大影响，但对于改善肉质，提高胴体瘦肉率有用。此外，蛋白质的品质对肥育也有一定的影响，猪需要10种必需氨基酸，日粮中任何一种氨基酸的缺乏，都会影响增重。

饲料是猪营养物质的直接来源，由于各种饲料所含的营养物质不同，因此，应由多种饲料配合才能组成营养全面的日粮。饲料对猪胴体品质的影响也很大，特别是对脂肪品质的影响，由于有一部分饲料中的碳水化合物和脂肪以原有的形式直接转化到体脂中，因而使猪摄入的脂肪和本身具有的脂肪有相似的性状，如猪食入含饱和脂肪酸多的大麦、小麦等淀粉类饲料，则体脂具有洁白、坚硬的性状。相反猪食入含不饱和脂肪酸多的米糠、玉米、鱼粉、蚕蛹等饲料，则体脂较软，出现黄膘肉或异味。

5. 环境条件

（1）温、湿度　肥育猪适宜的温度为15～25℃，适宜湿度为60%～80%，过冷则体热易散失，过热则导致食欲下降，生长缓慢。猪圈里潮湿、脏、粪尿到处都有，连料槽里都有屎、尿，猪舍内冬不暖，夏不凉，圈内没有干净舒适的地方让猪休息睡觉，无形中增加了营养消耗（猪站着比安静睡觉多消耗营养9%，何况烦躁不安），维持营养增加，供长肉的营养就相应减少了，所

以长得慢。不适宜的温度影响生长，猪舍内温度高于 25 ～ 30℃以上时，猪吃食减少 10%～ 30%，心跳、呼吸、新陈代谢加快，营养消耗增加；温度超过 35℃，猪不但不长，甚至有中暑死亡的可能；温度在 4℃以下时，生长速度下降 50%，耗料增加 2 倍。良种猪场试验，在不同的舍温中，22 千克体重仔猪分 2 组，试验 30 天其生长、耗料结果是：22℃组平均日增重为 879 克，料肉比为 2.01 ：1；11℃组平均日增重为 766 克，料肉比为 2.8 ：1。若 11℃组温度低于 4℃以下时，其结果可想而知会怎样，不但受冻还会引起疾病和死亡。

（2）密度和通风　育肥圈养密度过大，舍内通风不良，会因小气候环境恶劣，使猪的呼吸道疾病增多，采食量下降，饲料报酬和日增重下降。通过实践证明，一般每头肥育猪以占圈 0.8 ～ 1 米 2，每圈养 18 ～ 20 头为宜。必须具备良好的通风条件，否则空气中的有毒气体的含量增加，严重影响猪的生长。

（3）光照　光照时间长短对肥育猪增重和饲料利用率无明显的影响，但若光照过于强烈会造成猪只兴奋不安，影响猪只休息进而影响增重。

6. 饲喂方式

有不少养猪户把饲料加水煮熟喂，这样不仅浪费时间、人力和燃料，而且有些营养物质（特别是维生素类）被破坏，得不偿失。有的喂水食不科学，表面看猪吃得多，肚子吃得圆圆的，实际上猪吃下去的水分多，干物质少，快速生长所需要的营养不够，猪越吃胃肠容积越大，影响了猪的消化、循环生理功能。有的不能定时定量，饥一顿饱一顿。有的饮水不充足，猪渴了只得在圈内找脏水，喝尿水，这样不但影响生长而且容易生病。猪若饮水不足，则采食量减少，增重下降。市售的添加剂，不论什么名字，基本成分都差不多，特别是微量元素添加剂，多添加不但浪费钱，又影响生长，还会引起中毒。有的养猪户不分群，大的、小的、强的、弱的都在一圈养，小弱受欺。

7. 管理方面

首先，猪场场址和猪舍影响到养猪的环境条件和卫生状况而影响育肥效果。按要求猪场、舍要建在地势高、地面干燥、背风向阳、冬暖夏凉、水源充足、安静、交通便利、空气新鲜、便于控制疾病的地方，舍内高出舍外，便于排出粪、尿。可不少养猪户把圈建在院角上、厕所边，因陋就简，地面没有坡度或没铺地坪，舍内晒不到阳光，圈内终日潮湿，还有的在圈内留粪池积肥，天热时让猪打泥，都是不科学的。其次，加强对猪的训练有利于圈舍清洁卫生。没有训练猪的吃、睡、拉“三定位”，就不能保持圈舍干净、干燥、清洁卫生。猪生活在一个不舒适的环境中，肯定长得慢。最后，猪的出栏时间也会影响猪的增重效果。如良种杂交猪和土×良杂交一代或三元，5月龄、6月龄体重均达到100千克左右，此阶段前，育肥猪生长速度最快，耗料少，肉质好，瘦肉率高，市场销路畅，价格高。若时间推迟，体重超过120千克，相应生长速度慢，耗料增加，脂肪增多，瘦肉率下降，肉质老化。试验表明，育肥猪在60千克前瘦肉生长快，60千克后瘦肉生长变慢，可脂肪沉积加快，脂肪比例增大。育肥猪每增长1千克脂肪所需要的营养相当于猪体增长2.6千克瘦肉的营养需要，而且目前，城镇居民都想买瘦肉多的猪肉，肥肉大都不喜欢吃，导致大、中城市肥肉价比瘦肉价低2倍以上，所以把猪养得过大、过肥时，不仅瘦肉率低，脂肪高，耗料多，长得慢，同时也影响养猪的经济效益。

8. 疾病防治

不少养猪户除对环境卫生不注意外，对常见病预防也没有注意，如预防大肠杆菌病（黄痢、白痢、水肿）、猪瘟、猪丹毒、猪肺疫、仔猪副伤寒、口蹄疫、细小病毒病、伪狂犬病等，没按时注射疫苗。有的猪生病了也不知道隔离治疗，大猪生病就迅速出售，还有的猪病死了不深埋、焚烧、消毒，而是随便丢到野地、沟塘里，甚至还有自食或贱卖给杀猪户去处理，根本没有考虑猪

病的传染及自己、他人的利益。

（二）肥育猪的育肥

1. 育肥猪的饲养方式

（1）地面饲养　将育肥猪直接饲养在地面上。特点是圈舍和设备造价低，简单方便，但不利于卫生。目前生产中较多采用。

（2）发酵床饲养　在舍内地面上铺上 80 ～ 90 厘米厚的发酵垫料，形成发酵床，将猪养在铺有发酵垫料的地（床）面上。发酵床的材料主要是木屑（锯末）或稻皮，还有少量粗盐和不含化肥、农药的泥土（含有微生物多）。木屑占到 90%，其他 10% 是泥土和少量的盐，将以上物质混合就形成了垫料。最后在垫料里均匀地播撒微生物原种，这些微生物原种从土壤里采集而来，然后在实验室培养，把这些微生物原种播撒到发酵床里而，充分拌匀后，就形成了所说的发酵床。一般在充分发酵 4 ～ 5 天之后可以养猪。其特点是无排放、无污染，节约人工，减少用药和疾病发生率，饲养成本降低，是一种新型的养猪方式。

（3）高架板条式半漏缝地板或漏缝地板饲养　将猪养在离地 50 ～ 80 厘米高的漏缝或半漏缝地板上。其优点是猪不与粪便接触，有利于猪体卫生和生长；同时有利于粪便和污水的清理和处理，舍内干燥卫生，疾病发生率低。

（4）笼内饲养　将猪养在猪笼内。猪笼的规格和结构一般是：长 1 ～ 1.3 米，宽 0.5 ～ 0.6 米，高 1 米，笼的四边、四角主要着力部位选角铁或坚固的木料，笼的四面横条距离以猪头不能伸出为宜，笼底要铺放 3 厘米带孔木板，笼的后面须设置一个活动门，笼前端木板上方，留出一个 20 厘米高的横口，以便放置食槽。笼间距一般为 0.3 ～ 0.4 米。育肥猪实行笼养投资少，占地少；猪笼可根据气候、温度变化进行移动；猪体干净卫生，可大大减轻猪病的发生；与圈养猪相比，笼养猪瘦肉率提高。

2. 育肥猪的肥育方式

生长肥育猪的肥育方式主要有两种，即阶段肥育法和一贯肥育法。

（1）阶段肥育法　阶段肥育是根据猪的生理特点，按体重或月龄把整个肥育期划分为幼猪、架子猪和催肥三个阶段。采用一头一尾精细喂，中间时间吊架子的方式，即把精饲料重点用在小猪和催肥阶段，而在架子猪阶段尽量利用青饲料和粗饲料。

① 小猪阶段　从断奶体重10千克喂到25～30千克左右，饲养时间约2～3个月。这段时间小猪生长快，对营养要求严格，应喂给较多的精饲料，保证其骨骼和肌肉正常发育。

② 架子猪阶段　从体重25～30千克喂到50千克左右。饲养时间约4～5个月，喂给大量青、粗饲料，搭配少量精料，有条件的可实行放牧饲养，酌情补点精料，促进骨骼、肌肉和皮肤的充分发育，使长大架子，使猪的消化器官也得到很好的锻炼，为以后催肥期的大量采食和迅速增重打下良好的基础。

③ 催肥阶段　猪体重达50千克以上进入催肥期，饲喂时间约2个月，是脂肪沉积量最大的阶段，必须增加精饲料的给量，尤其是含碳水化合物较多的精料，限制运动，加速猪体内脂肪沉积，使外表肥胖丰满。一般喂到80～90千克，即可出栏屠宰，平均日增重约为0.5千克。

阶段肥育法多用于边远山区农户养猪，它的优点是能够节省精饲料，而充分利用青、粗饲料，适合这些地区农户养猪缺粮条件，但猪增重慢，饲料消耗多，屠宰后胴体品质差，经济效益低。

（2）一贯肥育法　一贯肥育法又叫直线肥育法、一条龙肥育法或快速肥育法。这种肥育方法从仔猪断奶到肥育结束，全程采用较高的营养水平，给以精心管理，实行均衡饲养的方式。在整个肥育过程中，充分利用精饲料，让猪自由采食，不加以限制。在配料上，以猪在不同生理阶段的不同营养需要为基础，能量水平逐渐提高，而蛋白质水平逐渐降低。

快速肥育法的优点是：猪增重快，肥育时间短，饲料报酬高，

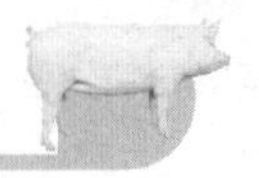

胸体瘦肉多，经济效益好。一般六个月体重可达 90 ～ 100 千克。

目前生产中，采用的很多是一贯肥育法。在整个的肥育期中，没有明显的阶段性。从小猪到商品猪的整个生产期内，猪的饲料是按照各个生理阶段的营养需要量调配的。由于育肥猪上市时间缩短，使猪场的一些设备如猪舍、饲具等的使用率提高，使养猪生产者能够在较短的时间内收回投资，取得较好的经济效益。

（三）提高育肥效果的措施

肉猪按生长发育可划分为三期：体重 20 ～ 35 千克为生长期，体重 30 ～ 60 千克为发育期，60 ～ 90 千克为肥育期，或相应称为小猪、中猪、大猪。肉猪饲养效果如何，小猪阶段是关键。因为小猪阶段容易感染疾病或生长受阻，体重达到中猪阶段就容易饲养了。因此，肥育之前必须做好圈舍消毒、选购优良仔猪、预防接种、去势和驱虫等准备工作。

1. 选择优良猪种，利用杂种优势

不同品种或不同类型的猪生长速度、饲料利用率和胴体瘦肉率是不一样的，要想取得好的肥育效果，选择好的品种是很重要的。表 3-2 反映了在相同饲养条件下，三个品种的主要经济性状不同，瘦肉型的长白猪和大白猪生长快，饲料利用率高，膘薄而瘦肉多。瘦肉率比兼用型的山西本地猪高 8%左右。

表 3-2　在相同饲养条件下不同品种的饲养效果

品种	头数	20 ～ 90 千克饲养时间 / 天	平均日增重 / 克	料肉比	胴体长 / 厘米	瘦肉率 /%	平均膘厚 / 厘米
长白猪	23	132	529	4.28 ∶ 1	97.7	57.5	2.75
大白猪	23	135	521	4.40 ∶ 1	93.3	58.2	2.89
山西本地猪	24	141	496	4.60 ∶ 1	88.7	49.7	3.18

猪的经济类型不同，肥育效果和胴体品质也不同。如兼用型中白猪（即中约克夏猪）活重 45.5 千克时已长成满膘，后腿已很发达；肉用型的大白猪（即大约克夏猪）在同样体重时，仍在增

加体长，后躯不发达。如按肉用型要求，中白猪体重达 90 千克时，已过于肥胖，但大白猪在 90 千克时，体型及肌肉同脂肪的比例均合乎肉用型的要求。因此在进行肥育时，必须全面了解猪的品种与类型，并采取不同的饲养措施和不同的屠宰体重，才能达到提高肥育效果的目的。选择适宜的经济杂交组合，利用杂种猪的杂种优势生产肥育猪，是提高肥育效果的有效措施。

2. 实行公猪去势肥育

我国养猪生产实践证明，公母猪经去势，性情安静，食欲增进，增重速度提高，脂肪沉积增强，肉的品质改善。但现在饲养的瘦肉型猪，因性成熟晚，肥育时只将公猪去势，母猪不进行去势，未去势的母猪和去势公猪经肥育，进行屠宰比较，前者肌肉发达，脂肪较少，可获得较瘦的胴体。

3. 选择初生重、断奶重大的仔猪进行肥育

在正常情况下，仔猪初生重大，生活力就强，体质健壮，生长快，断奶体重就大，后期的增重就快（表 3-3、表 3-4）。由表 3-3 与表 3-4 可看出，仔猪初生重和断奶重与肥育效果关系密切，初生重和断奶重大的仔猪不但增重快，而且死亡率显著降低。若要提高仔猪初生重和断奶重，就必须重视种猪的选择和饲养管理，加强仔猪培育，才能为肥育期打下良好基础。养猪生产是一个整体，忽视了任何一个环节都不能达到预期目的。

表 3-3　初生重大小与哺乳期增重

初生重 / 千克	仔猪头数	30 日龄平均重 / 千克	30 日龄平均增重 / 千克	60 日龄平均重 / 千克
0.75 以下	10	4.00	3.30	10.20
0.75 ～ 0.89	25	4.67	3.85	11.20
0.90 ～ 1.04	40	5.08	4.10	12.85
1.05 ～ 1.19	46	5.32	4.19	13.00
1.20 ～ 1.34	50	5.66	4.38	14.00
1.35 ～ 1.49	36	6.17	4.47	15.55
1.50 以上	5	6.85	5.25	16.55

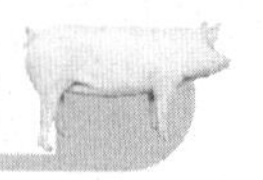

表 3-4　1 月龄仔猪体重对育肥效果的影响

仔猪体重 / 千克	头数	208 日龄体重 / 千克	增重效果 /%	死亡率 /%
5.0	967	73.4	100	12.2
5.1 ～ 7.5	1396	83.6	114	1.8
7.6 ～ 8.0	312	89.2	124	0.5

4. 创造适宜的环境条件

猪的快速肥育，饲养周期短，对环境条件的要求比较严格。只有创造和保持适宜的温度、湿度、光照、通风和密度，保持猪舍安静，才能保证生长肥育猪食欲旺盛，增重快，耗料少，发病率和死亡率低，从而获得较高的经济效益。体重 60 千克以前为 16 ～ 22℃；体重 60 ～ 90 千克为 14 ～ 20℃；体重 90 千克以上为 12 ～ 16℃。不同地面养猪的适宜温度见表 3-5。

表 3-5　不同地面养猪的适宜温度

体重 / 千克	同栏猪数 / 头	木板或垫草地面温度 /℃			混凝土或砖地面温度 /℃		
		最高	最佳	最低	最高	最佳	最低
20	1 ～ 5	26	22	17	29	26	22
	10 ～ 15	23	17	11	26	21	16
40	1 ～ 5	24	19	14	27	23	19
	10 ～ 15	20	13	7	24	18	13
60	1 ～ 5	23	18	12	26	22	18
	10 ～ 15	18	12	5	22	16	11
80	1 ～ 5	22	17	11	25	21	17
	10 ～ 15	17	10	4	21	15	10
100	1 ～ 5	21	16	11	25	21	17
	10 ～ 15	16	10	4	20	14	9

猪舍适宜的相对湿度为 60%～ 80%，如果猪舍内启用采暖设备，相对湿度应降低 5%～ 8%。肥育猪舍的光线只要不影响猪的采食和便于饲养管理操作即可，强烈的光照会影响猪休息和睡眠。建造生长肥育猪舍以保温为主，不必强调采光。猪舍内要经常注意通风，及时处理猪粪尿和脏物，注意合适的圈养密度，保证猪舍空气洁净。圈养密度以每头生长肥育猪 0.8 ～ 1.0 米 ^{2}

为宜，猪群规模以每群10～20头为宜。噪声对生长肥育猪的采食、休息和增重都有不良影响。如果经常受到噪声的干扰，猪的活动量大增，一部分能量用于猪的活动而不能增重，噪声还会引起猪惊恐，降低食欲。噪声不超过75分贝。

5. 营养水平要符合饲养品种的需要

影响猪的肥育的主要营养物质是能量和蛋白质。提高日粮中的能量水平，能提高日增重，但降低胴体的瘦肉率。而提高日粮中的蛋白质水平，除提高日增重外，还可以获得膘薄、眼肌面积大、瘦肉率高的胴体。

（1）能量水平　北京市饲料研究所曾用高能（每千克混合料含消化能12.96兆焦）和低能（每千克混合料含消化能11.7兆焦）两种能量水平喂肥育猪，试验结果见表3-6，低能组比高能组平均日增重低79克，但膘厚降低0.55厘米，瘦肉率提高5%。

表3-6　不同能量水平对胴体的影响

能量水平	日增重量/克	膘厚/厘米	瘦肉率/%
高能组（12.96兆焦/千克）	514	4.6	47
低能组（11.7兆焦/千克）	435	4.05	52

（2）蛋白质水平黑龙江省兴隆农场用长白猪试验，在同样的条件下，两组的能值一样（可消化能为12.96兆焦/千克），高蛋白组每千克饲料含可消化蛋白159.4克，低蛋白组为139克。试验结果，高蛋白组瘦肉率高，背膘薄（表3-7），由此可见，要想提高胴体瘦肉率，需要相应提高日粮中蛋白质的含量（表3-8）。

表3-7　不同蛋白质水平对长白猪胴体的影响

日粮中蛋白质水平 / 胴体性状	高蛋白组（159.4克/千克）	低蛋白组（139克/千克）
膘厚/厘米	2.71	3.14
瘦肉率/%	55.02	52.24

注：两组能值相同（可消化能12.96兆焦/千克）。

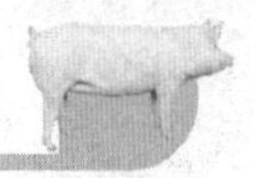

表 3-8　蛋白质水平对肥育猪增重的影响

可消化粗蛋白质 /%	15.5	17.7	20.2	22.3	25.3	27.3
日增重 / 克	651	721	723	739	699	689
脂肪率 /%	26.6	25.1	23.8	23.3	21.6	20.5
瘦肉率 /%	44.7	46.9	46.8	47.7	49.0	50.0

从表 3-8 可见，不是蛋白质水平越高，日增重越快，但蛋白质水平越高，则瘦肉率越高，脂肪率越低。

不同的猪种对蛋白质水平有不同的要求，见表 3-9。

表 3-9　不同阶段的粗蛋白质水平

项目	开料期	生长期	肥育期
体重 / 千克	2 ～ 20	20 ～ 55	55 ～ 90
肉脂型猪粗蛋白质水平 /%	22	16	12
瘦肉型猪粗蛋白质水平 /%	22	16 ～ 17	高瘦肉率 16，高增重 14

（3）粗纤维水平　肥育的效果还取决于日粮中的粗纤维水平。一般粗饲料中粗纤维含量约在 30%～ 39%（三七统糠粗纤维 30.9%，蔗糖糠 37.5%），猪消化粗纤维能力差。粗纤维水平越高，能量浓度相应越低，增重越慢，饲料利用率越低，对胴体品质来说，瘦肉比例虽有提高，但利用增加粗纤维的比例来提高瘦肉率，其总的经济效果也是不好的。如果搭配适当，一般含本地母猪血液的育肥猪不超过 10%还是可行的，瘦肉型生长肥育猪则不宜超过 12%。

辽宁省畜牧研究所利用苏联大白猪和民猪的杂种猪进行不同纤维水平的试验，结果表明：日粮中粗纤维水平由 3%提高到 7%，能量浓度由 13.376 兆焦降到 12.038 兆焦，日增重下降，瘦肉率提高（表 3-10）。

表 3-10　不同粗纤维水平对猪增重及胴体的影响

粗纤维水平 /%	能量水平 /（兆焦 / 千克）	头数 / 头	体重 / 千克	日增重 / 克	料肉比	膘厚 / 厘米	瘦肉率 /%
3	13.376	5	88.4	609	3.45	3.87	51.07
7	12.038	5	90.2	507	3.07	3.51	54.62

6. 饲喂量和喂次要合理

瘦肉型生长肥育猪由 20 千克开始到 100 千克时出栏，一般饲养 3.5 ～ 4.5 个月。为了充分满足其生长发育的需要，除应保证日粮营养价值外，还要给予足够的饲料数量，即随着体重的增长逐步增加饲料喂量。在国外，瘦肉型生长肥育猪的每日喂量标准，见表 3-11。

表 3-11　五个国家生长肥育猪每头每日饲喂量

国别 体重 / 千克	日本 / 千克	英国 / 千克	美国 / 千克	瑞典 / 千克	丹麦 / 千克	五国平均 / 千克
20	1.0	1.00	1.03	0.93	1.10	1.07
30	1.4	1.50	1.70	1.36	1.65	1.52
40	1.8	1.90	2.15	1.79	2.09	1.95
50	2.2	2.25	2.50	2.21	2.64	2.36
60	2.4	2.60	2.75	2.61	2.97	2.67
70	2.6	2.80	2.95	2.96	3.19	2.70
80	2.8	3.00	3.10	3.21	3.14	3.10
90	3.0	3.15	3.20	3.43	3.63	3.28

在我国，肥育猪大多为瘦肉型品种公猪与当地母猪的杂交种。因此，每日饲料给量应低于国外标准。根据我国调查资料和生产实践，在正常情况下，每头猪全期（20 ～ 90 千克）耗混合料约计 250 千克。在 4 个多月的肥育期间，第一个月平均每头每日耗料 1.2 ～ 1.6 千克，第二个月 1.7 ～ 2.1 千克，第三个月 2.2 ～ 2.6 千克，第四个月 2.7 ～ 3.0 千克。料肉比约 3.6。

生长肥育猪采用混合料生喂和限量定额饲养制度下，一般每日给料 2 次，试验证明，在 20 ～ 90 千克肥育期间，每日饲喂 2 次和 3 次比较，3 次饲喂并不能改进日增重和饲料利用率。如果在一周的不同时间内少喂一次或两次饲料（即一周中有一天少给 30% 的饲料），对日增重及饲料利用率影响不大。

农家养猪由于以青粗饲料为主，采用加水稀喂的办法，日粮中营养物质浓度不高，饲料的体积大，可适当增加饲喂次数。但

是在以精料为主的情况下，生长肥育猪一天喂两餐已足够。

7. 采取科学的饲喂技术

（1）改熟喂为生喂　我国广大农村，历来就习惯熟料喂猪，这不仅与科学技术落后有关，也和农村的个体经济有关。一家一户养猪既无粉碎机、打浆机，更无全价商品混合料供应，怎样才能让猪多吃进一些青粗饲料呢，唯一的办法就是采用熟喂。

人们知道，青饲料含水分多，体积大，而经过煮熟以后，则可以压缩体积，让猪多吃。粗饲料不仅体积大，而且质地硬，经过煮熟可促使粗纤维软化，提高适口性。精饲料经过煮熟，可提高黏稠度，防止沉底。此外饲料特别是水生饲料，通过加热处理，还可以杀死附着在上面的寄生虫或虫卵，起到消毒作用，这就是我国农村长期习惯采用熟料喂猪的道理。但是，为什么猪吃了生饲料照样长膘呢？因为现代的猪，虽经人类长期的驯养和选育，虽然在体型方面，比在野生时代有了很大变化，但消化道的构造和长度方面的变异并不显著。野猪是吃生饲料长大的，因此家猪也能吃生饲料长大。从猪的消化生理来看，猪有44枚锋利的牙齿，它的犬齿和臼齿撕裂和辗碎食物的能力很强，猪的唾液腺也能分泌较多的唾液，所以喂生饲料对猪来说是完全可以适应的，而且可促使猪细嚼慢咽，把饲料和唾液充分混合，从而能消化吸收食物中更多的蛋白质、脂肪和糖类。

经消化率测定，生喂组比熟喂组粗蛋白质消化率提高4.6%，粗脂肪提高4.9%，粗纤维的消化率较熟喂组下降5.56%。熟喂时，饲料中的部分水溶性维生素如B族维生素和维生素C等因加热氧化而受到破坏，生饲料却可以保持原有的营养物质，猪食后有利于增重长膘。因此，生料喂猪的效果常比熟料好，在饲养管理条件、饲料喂量基本相同的情况下，各类猪的增重速度和饲料报酬都有所增加。仔猪增重提高12%，每增重1千克可节省精料0.2～0.4千克，育肥猪增重提高3.5%，每增重1千克可节省精料 0.23 千克。

实践证明，生饲料喂猪具有节省燃料、节省饲养设备、节省劳动力、提高增重率、节省饲料、降低生产成本等好处。据上海、北京、广东、湖南等省市一些养猪单位的试验，实行饲料生喂，养一头肥猪，大体可节约煤 150 千克或柴草 450 千克。而且提高了劳动定额，根据多个猪场调查，熟喂时平均每人养肉猪 50 头左右，采用生喂后，平均每人养猪 250 ～ 300 头，而且可节省购置蒸煮设备的开支。

（2）根据实际情况采取湿喂或干喂　干喂的优点在于省工，易掌握喂量，可促进唾液分泌与咀嚼，不必考虑饲料的温度，并能保持舍内的清洁干燥，剩料不易腐烂或冻结。缺点是浪费饲料较多。湿喂的优点是便于采食，浪费饲料少，并可以节省饮水次数或不用安置自动饮水器。一般来说，工厂化猪场为提高劳动定额，多采用干喂，而农家养猪，由于饲养头数不多，加水拌料易于解决，多采用湿喂。在 44 次湿喂与干喂的对比试验中，湿喂对增重有益的 29 次，有损的 3 次，无差异的 12 次。湿喂对饲料利用率有益的 25 次，有损的 4 次，无差异的 15 次。湿喂对胴体品质有益的 6 次，有损的 1 次，无差异的 16 次，无结果 21 次。可见，湿喂优于干喂。由于料和水的比例不同，湿喂又分稠喂和稀喂。据试验，稠喂比稀喂为好。

（3）改稀喂为稠喂　饲料稠喂有利于提高对日粮的消化率，有利于猪的增重。稀喂和稠喂对日粮消化率的影响见表 3-12。汤料喂猪会减少各种消化液的分泌，冲淡消化液，降低消化酶的活性，影响饲料的消化吸收。养猪喂稀料的习惯应改变，料水比例以 1 ：（0.5 ～ 2）为宜。稠喂时要注意给猪饮足水或安装自动饮水器。

表 3-12　稀喂和稠喂对日粮消化率的影响

组别	消化率 /%						氮的存留率 /%
	干物质	有机物	蛋白质	粗脂肪	粗纤维	无氮浸出物	
稀喂（料水 1 ：8）	49.8	53.6	40.6	47.1	29.9	56.8	14.2
稠喂（料水 1 ：4）	52.5	56.4	44.8	51.4	30.9	69.0	20.6

肥育猪的需水量随环境温度、饲料采食量和体重大小而变化。肥育猪需水量见表3-13。

表3-13　肥育猪需水量

项目	为采食饲料风干重的倍数	占体重的百分比/%
春秋季	4	16
夏季	5	23
冬季	2～3	10

（4）自由采食和限量饲喂相结合　自由采食即不限量饲喂。猪在一昼夜中都能吃到饲料。限量饲喂，就是在一天中规定喂几次饲料，每次喂的饲料也有一定限量。自由采食，是国外养猪业普遍采用的一种方法。经过多次对比试验，不限量饲喂的猪，日增重高，胴体背膘较厚，限量饲养的猪，饲料利用率较高，背膘较薄。为了追求日增重，以不限量饲喂为好。为了得到较瘦的胴体，应采取限量饲喂。

为了防止自由采食时采食过量，沉积脂肪多，降低饲料利用率，有些猪场采用供料量为自由采食的70%～80%；或把饲喂时间在上午或下午控制1小时，以限制采食量；或连续饲喂3～4天后停喂1天。何时开始限喂，应考虑脂肪沉积最多的时期，或测定背膘的厚度，还应考虑不影响日增重及饲料利用率。一般来说，体重60千克以上的猪，体脂沉积量显著增加，饲料利用率随体重增加而下降。从这点出发，在肥育前期（60千克前）采用自由采食，使猪得到充分发育，而到了60千克以后，采用限量饲喂，限制能量的采食量，控制脂肪大量沉积，这样全期既可以提高日增重和饲料利用率，同时脂肪也不会沉积太多。

目前，在瘦肉型猪的饲养技术中，按育肥猪前后期分别施行自由采食和限量饲喂，已得到世界的公认，只不过各自限量程度不同而已。一般认为，育肥后期以限制自由采食20%～25%为好，过低过高都不适宜。

山西省畜牧研究所选用了21头平均体重60千克的杂种猪

试验，试验分三组，一组为自由采食（基础日粮，为100%），二组为中等限量（日粮为基础日粮的75%），三组为高限量组（日粮为基础日粮的65%）。试验结果表明：要想生长速度快，出栏早，还是以自由采食组为好；若目的只在于改变胴体品质，提高瘦肉率，则以高限饲组好，若要求全面的生产效益，则以中等限饲为好，见表3-14。

表3-14　限量饲喂对胴体品质的影响

组别	限制数量	平均膘厚/厘米	眼肌面积/厘米^2	瘦肉率/%	60～90千克日增重/克
自由采食	100%基础日粮	4.16	16.63	39.95	1009
中等限量	75%基础日粮	4.02	18.04	41.51	721
高限量	65%基础日粮	3.95	18.39	43.03	669

【育肥猪喂料技巧】一是饲喂喂料量的估算。一般每天喂料量是猪体重的3%～5%。比如，20千克的猪，按5%计算，那么一天大概要喂1千克料。以后每一个星期，在此基础上增加150克，这样慢慢添加，那么到了大猪80千克后，每天饲料的用量，就按其体重的3%计算。当然这个估计方法也不是绝对的，要根据天气、猪群的健康状况来定。二是三餐喂料量不一样，提倡“早晚多，中午少”。一般晚餐占全天耗料量的40%，早餐占35%，中餐占25%。三是喂料要注意“先远后近”的原则，即添加饲料从远离饲料间的一端开始添料，保证每头猪采食量一致，以提高猪的整齐度。四是保证猪抢食。养肥猪就要让它多吃，吃得越多长得越快。怎么让猪多吃呢？得让它去抢。方法是每喂3～4天后可以减少一次喂料量，让猪有空腹感，下一顿再恢复正常料量。这样始终使猪处于一种“抢料”的状况，可提高猪的采食量，提高猪生长速度，猪可提前出栏。

（5）逐步推广颗粒饲料颗粒饲料喂猪已逐步推广使用。调制颗粒饲料前首先把原料磨碎成粉状，然后经过蒸汽调温，加压使饲料透过孔模而形成颗粒。在调制过程中，蒸汽可增加颗粒的耐久性，还要求减少对淀粉的破坏。

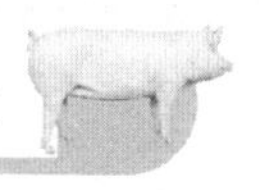

颗粒料对于猪只生产率及饲料利用率有所改善，减少饲料消耗的原因是颗粒料易于被猪采食干净，而不像粉料那样容易散失和污染而造成浪费。此外，还有减少粉末飞扬和风吹损失，减少贮藏空间，减少运输时造成微粒分子下沉，减少猪只专拣饲料中某一些成分的优点。缺点则有：增高成本，很难制成高脂肪含量的颗粒饲料（脂肪超过6%）。颗粒料与干粉料喂猪对比试验总结如下：在57次对比试验中，在增重速度上有39次认为颗粒饲料好，2次喂粉料好，16次无差异；在饲料利用率上，有49次认为颗粒料好，7次无差异，仅1次粉料好。

8. 加强管理

（1）合理分群　群饲可提高采食量，加快生长速度，有效地提高猪舍设备利用率以及劳动生产率，降低养猪生产成本。但如果分群不合理，圈养密度过大，未及时调教，会影响增重速度。所以，应根据品种、体重和个体强弱，合理分群。同一群猪个体重相差不宜太大，小猪阶段不宜超过4～5千克，中猪阶段不宜超过7～10千克。保持猪群的相对稳定，确因疾病或生长发育过程中拉大差别者，或者因强弱、体况过于悬殊的，应给予适当调整，在一般状况下，不应频繁调动。

① 适宜的密度和圈养数量　体重15～60千克的肥育猪所需面积为0.8～1.0米^2，60千克以上的肥育猪为1.4米^2；在集约化或规模化养猪场，猪群的密度较高，每头肥育猪占用面积较少。一个7～9米^{2}的圈舍，可饲养体重10～25千克的猪20～25头，饲养体重60千克以上的猪10～15头。

② 分群的方法　一是按原窝分群。按原窝分群就是将哺乳期的同窝猪作为一群转入生长肥育舍的同一个圈内。这样在哺乳期已形成的群居序位保持不变，就可以避免咬斗而影响生长。

二是按体重大小、体质强弱分群。为避免这种强夺弱食的现象，饲养肉猪一开始就要按仔猪体重大小、体质强弱分别编群，病弱猪单独编群。

三是按杂交组合分群。不同杂交组合的杂种猪生活习性不同，对日粮的要求不同，生长速度不同，上市的适宜体重也不同，如果同群饲养，不能充分发挥其各自特性，影响育肥效果。例如，太湖猪等本地猪的杂种猪，其特点是采食量大，不挑食，食后少活动，贪睡，胆子小，稍有干扰就会影响其正常采食和休息。杜洛克、苏白和大约克夏的杂种猪，则表现强悍、好斗，食后活动时间较多。如果把这两类杂种猪分到同一群内育肥，则前者抢不上槽，影响采食和生长；后者霸槽，吃得过多，长得过肥，影响胴体质量。

不同杂交组合的猪对日粮构成要求不同，本地杂种猪饲喂高蛋白质日粮是浪费，而引入品种的杂种猪饲喂低蛋白质日粮会影响其瘦肉产量和肉品质量。把两者同时放在一群饲养，显然不能合理利用饲料，两者适宜上市体重不同，也会给管理上带来不便。因此，育肥猪饲养时要按杂交组合分群，把同一杂交组合的仔猪分到同一群内饲养。这样，可避免因生活习性不同相互干扰采食和休息，也可喂给配制合理的日粮，使同一群内育肥猪生长整齐，大体同期出栏，便于管理。

③ 分群注意事项　一要注意留弱不留强，拆多不拆少，夜并昼不并。就是把处于不利争斗地位或较弱小的个体留在原圈，将较强的猪并进去。或将较少的群留在原圈，把较多群的猪并进去，并在夜间并群。

二要注意保持猪群稳定。把不同窝的仔猪编到同一群中，在最初2～3天内会发生频繁的相互咬斗较量，大体要经过1周时间，才能建立起比较安定的群居秩序，采食、饮水、活动、卧睡各自按所处位次行事，群内个体间相互干扰和冲突明显减少。所以，不要随便调群。

三要注意可以结合栏舍消毒，利用带有较强气味的药液（如新洁尔灭、菌毒灭多）喷洒猪圈与猪的体表，减少咬斗。

四要注意考虑育肥猪体格大小、猪舍设备、气候条件、饲养方式等因素，确定每圈饲养猪的头数，不要密度过大。

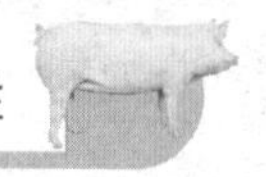

（2）及时调教　调教猪在固定地点排便、睡觉、进食和互不争食的习惯，不仅可简化日常管理工作，减轻劳动强度，还能保持猪舍的清洁干燥，营造舒适的居住环境。

猪喜欢睡卧，在适宜的圈养密度下，约有60%的时间躺卧或睡觉。猪喜躺卧于高处、平地、圈角黑暗处、垫草上，热天喜睡于风凉处，冬天喜睡于温暖处。猪排粪有一定的地点，一般在洞口、门口、低处、湿处、圈角排便，并且往往是在喂食前后和睡觉刚起来时排便，此外，在进入新的环境，或受惊恐时排便较多。掌握这些习性做好调教工作。调教要抓得早，猪入舍后立即开始调教，重点抓好如下两项工作。

① 防止强夺弱食　在新合群和新调圈时，猪要建立新的群居秩序。为使所有猪都能均匀采食，除了要有足够的饲槽长度外，对喜争食的猪要勤赶，使不敢去采食的猪能够采食到饲料，帮助建立群居秩序，达到均匀采食。

② 固定地点　使猪群采食、睡觉、排便定位，保持猪舍干燥清洁。守候、勤赶、积粪、垫草等方法单独或交错使用，进行调教。猪入舍前要把猪栏打扫干净，在猪卧的地方铺上少量垫草，饲槽放上饲料，并在指定排便地点堆放少量粪便，然后将猪赶入，在近2～3天时间内，特别是白天，饲养人员几乎所有时间都在猪舍守候、驱赶、调理。只要猪在新环境中按照人的要求，习惯了定点采食、睡觉、排便，那么在这些猪出栏前，既能保持猪舍卫生条件，又可大大降低工作量，对肥育猪的增重十分有益。因咬架、争斗所造成的损伤几乎没有。所以，这些看起来麻烦的工作，只要做好，那是十分合算的。

（3）做好卫生防疫和驱虫工作

① 保持猪舍卫生　猪舍卫生与防病有密切的关系，必须做好猪舍的清洁卫生工作。

② 防疫　按防疫要求制订防疫计划，安排免疫程序。

③ 驱虫　猪的寄生虫主要有蛔虫、姜片吸虫、疥螨等。通常在90日龄进行第一次驱虫，在135日龄左右进行第二次驱虫。驱

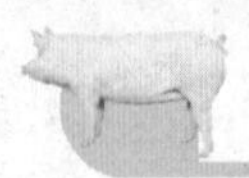

虫常用驱虫净（四咪唑），每千克体重为20毫克；或用丙硫咪唑，每千克体重为100毫克，拌料一次喂服，驱虫效果良好。

（4）季节管理　春夏秋冬，气候变化很大，只有掌握客观规律，加强季节性饲养管理，才能有利于猪的生长发育。

① 春季管理　春季气候温暖，青饲料幼嫩可口，是养猪的好季节。但春季空气湿度大，温暖潮湿的环境给病菌创造了大量繁殖的条件，加上早春气温忽高忽低，猪刚越过冬季，体质较差，抵抗力较弱，容易感染疾病。因此，春季是疾病多发季节，必须做好防病工作。

在冬末春初，对猪舍要进行一次清理消毒，搞好猪舍的卫生并保持猪舍通风换气、干燥舒适。寒潮来临时，要堵洞防风，避免猪受寒感冒。消毒时可用新鲜生石灰按（1∶10）～（1∶15）的比例加水，搅拌成石灰乳，然后将石灰乳刷在猪舍的墙壁、地面、过道上即可。

春季还要注意给猪注射猪瘟、猪肺疫、猪丹毒等疫苗，以预防各种传染病的发生。

② 夏季管理　夏季天气炎热，而猪汗腺不发达，尤其肥育猪皮下脂肪较厚，体内热量散发困难，使其耐热能力很差。到了盛夏，猪焦躁不安，食量减少，生长缓慢，容易发病。因此，在夏季要注重做好防暑降温工作。

一是严格控制饲养密度，防止因密度过大而引起舍温升高。夏季较适宜的饲养密度，体重45千克以下的猪只不低于0.8米^2/头，体重45千克以上的猪只不低于1米^2/头。

二是采取降温措施。可以安装风扇或风机进行通风，排出舍内热气。还可以向猪舍地面喷洒冷水降温，每天3～4次，每次2分钟，或给猪进行凉水浴，直接降低猪体表温度。或在猪舍一角设浅水池让猪自动到水池内纳凉。

三是在猪舍周围种植树木和草坪，能有效降低猪舍温度。

四是调整日粮配方，适当提高日粮中的能量水平，一般在日粮中添加2%～2.5%的混合脂肪，能稳定育肥猪的增重速度。

五是尽量在天气凉爽时进行饲喂，增加猪的采食量。一般早上7时以前，下午6时以后喂料，以减轻热应激对采食量的不良影响。同时，一定要供给足够的清洁凉水，因为水不但是机体所不可或缺的，而且在机体体温的调节中起重要作用。

六是做好卫生管理。注意饲料的选择、加工调制以及保管、饲喂，避免饲料污染、霉变和酸败，加强饲喂、饮水用具的清洁和消毒，保证饲料和饮水清洁卫生；加强环境卫生和消毒，注意舍内驱蝇灭蚊，以减少病原传播，使猪能安静睡觉休息。

③ 秋季管理　秋季气温适宜，饲料充足，品质好，是猪生长发育的好季节。因此，应充分利用这个大好时机，做好饲料的贮备和猪肥育催肥工作。

④ 冬季管理　冬季寒冷，为维持体温恒定，猪体将消耗大量的能量。如果猪舍保暖，就会减少不必要的能量消耗，有利于生长肥育猪的生长和肥育，提高饲料报酬，所以，冬季要注意防寒保暖。

在寒冬到来之前，要认真修缮猪舍，用草帘、塑料薄膜等把漏风的地方遮挡堵严，防止冷风侵入。在猪舍内勤清粪便，勤换垫草，并适当增加饲养密度，保证猪舍干燥、温暖。

（5）观察猪群　细致观察每头猪的精神状态和活动，以便及时发现猪只异常。当猪安静时，听呼吸有无异常，如喘气、咳嗽等；观察采食时有无异常，如呕吐、食欲不好等；观察粪便的颜色、状态是否异常，如下痢或便秘等；观察行为有无异常，如有无咬尾。通过细致观察，可以及时发现问题，采取有效措施，防患于未然，减少损失。

（6）减少猪群应激　猪应激不仅影响生长，而且能降低机体抵抗力，应采取措施减少应激。

① 饲料更换要有过渡期　当突然更换猪料时，会出现换料应激，造成猪的采食量下降、增重缓慢、消化不良或腹泻等。解决换料应激的常用办法是猪的原料配方和数量不要突然发生过大的变化。换料时，应用一周左右的时间梯度完成，前3天使用

70%的前料加30%新料，后3～4天使用30%的前料加70%新料，然后再全部过渡为新的饲料。

② 防止肥育猪过度运动　生长猪在肥育过程中，应防止过度运动，这不仅会过多地消耗体内的能量，还会影响生长，更严重的是容易发生应激综合征。

③ 环境条件适宜　保持适宜温度、湿度、光照、通风、密度等，避免噪声。

④ 使用抗应激剂　添加硒和维生素。给猪补充足够的元素硒和维生素A、维生素D、维生素E，不仅可以促进猪较快生长，而且可使猪在一定应激条件下保持好的生产性能，增强猪群的耐受性和抵抗力。给猪喂劣质饲料会大幅增加疾病和应激发生。近年来研究发现，硒和维生素E具有防应激、抗氧化、防止心肌和骨骼的衰退和促进末梢血管血液循环的作用，同时，当猪受到应激后，对营养需要量大，对硒和维生素E需要量提高。在转群、移舍、免疫接种等生产环节中以及环境因素出现较大变化时，可使用抗应激药物缓解和减弱应激反应（如转群前后3～5天内日粮或饮水中补加些维生素、电解质等）。如缓解热应激可以使用维生素C、维生素E和碳酸氢钠等；解除应激性酸中毒物质用5%碳酸氢钠液静脉注射；纠正分泌失调及避免应激因子引起临床过敏病症的药物可选用皮质激素，水杨酸钠、巴比妥钠、维生素C、维生素E和抗生素等。

（7）做好记录　详细记录猪的变动情况以及采食、饮水、用药、防疫、环境变化等情况，有利于进行总结和核算。

（四）肥育猪的出栏管理

出栏管理主要是确定适宜的出栏时间，肉猪多大体重出栏是生产者必须考虑的一个经济问题，不同的出栏体重和出栏时间直接影响养殖效益。确定出栏体重必须考虑如下方面。

1. 考虑胴体体重和胴体瘦肉率

肉猪长到一定体重时，就会达到增重高峰，如果继续饲养会

影响饲料转化率。不同的品种、类型和杂交组合，增重高峰出现的时间和持续时间有较大差异。通常我国地方品种或含有较多我国地方猪遗传基因的杂交品种以及小型品种，增重高峰期出现得早，增重高峰持续的时间较短，适宜的出栏体重相对较小；瘦肉型品种、配套系杂交猪、大型品种等，增重高峰出现得晚，高峰持续时间较长，出栏体重应相对较大。另外，随着体重的增长，胴体的瘦肉率降低，出栏体重越大，胴体越肥，生产成本越高。

2. 考虑不同的市场需求

养猪生产是为满足各类市场需要的商品生产，市场要求千差万别。如国际市场对肉猪的胴体组成要求很高，中国香港地区及东南亚市场活大猪以体重 90 千克、瘦肉率 58%以上为宜，活中猪体重不应超过40千克。供日本及欧美市场，瘦肉率要求60%以上，体重 110 ～ 120 千克为宜。国内市场情况较为复杂，在大中城市要求瘦肉率较高的胴体，且以本地猪为母本的二元、三元杂交猪为主，出栏体重 90 ～ 100 千克为宜；农村市场则因广大农民劳动强度大，喜爱较肥一些的胴体，出栏体重可更大些。

3. 考虑经济效益

养猪的目的是获得经济效益，而养猪的经济效益高低受到猪种质量、生产成本和产品市场价格的影响。出栏体重越小，单位增重耗料越少，饲养成本越低，但其他成本的分摊额度越高，且售价等级也越低，很不经济；出栏体重过大，单位产品的非饲养成本分摊额度减少，但增重高峰过后，增重减慢，且后期增重的成分主要是脂肪，而脂肪沉积的能量消耗量大（据研究，沉积 1 千克脂肪所消耗的能量是生长同量瘦肉消耗能量的 6 倍以上），这样，导致饲料利用率下降，饲养成本明显增高，同时由于体脂肪多，售价等级低，也不经济。

另外，活猪价格和苗猪价格也会影响到猪的出栏体重。如毛猪市场价格较高，仔猪短缺或价格过高时，大的出栏体重比小的出栏体重可以获得更好的经济效益。因此，饲养者必须综合诸因素，根据具体情况灵活确定适宜的出栏体重和出栏时间。生产中，杜、长、大三元杂交肉猪的出栏体重一般是90～100千克。

（五）僵猪和延期出栏的处理

1. 僵猪

僵猪（“小老猪”）是在猪生长发育的某一阶段，由于遭到某些不利因素的影响，使猪生长发育停滞，虽饲养时间较长，但体格小，被毛粗乱，极度消瘦，形成两头尖、中间粗的“刺滑猪”。这种猪吃料不长肉，给养猪生产带来很大的损失。

（1）原因

① 母猪妊娠期营养不良　由于母猪在妊娠期饲养不良，母体内的营养供给不能满足胎儿生长发育的需要，至使胎儿发育受阻，产出初生重很小的“胎僵”仔猪。

② 母猪奶水不足　由于母猪在泌乳期饲养不当，泌乳不足，或对仔猪管理不善，如初生弱小的仔猪长期吸吮干瘪的乳头，致使仔猪发生“奶僵”。

③ 饲养管理不善　由于仔猪断奶后饲料单一，营养不全，特别是缺乏蛋白质、矿物质和维生素，导致断奶后仔猪长期发育停滞而形成“食僵”。

④ 疾病　由于仔猪长期患寄生虫病及代谢性疾病，形成“病僵”。

（2）预防措施

① 加强母猪妊娠后期和泌乳期的饲养，保证仔猪在胎儿期能充分发育，在哺乳期能吃到较多营养丰富的乳汁。

② 哺乳仔猪要固定乳头，提早补料，提高仔猪断奶体重，以保证仔猪健康发育。

③ 做好仔猪的断奶工作，做到饲料、环境和饲养管理措施三个逐渐过渡，避免断奶仔猪产生各种应激反应。

④ 搞好环境卫生，保证母猪舍温暖、干燥、空气新鲜、阳光

充足。做好各种疾病的预防工作，定期驱虫，减少疾病。

（3）治疗措施　发现僵猪，及时分析致僵原因，排除致僵因素，单独喂养，加强管理，有虫驱虫，有病治病，并改善营养，加喂饲料添加剂，促进机体生理机能的调整，使恢复正常生长发育。一般情况下，在僵猪日粮中，加喂0.75%～1.25%的土霉素碱，连喂7天，待发育正常后加0.4%，每个月一次，连喂5天，适当增加动物性饲料和健胃药，以达到宽肠健胃、促进食欲、增加营养的目的，并使用复合维生素添加剂、微量元素添加剂、生长促进剂和催肥剂，促使僵猪脱僵，加速催肥。

2. 延期出栏

养猪生产过程中，育肥猪不能在有效生长期内达到预期体重，导致饲养成本增加，养殖利润降低。

（1）原因

① 品种方面　一般来说，良种猪出栏快，育肥期短，而本地猪或土洋结合育肥猪生长速度要慢一些，良种猪在150～160日龄均能达到出栏体重100千克，而非良种猪后期生长速度减慢，不能按时出栏。有些猪场盲目引种，带来了不良影响，如猪生活力差、应激综合征、PSE劣质肉等，既减慢了生长速度，也影响了猪肉品质。

② 营养方面　不同生长阶段的育肥猪所需营养是不同的，因此，要根据猪只的生长时期来确定饲料的营养。饲料质量低劣、营养不全、营养失调或吸收率低的饲料都会导致猪不能达到预期日增重。长期供给低蛋白质、钙磷比例失调、微量元素缺乏、维生素不足或营养被破坏的饲料都会引起猪营养不良，生长速度减缓、停滞甚至呈现负增长。如仔猪在哺乳阶段未打好基础，导致后期生长速度减慢，易得病，究其原因为不能及时补料，诱食料质量差，严重影响其生长发育，致使仔猪体质较弱，生长缓慢。饲料中添加过多的不饱和脂肪酸，特别是腐败脂肪酸导致维生素破坏，玉米含量过高，铜的含量过高，缺乏维生素A、

维生素E、维生素B_1，均可诱发猪的胃溃疡、营养元素之间的拮抗作用和其他一些疾病。

③ 管理方面　饲养管理制度不健全或不严格执行所定制度，都会造成母猪产弱仔、哺乳仔猪不健壮、育肥猪不健康，影响生长。如初产母猪配种过早或母猪胎次过高都可能生产弱仔；环境卫生差、通风不良、温度过高或过低、消毒措施不严格、防疫体系不健全，常导致猪只发育不整齐、体质差、易得病。在冬季如果既无采暖设备也无保温措施，就容易导致舍内温度过低，圈舍潮湿阴冷，饲料冷冻；在夏季如果无降温设备和通风设施，就容易导致舍内温度过高，湿度过大，氨气过浓，粪尿得不到及时处理等，都会引起猪只消化系统或呼吸道疾病，影响育肥猪的生长发育。

④ 疫病方面　由于猪病种类和混合感染现象增多，养殖场出于对猪只的保健防病的目的，采取经常性投药，而导致病菌的抗药性增强，体内有益菌减少，影响营养元素的吸收。例如，磺胺类、呋喃类、红霉素类等影响钙质的吸收，引起体质弱、增长速度慢。相反，有些猪场存有侥幸心理，不注重整体卫生防疫和消毒，不重视疫苗预防，如蓝耳病、隐性猪瘟、气喘病、链球菌等疾病影响其生长甚至导致死亡。

其他方面如季节因素、过多的应激、水源不足等均会导致猪生长缓慢。

（2）防治

① 选好猪种　瘦肉型猪比兼用型或脂肪型猪对饲料的利用率高，而且增重快，育肥期短。尤其是父本，影响全场效益，优良的父本要表现出良好的产肉性能，饲料利用率、日增重、屠宰率、瘦肉率高，腿臀肌肉发达，背膘薄和性欲好等；母本要表现出良好的繁殖性能，如产仔多，泌乳力强，分娩指数高等。优良的公猪和母猪品质，保证了仔猪和育肥猪的成活率、生长速度以及胴体瘦肉率，提高了经济效益。

② 营养充足　根据不同的生长阶段选择营养全面的饲料原料，

并清楚每种饲料原料所能提供的营养物质和每种营养物质的需要量，据此来配制适宜、合理的日粮。优质的饲料原料要适口性好，消化率高，抗营养因子含量低。而优质的饲料营养则必须满足猪的生长需要，粗纤维水平适当，适口性好，保证消化良好，不便秘，不排稀粪，能够生产出优质的胴体，而且成本低。根据不同季节选择不同的饲料配方，比如在夏季可降低玉米的含量，而在冬季则相反。

③ 加强管理　提高仔猪整齐度和窝重。猪场母猪1～2胎、3～5胎、6胎以后之间比例以3：6：1较为合理，这种比例有利于提高猪场的产活仔数、强仔数和成活率。加强妊娠母猪和哺乳母猪的饲养管理，怀孕后期和哺乳期增大采食量，提高仔猪的初生重和母猪的泌乳力。哺乳仔猪尽快诱食，创造良好的生长条件，提高断奶重。

④ 合理分群和调教　根据来源、品种、强弱、体重大小等合理分群，减少应激，遵循“留弱不留强，拆多不拆少，夜并昼不并”的原则；及时调教，尽快养成三点定位。

⑤ 适宜环境　保持合理群体规模和饲养密度，做好夏季防暑降温和冬季保温、合理通风换气、保持适宜的光照时间和强度等工作，为猪生长肥育创造良好条件。猪只打架、惊吓、温度过高或过低、饲料和饮水不足等影响猪只生长，应尽量避免。

⑥ 加强消毒和卫生防疫　在转入育肥猪前猪舍彻底冲洗消毒，空栏7天，转入后要坚持每7天消毒一次，消毒药每7天更换一次，降低猪舍内细菌病毒的含量。搞好防疫和驱虫工作，要坚持以预防为主、治疗为辅的原则。仔猪在70日龄前要进行猪瘟、猪丹毒、副伤寒、气喘病、水肿病、蓝耳病等疾病的免疫接种。

第四招 使猪群更健康

【提示】

使猪群更健康，必须注重预防，遵循“防重于治”“养防并重”的原则。加强饲养管理（采用“全进全出”制饲养方式，提供适宜的环境条件，保证舍内空气清新洁净，提供营养全面平衡的优质日粮），增强猪体抗病力，注重生物安全（隔离卫生、消毒、免疫），避免病原侵入猪体，以减少疾病的发生。

【注意的两个问题】

（1）致病力和抵抗力

●致病力

◇ 病原的种类（病毒、细菌、支原体和寄生虫等）和毒力。

◇ 病原的数量（污染严重、净化不好、卫生差）。

◇ 病原的入侵途径，如呼吸道、消化道、生殖道黏膜损伤和

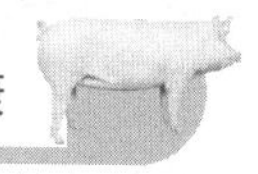

皮肤破损等。

◇ 诱发因子，如应激、环境不适、营养缺乏（可逆的、不可逆的）等。

● 抵抗力

◇ 特异性免疫力，针对某种疫病（或抗原）的特异性抵抗力。

◇ 非特异性免疫力，皮肤、黏膜、血管屏障的防御作用，正常菌群、炎症反应和吞噬作用等。

◇ 营养状况。

◇ 环境应激。

◇ 治疗药物。

（2）猪场疫病的控制策略

●注重饲养管理

◇ 采用“全进全出”制饲养方式。

◇ 提供适宜的环境条件，如适宜的温度、湿度、光照、密度和气流。

◇ 保证舍内空气清新洁净，可在进气口安装过滤装置或空气净化器，减少进入舍内空气微粒数量，降低微生物含量，也可在封闭舍内安装空气电净化系统来除尘、防臭和减少病原微生物 。

◇ 根据不同阶段畜禽营养需求提供营养全面、平衡的优质日粮。

◇ 科学饲养管理。保证充足的活动空间，减少应激反应，提高机体的抵抗力。

●生物安全的措施

◇ 隔离卫生。 隔离即是断绝来往，养殖场的隔离就是减少动物与病畜禽或病原接触机会的措施。良好的隔离可以阻断病原进入养殖场和畜禽机体，减少畜禽感染和发病的机会。养殖场的隔离措施包括场址的选择、规划布局、卫生防疫设施的完善（如防疫墙、消毒池及消毒室）、引种的隔离观察（种畜禽的净化）、全进全出的饲养制度及饲养单一动物、进出人员和设备用具消毒、杀虫灭鼠、病死畜禽的无害化处理等。

◇ 消毒。消毒是指用物理的、化学的和生物学的方法清除或杀灭外环境（各种物体、场所、饲料、饮水及畜禽体表皮肤、黏膜及浅表体）中的病原微生物及其他有害微生物。消毒的含义包含两点：第一消毒是针对病原微生物和其他有害微生物的，并不要求清除或杀灭所有微生物；第二消毒是相对的而不是绝对的，它只要求将有害微生物的数量减少到无害程度，而并不要求把所有病原微生物全部杀灭。

消毒是生物安全体系中重要的环节，也是养殖场控制疾病的一个重要措施。一方面，消毒可以减少病原进入养殖场或畜禽舍。另一方面，消毒可以杀灭已进入养殖场或畜禽舍内的病原。总的结果是减少了畜禽周边病原的数量，减少了畜禽被病原感染的机会。养殖场的消毒包括进入人员、设备、车辆消毒，养殖场环境消毒，畜禽舍消毒，水和饲料消毒以及带畜（或禽）消毒等。

◇ 免疫。免疫是预防、控制疫病的重要辅助手段，也是基本的生物安全措施。免疫接种可以提高畜禽的特异性抵抗力。应根据本地疫病流行状况、动物来源和遗传特征、养殖场防疫状况和隔离水平等在动物防疫监督机构或兽医人员的监督指导下，选择疫苗的种类和免疫程序。注意疫苗必须为正规生产厂家经有关部门批准生产的合格产品。出于防治特定的疫病需要，自行研制的本场（地）毒株疫苗，必须经过动物防疫监督机构严格检验和试验，确认安全后方可应用，并且除在本场应用外，不得出售或用于其他动物养殖场；进行确切免疫接种，并定期进行疫病检测。

一、科学的饲养管理

科学的饲养管理可以增强猪群的抵抗力和适应力，从而提高猪体的抗病力。

（一）满足营养需要

营养物质不但是维持动物免疫器官生长发育所必需的，而且

是维持免疫系统功能、充分发挥免疫活性的决定因素。多种营养素如能量、脂类、蛋白质、氨基酸、矿物质、微量元素、维生素及有益微生物等几乎都直接或间接地参与了免疫过程。营养素的缺乏、不足或过量均会影响免疫力，增加机体对疾病的易感性。生产中，寻找猪免疫失败和发病率上升原因时，只考虑疫苗接种、病原感染等直观因素，往往忽视生产过程中饲料营养所可能引起的动物机体免疫力下降、免疫失败的因素。饲料为猪提供营养，猪依赖从饲料中摄取的营养物质而生长发育、生产和提高抵抗力，从而维持健康和正常的生产。规模化猪场的饲料营养与疾病的关系更加密切，对疾病发生的影响更加明显，成为控制疾病发生的最基础的一个重要环节。

1. 不同类型猪的生理特点和营养要求

（1）仔猪的消化生理特点及营养要求　仔猪的主要生理特点是生长发育快，代谢机能旺盛，利用养分能力强，因此，仔猪对营养物质需要数量多，对营养不全的饲料反应特别敏感，必须保证各种营养物质的合理搭配供应。仔猪消化器官不发达，特别是肠胃消化道发育不完善，容积小，消化酶系统发育不完善，消化机能差。仔猪出生时胃内仅有凝乳酶，胃蛋白酶很少，由于胃底腺部缺乏游离盐酸，胃蛋白酶没有活性，不能很好地消化蛋白质，特别是植物性蛋白质。这时只有肠腺和胰腺发育比较完善，胰蛋白酶、肠淀粉酶和乳糖酶活性较高，食物主要是在小肠内消化。3 周龄前的仔猪分泌的酶主要用于母乳的消化，而淀粉酶、麦芽糖酶和蔗糖酶等的含量少，从而使仔猪对植物蛋白的利用率降低。所以，初生仔猪只能吃奶而不能完全利用植物性饲料，哺乳后期应当供给一些极易消化的饲料。

生长时期的仔猪其维持需要量是随着体重的增加而增加的。生长的需要量是由日增重、增重内容和营养物质的利用率决定的。其日增重从绝对量上看，从出生后就一直增加。从相对量上看，它的日增重分两种情况：在其生长转缓点之前生长速度逐渐增加；

生长转缓点之后生长速度逐渐下降。在增重内容上相对地说，是水分、蛋白质随年龄、体重的增加而逐渐减少，脂肪逐渐增加。在营养物质利用上是蛋白质、矿物质等养分的利用率随年龄增加而明显降低。因此，在实际饲养中，充分利用幼龄阶段和生长前期的生长速度快，养分利用率高，维持消耗少，生产蛋白多，沉积脂肪少的特点和优势是很重要的。虽然此时对饲料条件要求较高，即可消化能值高、蛋白质含量高且品质好等，但此时体重小，采食量也少。

根据哺乳期仔猪消化生理特点，乳猪饲粮中能量要求12.59～15.15兆焦/千克，粗蛋白质为18%～20%，赖氨酸为1.0%，钙为0.75%～0.85%，磷为0.55%～0.65%，微量元素和维生素按需供给。仔猪断奶后，生长所需营养完全靠采食饲粮而获得，再加上仔猪消化能力还不十分健全，饲粮的营养直接影响仔猪的生长发育。所以，此阶段饲粮要求营养全面完善，适口性要好，易于消化，建议饲粮营养水平为：消化能12.12～12.59兆焦/千克，粗蛋白质18.0%，赖氨酸0.7%～0.78%，钙0.75%，磷0.5%。

（2）空怀、妊娠母猪的消化生理特点及营养要求　饲养后备母猪要求它能正常生长发育，保持不肥不瘦的种用体况、适当的营养水平，是后备猪生长发育的基本保证。母猪妊娠后由于妊娠代谢加强，加之胎儿前期发育慢，所以，营养物质需要在数量上相对减少，消化粗纤维的能力较强，饲粮中青粗饲料搭配可以多些。饲粮的营养水平在满足胎儿生长需要的前提下，母猪适度增长即可。妊娠期间的营养水平不宜过高，过高会降低饲料利用率。同时过高容易使母猪过肥，导致胚胎死亡率增加而减少产仔个数。再者体况过肥，会影响下一个繁殖周期，能停止发情，因此一般在妊娠以后都适当降低其营养水平。相反，如果营养不足，不仅影响产仔数和初生重，而且影响哺乳期的泌乳性能。

由于母猪采食量低、食糜流通速度慢，从而导致母猪肠道后段有很强的发酵能力，成猪体内纤维分解菌的数量约为生长猪的6.7倍；且母猪的采食潜力很大，远大于其妊娠所需的量，因此

在配制饲料时应提高粗纤维的含量。猪日粮中添加高纤维物质可增进动物健康。纤维可提高食糜通过胃肠道的速度，因而可作为缓泻剂，饲喂高纤维日粮的猪，其回肠末端食糜的流通速度提高了5～6倍，从而降低了胃溃疡的发生，妊娠期饲喂母猪高纤维日粮可显著降低便秘的发生率，提高肠道蠕动速度约40%，控制便秘可增加母猪的舒适感。

空怀和妊娠母猪的营养水平应控制在消化能10.88～11.28兆焦/千克，粗蛋白质13%～14%，赖氨酸0.6%，钙0.7%～0.8%，磷0.55%～0.65%，每日每头采食量可以控制在1.5千克以内。

（3）哺乳母猪的消化生理特点及营养要求　哺乳母猪的营养需要一般较高。因为它既要维持自己的生命需要，产后需要恢复产前的体况，又要泌乳供给仔猪。猪是多胎动物，因此需要的奶量多，所以哺乳期间对母猪应供给高营养的日粮。哺乳母猪所需营养物质比妊娠母猪高，因为产乳营养比供给胎儿的要高，哺乳母猪除本身的生命活动需要营养外，每日还要产乳4～6千克。乳的质量和数量取决于母猪采食的饲粮及所提供乳所需的营养物质。

哺乳母猪饲粮的营养水平为消化能11.14～12.56兆焦/千克，粗蛋白质16%～17%，赖氨酸0.9%，钙0.70%～0.75%，磷0.50%～0.60%，其每头每日采食量根据产仔数多少和母猪体况，一般在1.5～2.0千克。母猪采食量和消化能摄入量提高14%，窝增重提高11%。适当粉碎对哺乳母猪很重要，一方面母猪分娩后，消化机能下降，适当粉碎对减少消化道负担很有好处，另一方面泌乳母猪体内营养物质代谢旺盛，适当粉碎有利于利用吸收，增加营养供给。

（4）种公猪的消化生理特点及营养要求　种公猪的日粮营养水平相对较低。因为要求种公猪应有一个良好的体况，健康、不肥胖。配种对它来说是一种生产，但对于个体来说又是一种生理机能，所以它不需要过高的营养水平。日粮结构：公猪应以精料为主，饲粮结构根据配种负担而变动，配种期间的饲粮中，能量饲料和蛋白饲料应占80%～90%，其他种类饲料占10%左右；非配种期间，能量蛋白饲料应减少到70%～80%，其余可由青粗饲料来满足。对于采用季节性产仔和配种的猪场，在配种季节到来之前45天，要逐渐提高种公猪日粮的营养水平，最终达到配种期饲养标准。配种季节过后，要逐渐降低营养水平，供给仅能维持种用膘情的营养即可，以防止种公猪过肥。

（5）生长育肥猪的消化生理特点及营养要求　根据育肥猪的生理特点和发育规律，按猪的体重将其生长过程划分为两个阶段，即生长期和育肥期。体重20～60千克为猪的生长期，此阶段猪的机体各组织、器官的生长发育功能不很完善，尤其是刚达到20千克体重的猪，其消化系统的功能较弱，消化液中某些有效成分不能满足猪的需要，影响了营养物质的吸收和利用，并且此时猪只胃的容积较小，神经系统和机体对外界环境的抵抗力也正处于逐步完善阶段。这个阶段主要是骨骼和肌肉的生长，而脂肪的增长比较缓慢。体重60千克～出栏为猪的肥育期，此阶段猪的各器官、系统的功能都逐渐完善，尤其是消化系统有了很大发展，对各种饲料的消化吸收能力都有很大改善；神经系统和机体对外界的抵抗力也逐步提高，逐渐能够快速适应周围温度、湿度等环境因素的变化。此阶段猪的脂肪组织生长旺盛，肌肉和骨骼的生长较为缓慢。

为满足生长期猪的肌肉和骨骼的快速增长，饲粮营养要求含消化能12.97～13.97兆焦/千克，粗蛋白质水平16%～18%，钙0.5%～0.6%，磷0.41%～0.5%，赖氨酸0.63%～0.75%，蛋氨酸+胱氨酸0.37%～0.42%。对肥育期猪要控制能量，减少脂肪沉积，饲粮要求含消化能12.30～12.97兆焦/千克，粗蛋白质水平13%～15%，钙0.46%～0.5%，磷0.37%～0.4%，赖氨酸0.63%，蛋氨酸+胱氨酸0.32%。其他维生素和微量元素也要保证。

2. 减少饲料污染

（1）减少饲料霉菌污染　饲料被霉菌污染，可以导致饲料

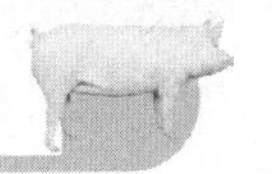

霉变。霉变饲料可导致人畜的急性和慢性中毒或癌肿等，许多原因不明的疾病被认为与饲料或者食品的霉菌污染有关，因此，霉菌和霉菌毒素成为饲料卫生中的一类主要污染因素。

饲料污染霉菌后主要引起发热、变色、发霉、生化变化、重量减轻以及毒素生成等。霉菌可破坏饲料蛋白质，使饲料中所有氨基酸含量减少，而赖氨酸和精氨酸的减少比其他氨基酸更加明显。同时，由于霉菌生长需要大量维生素，所以霉菌大量生长可使饲料中这些维生素含量大大减少。生长霉菌除破坏饲料中营养成分外，还可引起饲料结块，使饲料保管更加困难。

（2）减少有毒有害物质污染　饲料被农药污染（饲料作物从污染的土壤、水体和空气中吸收，对作物直接喷洒农药以及饲料仓库用农药防虫、运输饲料工具被农药污染等），猪采食后可能引起中毒。

（3）减少饲料脂肪酸败　现在，油脂在饲料工业中得到了广泛的使用，但是油脂的易氧化性往往被饲料生产者所忽视。饲料脂肪氧化酸败，可能给养殖户和生产厂家带来严重的经济损失。油脂酸败后，油脂的适口性降低，油脂中的营养成分遭到破坏。而添加到饲料中的酸败油脂，不仅能破坏饲料中的营养素，其氧化产物还会干扰动物机体的酶系统，引起动物机体的代谢紊乱，使生长发育迟缓。此外，酸败油脂还能影响动物的免疫机能、消化功能，高度氧化后的油脂还能引起癌肿。氧化产物本身具有毒性，比如亚油酸，其过氧化物在过氧化物值达到最高后的下降期，生成量最多，因而对机体造成不良影响。

（4）正确使用饲料添加剂　饲料中使用饲料添加剂，主要是为了补充饲料的营养成分，防止饲料品质劣化，提高饲料适口性和利用率，增强抗病力，促进生长发育，提高生产性能，满足饲料加工过程中某些工艺的特殊需要。饲料添加剂使用剂量极小而作用效果显著，近年来取得了长足的发展。但是，由于部分饲料添加剂具有毒副作用，加之过量的、无标准的使用，不仅不能达到预期的饲养效果，反而会造成猪中毒，轻则造成生产性能下降，重则造成动物大批死亡。特别是抗生素和化学合成药的滥用以及一些违禁及淘汰药的非法使用，不仅危害猪的健康，也危害人的健康。

（5）减少饲料中的抗营养因子　根据抗营养因子对饲料营养价值的影响和动物的生物学反应，可以将抗营养因子分为如下几类：对蛋白质的消化和利用有不良影响的抗营养因子，如胰蛋白酶和凝乳蛋白酶抑制因子、植物凝集素、酚类化合物等；对碳水化合物消化有不良影响的抗营养因子，如淀粉酶抑制剂、酚类化合物等；对矿物元素利用有不良影响的抗营养因子，如植酸、草酸、棉酚、硫葡萄糖苷等；维生素拮抗物或引起维生素需要量增加的抗营养因子，如双香豆素、硫胺素酶等；刺激免疫系统的抗营养因子，如抗原蛋白等；综合性抗营养因子对多种营养成分利用产生影响，如水溶性非淀粉多糖、单宁等。

（二）供给充足卫生的饮水

水是最廉价的营养素，也是最重要的营养素，水的供应情况和卫生状况对维护猪体健康有着重要作用，必须保证充足而洁净卫生的饮水。表 4-1 所列为猪场饮水的水质检测项目及标准。

表 4-1　猪场饮水的水质检测项目及标准

检测项目	标准值	检测项目	标准值
色度	＜5	盐离子 /（毫克 / 升）	＜200
浑浊度	＜2	过锰酸钾使用量 /（毫克 / 升）	＜10
臭气	无异常	铁 /（毫克 / 升）	＜0.3
味	无异常	普通细菌 /（个 / 升）	＜100
氢离子浓度（pH 值）	5.8 ～ 8.6	大肠杆菌	未检出
硝酸氮及烟硝酸氮 /（毫克 / 升）	＜10	残留氯 /（毫克 / 升）	0.1 ～ 1.0

1. 适当的水源位置

水源位置要选择在远离生产区的管理区内，远离其他污染源（猪舍与井水水源间应保持 30 米以上的距离），建在地势高燥处。猪场可以自建深水井和建水塔，深层地下水经过地层的过滤作用，又是封闭性水源，受污染的机会很少。

2. 加强水源保护

水源附近不得建厕所、粪池、垃圾堆、污水坑等，井水水源周围 30 米、江河水取水点周围 20 米、湖泊等水源周围 30 ～ 50 米范围内应划为卫生防护地带，四周不得有任何污染源。保护区内禁止一切破坏水环境生态平衡的活动以及破坏水源林、护岸林、与水源保护相关植被的活动；严禁向保护区内倾倒工业废渣、城市垃圾、粪便及其他废弃物；运输有毒有害物质、油类、粪便的船舶和车辆一般不准进入保护区；保护区内禁止使用剧毒和高残留农药，不得滥用化肥；避免污水流入水源。最易造成水源污染的区域，如病猪隔离舍化粪池或堆粪场更应远离水源，粪污进行无害化处理，并注意排放时防止流进或渗进饮水水源。

3. 搞好饮水卫生

定期清洗和消毒饮水用具和饮水系统，保持饮水用具的清洁卫生。保证饮水的新鲜。

4. 注意饮水的检测和处理

定期检测水源的水质，污染时要查找原因，及时解决；当水源水质较差时要进行净化和消毒处理。地面水一般水质较差，需经沉淀、过滤和消毒处理，地下水较清洁，可只进行消毒处理，也可不做消毒处理，地面水源常含有泥沙、悬浮物、微生物等。在水流减慢或静止时，泥沙、悬浮物等靠重力逐渐下沉，但水中细小的悬浮物，特别是胶体微粒因带负电荷，相互排斥不易沉降，因此，必须加混凝剂，混凝剂溶于水可形成带正电的胶粒，可吸附水中带负电的胶粒及细小悬浮物，形成大的胶状物而沉淀，这种胶状物吸附能力很强，可吸附水中大量的悬浮物和细菌等一起沉降，这就是水的沉淀处理。常用的混凝剂有铝盐（如明矾、硫酸铝等）和铁盐（如硫酸亚铁、氯化铁等）。经沉淀处理，可使水中悬浮物沉降 70%～ 95%，微生物减少 90%。水的净化还可用过滤池，用滤料将水过滤、沉淀和吸附后，可阻留消除水中大部分悬浮物、微生物等而使水得以净化。常用滤料

为沙，以江河、湖泊等作分散式给水水源时，可在水边挖渗水井、沙滤井等，也可建沙滤池；集中式给水一般采用沙滤池过滤。经沉淀过滤处理后，水中微生物数量大大减少，但其中仍会存在一些病原微生物，为防止疾病通过饮水传播，还须进行消毒处理。消毒的方法很多，其中加氯消毒法投资少、效果好，较常采用。氯在水中形成次氯酸，次氯酸可进入菌体破坏细菌的糖代谢，使其致死。加氯消毒效果与水的pH值、浑浊度、水温、加氯量及接触时间有关。大型集中式给水可用液氯消毒，液氯配成水溶液，加入水中；大型集中式给水或分散式给水多采用漂白粉消毒。

（三）实行标准化饲养

着重抓好母猪进产房前和分娩前的猪体消毒、初生仔猪吃好初乳、固定乳头和饮水开食的正确调教、断奶和保育期饲料的过渡等几个问题，减少应激，防止母猪MMA综合征、仔猪断奶综合征等病的发生。

（四）减少应激发生

捕捉、转群、断尾、免疫接种、运输、饲料转换、无规律的供水供料等生产管理因素，以及饲料营养不平衡或营养缺乏、温度过高或过低、湿度过大或过小、不适宜的光照、突然的声响等环境因素，都可引起应激。加强饲养管理和改善环境条件，避免和减轻应激因素对猪群的不良影响，也可以在应激发生的前后2天内在饲料或饮水中加入维生素C、维生素E和电解多维以及镇静剂等。

二、保持适宜的环境条件

（一）科学设计猪舍

1. 猪舍结构

一个完整的猪舍，主要由墙壁、地面、屋顶、门窗、通风换

气装置和隔栏等部分构成，不同结构部位的建筑要求不同。

（1）墙　墙是将猪舍与外部空间隔开的主要外围护结构。对墙壁的要求是坚固耐久和保暖性能良好。不同的材料决定了墙壁的坚固性和保暖性能的差异。草泥或土坯墙的优点是造价低、保温性能好，但其缺点是容易被雨水冲塌和被猪只拱坏，补救的办法是用石料或砖砌 50 ～ 60 厘米的墙基。石料墙壁的优点是坚固耐久，缺点是导热性强，保温性能差且易于在墙壁凝结水汽，补救的办法是在墙壁上附加一层 5 ～ 10 厘米厚的泥墙皮以增加其保温防潮性能。砖墙兼有保温性能好与防潮好、坚固性强等优点，故应尽量采用砖墙。

（2）屋顶　屋顶的作用是防止降水和保温隔热。屋顶的保温与隔热作用比墙大，它们是猪舍散热最多的部位，因而要求结构简单、经久耐用、保温性能好。采用草料建造屋顶，造价低，保温性能好，但其不耐久，易腐烂。瓦顶的保温性能不及草顶，但其坚固耐用。天棚的功能在于加强猪舍冬季的保温和夏季的隔热。天棚应保温，不透气，不透水，坚固耐久，结构轻便简单。棚上铺设足够厚度的保温层，是大棚起到保温隔热作用的关键，而结构严密（不透水、不透气）是重要保证。保温层材料可因地制宜地选用珍珠岩、锯末、亚麻屑等。常见的屋顶形式见图 4-1。

（3）地面　猪只直接在地面上生活，要求地面保暖、坚实、平整不滑、不透水、便于清扫消毒。土质地面具有保温、富有弹性、柔软、造价低等特点，但易于渗尿渗水，难于保持平整，清扫消毒困难。石料水泥地面，具有坚固平整、易于清扫消毒等优点，但质地过硬，热导率大，造价也较高。综合考虑，可选用碎砖铺底，水泥抹平地面。

（4）门　门是供人、猪出入猪舍及运送饲料、清粪等的通道。要求门坚固耐用、能保持舍内温度和便于出入。门通常设在畜舍两端墙，正对中央通道，便于运入饲料和分发饲料。双列猪舍门的宽度不小于 1.5 米，高度 2.0 米左右，单列猪舍要求宽度不小于 1.0 米，高度 1.8 ～ 2.0 米。猪舍门应向外打开。在寒冷地区，

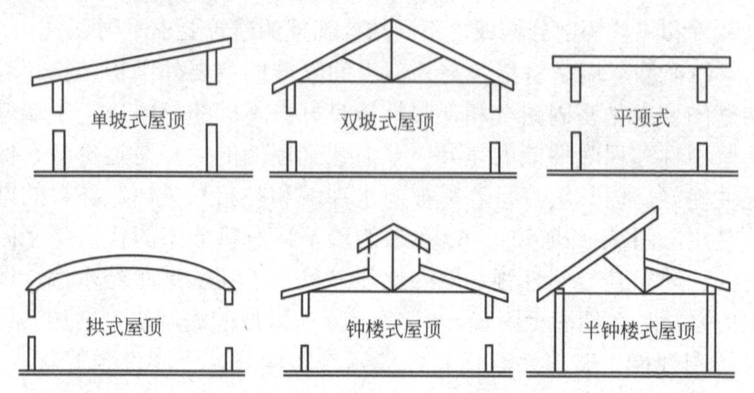

图 4-1　猪舍不同屋顶形式示意图

注：坡式屋顶有单坡式和双坡式（跨度较大的猪舍宜采用双坡式），构造简单，屋顶排水好，通风透光好，投资少；平顶式的优点是可以充分利用屋顶平台，保湿防水可一体完成，不需要再设天棚，缺点是防水较难做；拱式屋顶造价较低（随着建筑工业和建筑科学的发展，可以建大跨度猪舍），但保温隔热性能较差，不便于安装天窗和其他设施，对施工技术要求也较高；钟楼式屋顶通风好，防暑降温效果好，但造价高。

通常设门斗加强保温，防止冷空气侵入，并缓和舍内热能的外流。门斗的深度应不小于 2.0 米，宽度应比门大出 1.0 ～ 1.2 米。

（5）窗　封闭式猪舍，均应设窗户，以保证舍内的光照充足，通风良好。在寒冷地区，应兼顾采光与保温，在保证采光系数的前提下，尽量少设窗户，并少设北窗，多设南窗，以能保证夏季通风为宜。

2. 猪舍类型

由于各地的气候特点和经济状况不同，猪舍的类型也各不相同。

（1）开放式猪舍　开放式猪舍的外围护结构没有将猪舍的小环境与外界大环境完全隔开，可充分利用外界光照、温度和空气等自然资源来维持舍内小气候环境。开放式猪舍有如下几种。

① 敞棚式舍　只有屋顶，距地面 3 米左右，四侧无墙，用铅

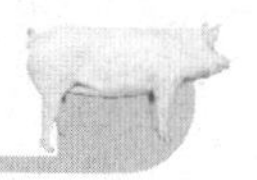

丝封闭严实以防兽害，多建在炎热地区。国外许多国家对棚舍设计越来越周密，安装冷却系统和其他各种现代化设备，使敞棚式舍变成了防暑降温性能良好、设备齐全，适合饲养各种畜禽的现代化畜舍形式之一。

② 开放式或半开放式舍　三面有墙一面（南面）无墙或为半截墙，其他均由铝丝封闭严实。通风采光好，不保温，其结构简单，造价低，但受外界影响大，较难解决冬季防寒。

③ 有窗式舍　四面都有墙，纵墙上留有可以开启的大窗户或直接砌花墙或是敞开的空洞。利用窗户、空洞不但可采光、自然通风与调节通气量，而且在一定程度上可调节舍内温湿度。使用范围较广，是一种常见的禽舍类型。

（2）密闭式猪舍　密闭式猪舍的外围护结构将猪舍的小环境与外界大环境完全隔开，通过人工控制保持舍内适宜的小气候环境。这种猪舍有保温隔热性能良好的屋顶和墙壁，分为有窗舍（一般情况下封闭遮光，发生特殊情况，如停电时才临时开启应急）和无窗舍。舍内小气候通过各种设施控制与调节，使之尽可能地接近最适宜于畜禽生理特点的要求。猪舍内采用人工通风与光照。通过变换通风量的大小和气流速度的快慢来调节舍内温度、相对湿度和空气成分。舍内的通风、光照、舍温全靠人工设备调控，能够较好地给猪只提供适宜的环境条件，有利于猪的生长发育，提高生产率，但这种猪舍土建、设备投资大，维修费用高，耗能高，采用这种猪舍的多为对环境条件要求较高的猪，如母猪产房、仔猪培育舍。

（3）组装式猪舍　组装式猪舍的外维护结构是活动式的，可以随着不同季节拆装。组装式猪舍可以充分利用自然光照、空气和温度等自然资源，降低生产成本，但对猪舍的建筑材料要求较高。

3. 猪舍的设计

加强猪舍的保温隔热、通风换气、采光等设计，并做好猪舍的内部设计。

（二）舍内环境控制

影响猪群生活和生产的主要环境因素有空气温度、湿度、气流、光照、有害气体、微粒、微生物、噪声等。在科学合理地设计和建筑猪舍、配备必须设备设施以及保证良好的场区环境的基础上，加强对猪舍环境管理来保证舍内温度、湿度、气流、光照、有害气体、微粒、微生物、噪声等条件适宜，保证猪舍良好的小气候，为猪群的健康和生产性能提高创造条件。

1. 温度的控制

温度是主要环境因素之一，舍内温度的过高过低都会影响猪体的健康和生产性能的发挥。

（1）舍内适宜的温度　在寒冷季节，成年猪舍温要求不低于10℃；保育猪舍应保持在18℃为宜。2～3周龄的仔猪需26℃左右；而1周龄以内的仔猪则需30℃的环境；保育箱内的温度还要更高一些。各类型猪的最佳温度与推荐的适宜温度见表4-2；不同猪舍地面、不同体重猪的适宜温度要求见表4-3。

表4-2　各类型猪的最佳温度与推荐的适宜温度

猪类别	年龄	最佳温度/℃	推荐的适宜温度/℃
仔猪	初生几小时	34～35	32
	1周内	32～35	30～32（1～3日龄） 28～30（4～7日龄）
	2周	27～29	25～28
	3～4周	25～27	24～26
保育猪	4～8周	22～24	20～21
	8周后	20～24	17～20
育肥猪		17～22	15～23
公猪	成年公猪	23	18～20
母猪	后备及妊娠母猪	18～21	18～21
	分娩后1～3天	24～25	24～25
	分娩后4～10天	21～22	24～25
	分娩10天后	20	21～23

表 4-3　不同地面养猪的适宜温度

体重/千克	同栏猪数/头	木板或垫草地面温度/℃			混凝土或砖地面温度/℃		
		最高	最佳	最低	最高	最佳	最低
20	1～5	26	22	17	29	26	22
	10～15	23	17	11	26	21	16
40	1～5	24	19	14	27	23	19
	10～15	20	13	7	24	18	13
60	1～5	23	18	12	26	22	18
	10～15	18	12	5	22	16	11
80	1～5	22	17	11	25	21	17
	10～15	17	10	4	21	15	10
100	1～5	21	16	11	25	21	17
	10～15	16	10	4	20	14	9

（2）控制措施

① 猪舍的防寒保暖　一般来说，小猪怕冷，大猪怕热，成年猪在环境温度 5～30℃的范围内，猪自身可通过各种途径来调节其体温，对生产性能无显著影响。但仔猪和幼猪由于体小质弱、被毛稀薄、体温调节机能不健全，对低温的适应能力差（另外，温度低时，猪饲料消耗多，生长速度慢），需要较高温度。冬季外界气温过低，也会影响到猪的生长和繁殖，所以，必须做好猪舍的防寒保暖工作。

一是加强猪舍保温设计。猪舍保温隔热设计是维持猪舍适宜温度的最经济最有效的措施。在猪舍的外围护结构中，失热最多的是屋顶，因此设置天棚极为重要，铺设在天棚上的保温材料热阻值要高，而且要达到足够的厚度并压紧压实。墙壁的失热仅次于屋顶，普通红砖墙体必须达到足够厚度，用空心砖或加气混凝土块代替普通红砖，用空心墙体或在空心墙中填充隔热材料等均能提高猪舍的防寒保温能力。有窗猪舍应设置双层窗，并尽量少设北窗和西侧窗。外门加设门斗可防止冷风直接进入舍内。地面失热虽较其他外围护结构少，但由于猪直接在地面上活动，所以加强地面的保温能力具有重要意义。为利于猪舍的清洗消毒并防止猪的拱掘，猪舍地面多为水泥地面，但水泥地面冷而硬，因此可在趴卧区加铺地板或垫草等。也可用空心砖等建造保温地面，但造价稍高。

二是减少舍内热量散失。如关门窗、挂草帘、堵缝洞等措施，均可减少猪舍热量外散和冷空气进入。猪舍屋顶最好设置具有一定隔热能力的天花板（有的在猪舍内上方设置塑料布作为天花板），以降低顶部散热；为减少墙壁散热，可增加墙厚度，特别是北墙的厚度或选用隔热材料等。

三是增加外源热量。在猪舍的阳面或整个室外猪舍扣塑料大棚。利用塑料薄膜的透光性，白天接受太阳能，夜间可在棚上面覆盖草帘，降低热能散失。安装暖气系统是解决冬季猪舍（特别是仔猪和保育舍）温度的普遍做法。有条件的猪场可利用太阳能供暖装置，或通过锅炉进行汽暖或水暖。小型猪场可安装土暖气，或直接安装火炉，但要用烟管把煤气导出，避免中毒。

四是防止冷风吹袭机体。舍内冷风可以来自墙、门、窗等缝隙和进出气口、粪沟的出粪口，局部风速可达 4 ～ 5 米 / 秒，使局部温度下降，影响猪的生产性能，冷风直吹机体，增加机体散热，甚至引起伤风感冒。冬季到来前要检修好猪舍，堵塞缝隙，进出气口加设挡板，出粪口安装插板，防止冷风对猪体的侵袭。

② 猪舍的防暑降温　夏季，环境温度高，猪舍温度更高，使猪发生严重的热应激，轻者影响生长和生产，重者导致发病和死亡。因此，必须做好夏季防暑降温工作。

一是加强猪舍的隔热设计。加强猪舍外维护结构的隔热设计，特别是屋顶的隔热设计，可以有效地降低舍内温度。

二是环境绿化遮阳。在猪舍的前面和西面一定距离栽种高大的树木（如树冠较大的梧桐），或丝瓜、眉豆、葡萄、爬山虎等藤蔓植物，以遮挡阳光，减少猪舍的直接受热。如果为平顶猪舍，而且有一定的承受力，可在猪舍顶部覆盖较厚的土，并在其上种草（如草坪）、种菜或种花，对猪舍降温有良好作用。在猪舍顶部、窗户的外面拉遮光网，实践证明是有效的降温方法。其遮光率可达 70%，而且使用寿命达 4 ～ 5 年。对于室外架式猪舍，

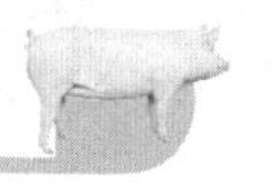

为了降低成本，可利用柴草、树枝、草帘等搭建凉棚，起到遮光造荫降温作用，是一种简便易行的降温措施。

三是墙面刷白。不同颜色对光的吸收率和反射率不同。黑色吸光率最高，而白色反光率很强，可将猪舍的顶部及南面、西面墙面等受到阳光直射的地方刷成白色，以减少猪舍的受热度，增强光反射。在猪舍的顶部铺放反光膜，可降低舍温2℃左右。

四是蒸发降温。猪舍内的温度来自太阳辐射，猪舍屋顶是主要的受热部位，加速猪舍顶部散热是避免舍温升高的有效措施。如果以水泥或预制板为材料的平顶猪舍，在搞好防渗的基础上，可将猪舍屋顶的四周垒高，使顶部形成一个槽子，每天或隔一定时间往顶槽里灌水，使之长期保持有一定的水，降温效果良好。如果猪舍建筑质量好，采取这样的措施，夏季猪舍内温度可保持在30℃以下，避免对繁殖和生长的不良影响。无论何种猪舍，在中午太阳照射强烈时，往猪舍屋顶喷水，通过水分的蒸发降低温度，都有良好效果。美国一些简易猪舍，夏季在猪舍顶脊部通一根水管，水管的两侧均匀钻有很多小孔，使之往两面自动喷水，这是很有效的降温方式。当天气特别炎热时，可配合舍内通风、地面喷水，以迅速缓解热应激。

五是加强通风。通风是猪舍降温的有效途径，也是猪舍对流散热的有效措施。在天气不十分炎热的情况下，在猪舍前面栽种藤蔓植物的基础上，打开所有门窗，可以实现猪舍的降温或缓解高温对猪舍造成的压力。猪舍的通风有自然通风与机械通风两种。自然通风不需要机械设备，而借自然界的风压或热压，使猪舍内空气流动。自然通风又分为无管道自然通风系统和有管道自然通风系统两种形式。无管道通风是指经开着的门窗所进行的通风透气，适于温暖地区和寒冷地区的温暖季节。而在寒冷季节里的封闭猪舍，由于门窗紧闭，故需专用的通风管道进行换气，有管道通风系统包括进气管和排气管。进气管均匀排在纵墙上，在南方，进气管通常设在墙下方，以利于通风降温。在北方，进气管适宜设在墙体上方，以避免冷气流直接吹到猪体。进气管在墙外的部分应向下弯或设挡板，以防冷空气或降水直接侵入。排气管沿猪舍屋脊两侧交错安装在屋顶上，下端自天棚开始，上端升出屋脊高 50 ～ 70 厘米。排气管应制成双层，内夹保温材料，管上端设风帽，以防降水落入舍内。进气管和排气管内均应设调节板，以控制风量。机械通风利用风机强制进行舍内外的空气交换，常用的机械通风有正压通风、负压通风和联合通风 3 种。正压通风是用风机将舍外新鲜空气强制送入舍内，使舍内气压增高，舍内污浊空气经排气口（管）自然排走的换气方式。负压通风用风机抽出舍内的污浊空气，使舍内气压相对小于舍外，新鲜空气通过进气口（管）流入舍内，从而形成舍内外的空气交换。联合通风则是同时进行机械送风和机械排风的通风换气方式。在高寒地区的冬季，通风换气与防寒保温存在着很大的矛盾，在进行通风换气时应认真考虑解决好这一矛盾。

2. 湿度的控制

湿度是指空气的潮湿程度，生产中常用相对湿度表示。相对湿度是指空气中实际水蒸气压与饱和水蒸气压的百分比。猪体排泄和舍内水分的蒸发都可以产生水汽而增加舍内湿度。舍内上下湿度大，中间湿度小（封闭舍）。如果夏季门窗大开，通风良好，差异不大。保温隔热不良的畜舍，空气潮湿，当气温变化大时，气温下降时容易达到露点，凝聚为雾。虽然舍内温度未达露点，但由于墙壁、地面和天棚的导热性强，温度达到露点，即在畜舍内表面凝聚为液体或固体，甚至由水变成冰。水渗入围护结构的内部，气温升高时，水又蒸发出来，使舍内的湿度经常很高。潮湿的外围护结构保温隔热性能下降，常见天棚、墙壁生长绿霉、灰泥脱落等。舍内湿度过高会加剧高温的不良反应，破坏热平衡，增加某些传染病和寄生虫病的感染机会，或冬季使猪感到更加寒冷，加剧冷应激，特别是对仔猪和幼猪影响更大。猪易患感冒性疾病，如风湿症、关节炎、肌肉炎、神经痛等，以及消化道疾病。湿度过低能使猪体皮肤或外露的黏膜发生干裂，降低对微

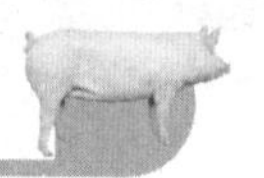

生物的防卫能力，而招致细菌、病毒感染等，或使舍内尘埃增加，容易诱发呼吸道疾病。

（1）舍内适宜的湿度　猪舍适宜的相对湿度为60%～80%，如果猪舍内启用采暖设备，相对湿度应降低5%～8%。试验表明，在气温14～23℃，相对湿度50%～80%的环境下最适合猪生存，猪的生长速度快，肥育效果好。

（2）控制措施　舍内相对湿度低时，可在舍内地面洒水或用喷雾器在地面和墙壁上喷水，水的蒸发可以提高舍内湿度。如是仔猪舍或幼猪舍，舍内温度过低时可以喷洒热水。可以在仔猪舍内的供暖炉上放置水壶或水锅，使水蒸发提高舍内湿度。

当舍内相对湿度过高时，可以采取如下措施。一是加大换气量。通过通风换气，驱除舍内多余的水汽，换进较为干燥的新鲜空气。舍内温度低时，要适当提高舍内温度，避免通风换气引起舍内温度下降。二是提高舍内温度。舍内空气水汽含量不变，提高舍内温度可以增大饱和水蒸气压，降低舍内相对湿度。特别是冬季或仔猪舍，加大通风换气量对舍内温度影响大，可提高舍内温度。

猪较喜欢干燥，潮湿的空气环境与高温度协同作用，容易对猪产生不良影响，所以，应该保证猪舍干燥。保证猪舍干燥需要做好猪舍防潮，除了选择地势高燥、排水好的场地外，可采取如下措施。一是猪舍墙基设置防潮层，新建猪舍待干燥后使用，特别是仔猪舍。有的刚建好就立即使用，由于仔猪舍密封严密，舍内温度高，没有干燥的外围护结构中存在的大量水分很容易蒸发出来，使舍内相对湿度一直处于较高的水平。晚上温度低的情况下，大量的水汽变成水在天棚和墙壁上附着，舍内的热量容易散失。二是舍内排水系统畅通，粪尿、污水及时清理。三是尽量减少舍内用水。舍内用水量大，舍内湿度容易提高。防止饮水设备漏水，能够在舍外洗刷的用具可以在舍外洗刷或洗刷后的污水立即排到舍外，不要在舍内随处抛撒。四是保持舍内较高的温度，使舍内温度经常处于露点以上。五是使用垫草或防潮剂（如撒生石灰、草木灰)，及时更换污浊潮湿的垫草。

3. 光照的控制

光照对猪有促进新陈代谢、加速骨骼生长以及活化和增强免疫机能的作用。肥育猪对光照没有过多的要求，但光照对繁育母猪和仔猪有重要的作用。试验表明若将光照由10勒克斯增加到60～100勒克斯，母猪繁殖率能提高4.5%～8.5%；新生仔猪的窝重增加0.7～1.6千克；仔猪的育成率提高7.7%～12.1%。哺乳母猪每天维持16小时的光照，可诱发母猪在断奶后早发情。为此要求母猪、仔猪和后备种猪每天保持14～18小时的50～100勒克斯的光照时间。而肥育猪舍的光线只要不影响猪的采食和便于饲养管理操作即可，强烈的光照会影响猪休息和睡眠。建造生长肥育猪舍以保温为主，不必强调采光。光照时间和强度见表4-4。

表4-4 猪舍光照时间和强度

猪舍	光照时间/小时	照度/勒克斯	
		荧光灯	白炽灯
公猪、母猪、仔猪、青年猪	14～18	75	30
育肥猪：瘦肉型猪	8～12	50	20
脂肪型猪	5～6	50	20

(1)自然光照　猪舍自然光照时，光线主要是通过窗户进入舍内的。因此，自然光照的关键是通过合理设计窗户的位置、形状、数量和面积，来保证猪舍的光照标准，并尽量使舍内光照均匀的。在生产中通常根据采光系数(窗户的有效采光面积与猪舍地面面积之比)来设计猪舍的窗户，种猪舍的采光系数要求为1：(10～12)，育肥猪舍为1：(12～15)。猪舍窗户的数量、形状和布置应根据当地的气候条件、猪舍的结构特点，综合考虑防寒、防暑、通风等因素后确定。

(2)人工光照　自然光照不足时，应考虑补充人工光照，人工光照一般选用40～50瓦白炽灯、荧光灯等，灯距地面2米，

按大约3米灯距均匀布置。猪舍跨度大时，应装设两排以上的灯泡，并使两排灯泡交错排列，以使舍内各处光照均匀。

4. 有害气体的控制

猪舍内猪群密集，呼吸、排泄物和生产过程的有机物分解，使有害气体成分要比舍外空气成分复杂和含量高。在规模养猪生产中，猪舍中有害气体含量超标，可以直接或间接引起猪群发病或生产性能下降，影响猪群安全和产品安全。

（1）舍内有害气体的种类及分布　见表4-5。

表4-5　猪舍中主要有害气体及其分布

种类	理化特性	来源和分布	标准/（毫克/米^3）
氨	无色，具有刺激性臭味，比空气轻，易溶于水，在0℃时，1升水可溶解907克氨	氨来源于猪的粪尿、饲料残渣和垫草等有机物分解的产物。舍内含量多少决定于猪的密集程度、舍地面的结构、舍内通风换气情况和舍内管理水平。上下含量高，中间含量低	20
硫化氢	无色、易挥发的恶臭气体，比空气重，易溶于水，1体积水可溶解4.65体积的硫化氢	来源于含硫有机物的分解。当猪采食富含蛋白质饲料而又消化不良时排出大量的硫化氢，粪便厌氧分解也可产生。硫化氢产自地面和畜床，相对密度大，故愈接近地面浓度愈大	8
二氧化碳	无色、无臭、无毒、略带酸味气体。比空气重	来源于猪的呼吸。由于二氧化碳相对密度大于空气，因此聚集在地面上	1500
一氧化碳	无色、无味、无臭气体，相对密度0.967	来源于火炉取暖的煤炭不完全的燃烧，特别是冬季夜间畜舍封闭严密，通风不良，可达到中毒程度。聚集在畜舍上部	

（2）控制措施

① 加强场址选择和合理布局，避免工业废气污染　合理设计猪场和猪舍的排水系统以及粪尿、污水处理设施。

② 加强防潮管理，保持舍内干燥　有害气体易溶于水，湿度大时易吸附于材料中，舍内温度升高时又挥发出来。

③ 适量通风　干燥是减少有害气体产生的主要措施，通风是消除有害气体的重要方法。当严寒季节保温与通风发生矛盾时，可向猪舍内定时喷雾过氧化物类的消毒剂，其释放出的氧能氧化空气中的硫化氢和氨，起到杀菌、除臭、降尘、净化空气的作用。

④ 加强猪舍管理　一是舍内地面、畜床上铺设麦秸、稻草、干草等垫料，并保持垫料清洁卫生，可以吸附空气中有害气体。二是注意调教。猪只在分群转圈后要尽早调教猪养成到运动场或猪舍一角排粪便的良好生活习惯。三是做好卫生工作。及时清理污物和杂物，排出舍内的污水，加强环境的消毒等。

⑤ 加强环境绿化　绿化不仅美化环境，而且可以净化环境。绿色植物进行光合作用可以吸收二氧化碳，生产出氧气。如每公顷阔叶林在生长季节每天可吸收 1000 千克二氧化碳，产出 730 千克氧气；绿色植物可大量地吸附氨，如玉米、大豆、棉花、向日葵以及一些花草都可从大气中吸收氨而生长；绿色林带可以过滤阻隔有害气体，有害气体通过绿色地带至少有 25%被阻留，煤烟中的二氧化硫被阻留 60%。

⑥ 采用化学物质消除　使用过磷酸钙、丝兰属植物提取物、沸石以及木炭、活性炭、煤渣、生石灰等具有吸附作用的物质吸附空气中的臭气。

⑦ 提高饲料消化吸收率　科学选择饲料原料；按可利用氨基酸需要合理配制日粮；科学饲喂；利用酶制剂、酸制剂、微生态制剂、寡聚糖、草药添加剂等可以提高饲料利用率，减少有害气体的排出量。

5. 舍内微粒的控制

微粒是以固体或液体微小颗粒形式存在于空气中的分散胶体。猪舍中的微粒来源于猪的活动、采食、鸣叫，以及饲养管理过程，

如清扫地面、分发饲料、饲喂及通风除臭等机械设备运行。猪舍内有机微粒较多。

（1）微粒对猪体健康的影响　灰尘降落到猪体体表，可与皮脂腺分泌物、猪毛、皮屑等粘混在一起而妨碍皮肤的正常代谢，影响猪毛品质；灰尘被猪吸入体内还可引起呼吸道疾病，如肺炎、支气管炎等；灰尘还可吸附空气中的水汽、有毒气体和有害微生物，使猪产生各种过敏反应，甚至感染多种传染性疾病；微粒可以吸附空气中的水汽、氨、硫化氢、细菌和病毒等有毒有害物质造成黏膜损伤，引起血液中毒及各种疾病的发生。

（2）消除措施　一是改善畜舍和牧场周围地面状况，实行全面的绿化，种树、种草和农作物等。植物表面粗糙不平，多绒毛，有些植物还能分泌油脂或黏液，能阻留和吸附空气中的大量微粒。含微粒的大气流通过林带，风速降低，大径微粒下沉，小的被吸附，夏季林带可吸附35.2%～66.5%的微粒。二是猪舍远离饲料加工场，分发饲料和饲喂动作要轻。三是保持猪舍地面干净，禁止干扫。四是更换和翻动垫草动作也要轻。五是保持适宜的湿度，适宜的湿度有利于尘埃沉降。六是保持通风换气，必要时安装过滤设备。

6.噪声的控制

物体呈不规则、无周期性振动所发出的声音叫噪声。猪舍内的噪声来源主要有外界传入、场内机械产生的和猪自身产生的。

（1）噪声对猪体健康的影响　猪胆小怕惊，对环境的变化敏感，需要提供安静的环境。尤其是妊娠母猪、分娩母猪、哺乳母猪和哺乳仔猪，突然的噪声会造成严重后果，使猪惊恐不安，食欲降低，可引起母猪流产、难产、产死胎、吃仔、踏仔等，以及使正常的生理功能失调，免疫力和抵抗力下降，危害健康，甚至导致死亡。

（2）控制措施

① 选择场地　猪场选在安静的地方，远离噪声大的地方，如

交通干道、工矿企业和村庄等。

②选择设备　选择噪声小的设备。

③搞好绿化　场区周围种植林带，可以有效地隔声。

④科学管理　生产过程的操作要轻、稳，尽量保持猪舍的安静。为提高猪对环境适应能力，在猪舍内进行日常管理时，可与猪说话，饲喂前可轻轻敲击饲槽等，使产生一定的声音，也可播放一定的轻音乐，有意识地打破过于寂静的环境。

三、加强隔离卫生

（一）完善隔离卫生设施

场址选择、规划布局、猪舍设计和设备配备等方面都直接关系到场区的温热环境和卫生状况等。猪场场地选择不当，规划布局不合理，猪舍设计不科学，必然导致隔离条件差，温热环境不稳定，环境污染严重，猪群疾病频发，生产性能不能正常发挥，经济效益差。所以，应科学选择好场地，合理规划布局，并注重猪舍的科学设计和各种设备配备，使隔离卫生设施更加完善，以维护猪群的健康和生产潜力的发挥。

1. 场址选择

猪场场址的选择，主要是对场地的地势、地形、土质、水陆运动场，以及周围环境、交通、电力、青绿饲料供应和放牧条件进行全面的考察。猪场场址的选择必须在养猪之前做好周密计划，选择最合适的地点建场。

（1）地势、地形　场地地势应高燥，地面应有坡度。场地高燥，这样排水良好，地面干燥，阳光充足，不利于微生物和寄生虫的滋生繁殖；否则，地势低洼，场地容易积水潮湿泥泞，夏季通风不良，空气闷热，有利于蚊蝇等昆虫的滋生，冬季则阴冷。地形要开阔整齐，向阳、避风，特别是要避开西北方向的

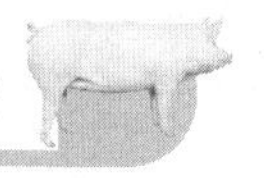

山口和长形谷地，保持场区小气候状况相对稳定，减少冬季寒风的侵袭。猪场应充分利用自然的地形、地物，如树林、河流等作为场界的天然屏障。既要考虑猪场避免其他周围环境的污染，远离污染源（如化工厂、屠宰场等），又要注意猪场是否污染周围环境（如对周围居民生活区的污染等）。

（2）土质　猪场内的土壤，应该是透气性强、毛细管作用弱、吸湿性和导热性小、质地均匀、抗压性强的土壤，以沙质土壤最适合，便于雨水迅速下渗。愈是贫瘠的沙性土地，愈适于建造猪舍，因为这种土地渗水性强。如果找不到贫瘠的沙土地，至少要找排水良好、暴雨后不积水的土地，保证在多雨季节不会变得潮湿和泥泞，有利于保持猪舍内外干燥。土质要求洁净而未被污染（见表 4-6）。

表 4-6　土壤的生物学指标

污染情况	寄生虫卵数 /（个 / 千克土）	细菌总数 /（万个 / 千克土）	大肠杆菌值 /（个 / 克土）
清洁	0	1	1000
轻度污染	1 ～ 10	—	—
中等污染	10 ～ 100	10	50
严重污染	＞ 100	100	1 ～ 2

注：清洁和轻度污染的土壤适宜作场址。

（3）水源　在生产过程中，猪的饮食、饲料的调制、猪舍和用具的清洗，以及饲养管理人员的生活，都需要使用大量的水，因此，猪场必须有充足的水源。水源应符合下列要求。一是水量要充足，既要能满足猪场内的人、猪用水和其他生产、生活用水，还要能满足防火以及以后发展等所需用水（按每头猪每日用水 30 ～ 70 千克计，万头猪场日用水 50 米^3）。二是水质要求良好，不经处理即能符合饮用标准的水最为理想（见表 4-7）。此外，在选择时要调查当地是否因水质而出现过某些地方性疾病等。三是水源要便于保护，以保证水源经常处于清洁状态，不受周围环境的污染。四是要求取用方便，设备投资少，处理技术简便易行。

表 4-7　水的质量标准

（引自 NY 5027—2008《无公害食品　畜禽饮用水水质》）

指标	项目	标准
感官性状及一般化学指标	色度	≤ 300
	浑浊度	≤ 200
	臭和味	不得有异臭异味
	肉眼可见物	不得含有
	总硬度（$CaCO_3$ 计）/（毫克 / 升）	≤ 1500
	pH 值	5.5 ～ 9.0
	溶解性总固体 /（毫克 / 升）	≤ 4000
	硫酸盐（SO_4^{2-} 计）/（毫克 / 升）	≤ 500
细菌学指标	总大肠杆菌群数 /（个 /100 毫升）	成畜≤ 100；幼畜和禽≤ 10
毒理学指标	氟化物（F^- 计）/（毫克 / 升）	≤ 2.0
	氰化物 /（毫克 / 升）	≤ 0.2
	总砷 /（毫克 / 升）	≤ 0.2
	总汞 /（毫克 / 升）	≤ 0.01
	铅 /（毫克 / 升）	≤ 0.1
	铬（六价）/（毫克 / 升）	≤ 0.1
	镉 /（毫克 / 升）	≤ 0.05
	硝酸盐（N 计）/（毫克 / 升）	≤ 10

当畜禽饮用水中含有农药时，农药含量不能超过表 4-8 的规定。

表 4-8　无公害生猪饲养场猪饮用水农药含量

项目	限量标准 /（毫升 / 升）	项目	限量标准 /（毫升 / 升）	项目	限量标准 /（毫升 / 升）
马拉硫磷	0.25	对硫磷	0.003	百菌清	0.01
内吸磷	0.03	乐果	0.08	甲奈威	0.05
甲基对硫磷	0.02	林丹	0.004	2，4-D	0.1

（4）面积　猪场面积充足（饲养 200 ～ 600 头基础母猪，每头母猪需要占地面积为 75 ～ 100 米 ^{2}；按年出栏肥猪，每头需要占地面积 2.5 ～ 4 米 ^{2}），周围有足够的农田、果园或鱼塘，便于排污及污水粪便处理，以便能够充分消化猪场的粪便污水，减少猪

场排出的粪便污水对周边环境的污染。

（5）位置　猪场是污染源，也容易受到污染。猪场生产大量产品的同时，也需要大量的饲料，所以，猪场场地要兼顾交通和隔离防疫，既要交通便利，又要便于隔离防疫。猪场距居民点或村庄、主要道路要有 300 ～ 500 米距离，大型猪场要有 3000 米距离。猪场要远离屠宰场、畜产品加工场、兽医院、医院、造纸厂、化工厂等污染源，远离噪声大的工矿企业，远离其他养殖企业。猪场要有充足稳定的电源，周遍环境要安全。

标准化安全猪场的选址标准及要求如图 4-2 所示。

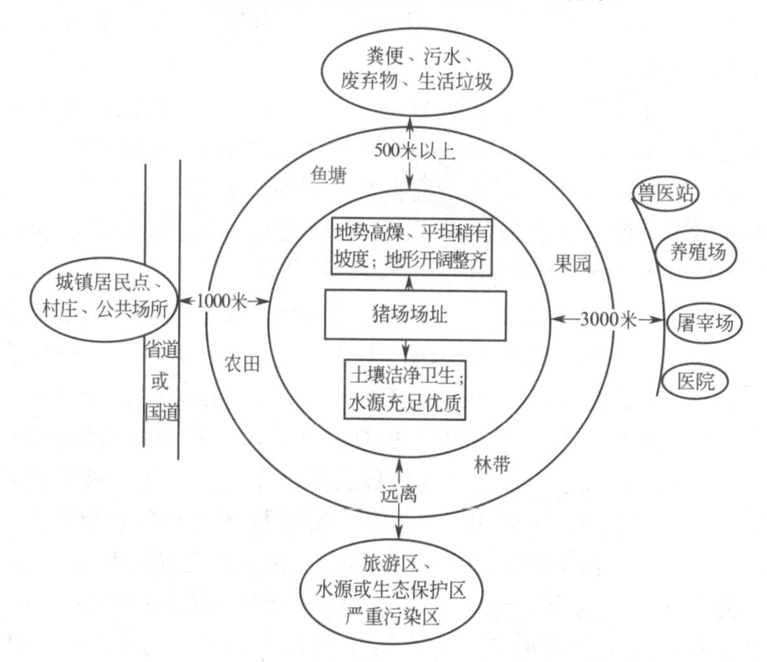

图 4-2　标准化安全猪场的选址标准及要求示意图

2. 规划布局

猪场的规划布局就是根据猪场的近期和远景规划以及拟建场地的环境条件（包括：场内的主要地形、水源、风向等自然条件），科学确定各区的位置，合理确定各类屋舍建筑物、道路、供排水和供电等管线、绿化带等的相对位置及场内防疫卫生的安排。场区布局要符合兽医防疫和环境保护要求，便于进行现代化生产操作。场内各种建筑物的安排，要做到土地利用经济，建筑物间联系方便，布局整齐紧凑，尽量缩短供应距离。猪场的规划布局是否合理，直接影响到猪场的环境控制和卫生防疫。集约化、规模化程度越高，规划布局对其生产的影响越明显。场址选定以后，要进行合理的规划布局。因猪场的性质、规模不同，建筑物的种类和数量亦不同，规划布局也不同。科学合理的规划布局可以有效地利用土地面积，减少建场投资，保持良好的环境条件和高效方便的管理。

（1）分区规划　分区规划应从人猪保健角度出发，考虑猪场地势和主风向，将猪场分成不同的功能区，合理安排各区位置。同时，在生产区内，根据猪的品种、日龄、用途等不同，再分为不同的小区，如仔猪区、保育区或后备区、种猪区、育肥猪区等，并安排在合适的位置。

① 分区规划的作用　一是防止人猪间、猪之间交叉感染。生活管理区与社会联系较为密切，人员流动复杂，容易造成疫病的传染和流行，将生产区和生活管理区分开，可以避免猪和外来人员接触，减少人猪交叉感染的机会。同时，各种猪病疫情复杂，猪由于年龄、性别、品系、免疫能力等的不同，对同一种疫病的易感性也有不同，不同用途、不同年龄的群体之间有复杂的相互影响，实行分区分群饲养可避免不同性状个体之间的相互影响，有利于减少猪间交叉感染。另外，将病猪隔离区同生产区分开，把患病猪或疑似感染猪限定在特定区域内，阻止病原的进一步扩散，有利于控制和扑灭疫情。二是易于合理组织生产。在一个小区或猪舍内，饲养同样日龄、品种和生产用途的猪，由于环境的一致性，会使组成猪群的个体各项性状具有统计学上的一致性。这种一致性不仅有利于群体生产性能的提高，而且有利于标准化和工厂化生产。三是便于卫生防疫。同一猪群的一致性对防疫工

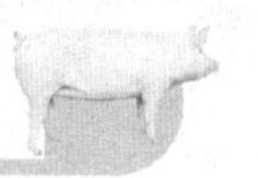

作是极其有利的。一个结构良好的群体，无论包含多少个体，对于预防疫病的措施、疫病发生后的诊断及扑灭疫病的方法从本质上来讲是完全一样的。至于工作量上的差别，由于可采用先进的防疫工艺和设备，对大型猪场来说这种差别已微乎其微。因此，结构良好的群体可以大大地提高防疫工效。

② 分区规划的方法　场区内根据地势高低和常年主流风向，依次划分为生活管理区、饲养生产区和污染物处理区三部分（图4-3），每区之间也要设围墙进行隔离。场区周围设围栏、绿化带或防护沟。

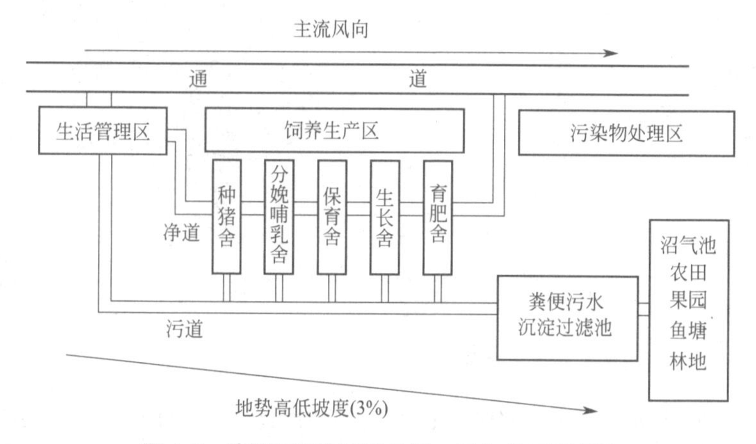

图4-3　猪场场区布局及地势、风向关系示意图

生活管理区。位于上风向和地势最高处，本区要求单独设立，包括办公室、职工宿舍等，既要照顾工作方便，又一定要与猪舍隔离开来。本区内设办公室、生活用房、饲料加工仓储用房及水、电、暖供应设施，以及人工授精室、防疫卫生室（防疫、检疫、消毒、猪疫监测用）及检疫舍（进场和出栏猪检疫用）。

饲养生产区。饲养生产区必须设在生活管理区的下风向或侧风向处。这是猪场中的最主要职能区，这个区要求地势较高且有3%的坡度，以利于水流排污。饲养生产区内也要分小区规划，并进行隔离，如种猪舍要与其他猪舍分隔开，形成种猪生产区域。种猪生产区域应设在人流较少的猪场上风向，种公猪放在较僻静的地方可以避免影响母猪的生产。商品猪生产区域的布置要区别对待，如妊娠猪舍、分娩猪舍（或繁殖猪舍）应该放在较好的位置。分娩猪舍既要靠近妊娠猪舍，又要接近育成猪舍，以便猪只的转圈。育成猪舍最好离猪场入口处近些，有的猪场还需出售仔猪。育肥猪舍应设在下风向，并有独立的出猪大门。大门外设置装猪台，以便于生猪的出场销售。如有条件，规模化企业可以分场规划（见图 4-4）。饲养生产区还要设置生产所必需的附属建筑，如饲料加工车间、饲料仓库、修理车间、变电所、锅炉房、水泵房等。

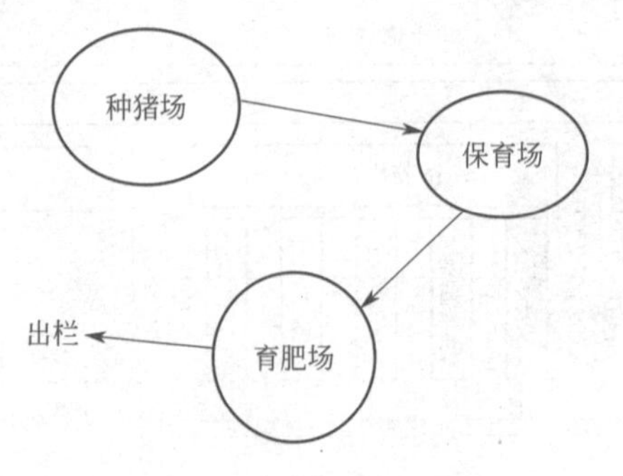

图 4-4　分场规划示意图

污染物处理区。此区设在距饲养生产区 50 米的下风向和地势较低处，包括兽医室、病猪隔离室、解剖室、粪便堆肥贮粪场和污水处理氧化池等无害化处理设施。这些建筑都应设在下风向地势较低的地方。

【注意】粪场靠近道路，有利于粪便的清理和运输。储粪场（池）设置注意：储粪场应设在猪舍的下风处，与住宅、猪舍之间保持有一定的卫生间距（距猪舍 30 ～ 50 米），并应便于运往农田或其他处理；储粪池的深度以不受地下水浸渍为宜，底部应较结实，储粪场和污水池要进行防渗处理，以防粪液渗漏流失污染水源和土壤；储粪场底部应有坡度，使粪水可流向一侧或集液井，以便取用；储粪池的大小应根据每天牧场家畜排粪量多少

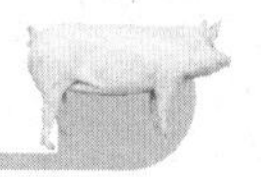

及储藏时间长短而定。

绿化带。绿化有利于遮阳、防暑、防寒、防风沙、防噪声、防疫病传播，能够美化环境、净化空气、促进猪只健康成长。可在猪场周围、各区域之间、猪舍之间、道路两旁等所有空闲地上栽植树木、花草，使绿化率达到40%左右。

（2）猪舍间距　猪舍间距影响猪舍的通风、采光、卫生、防火。猪舍密集，间距过小，场区的空气环境容易恶化，微粒、有害气体和微生物含量过高，增加病原含量和传播机会，容易引起猪群发病。为了保持场区和猪舍环境良好，猪舍之间应保持适宜的距离。适宜间距为猪舍高度的3～5倍。

（3）猪舍朝向　猪舍朝向是指猪舍长轴与地球经线是平行还是垂直的。猪舍朝向的选择与通风换气、防暑降温、防寒保暖以及猪舍采光等环境效果有关。朝向选择应考虑当地的主导风向、地理位置、采光和通风排污等情况。猪舍朝南，即猪舍的纵轴方向为东西向，对我国大部分地区的开放舍来说是较为适宜的。这样的朝向，在冬季可以充分利用太阳辐射的温热效应和射入舍内的阳光防寒保温；夏季辐射面积较少，阳光不易直射舍内，有利于猪舍防暑降温。

（4）道路　猪场道路在保证各生产环节联系方便的前提下，应尽量保持直而短，同时还要主要如下几点。

① 猪场清洁道和污染道要分开　清洁道供饲养管理人员、清洁的设备用具、饲料和猪产品等使用；污道由各类猪舍另一端与污物处理区的病猪隔离舍、解剖室、化制室及贮粪场相通，供运送病、死猪和粪便用。清洁道和污染道不能交叉，否则对卫生防疫不利。出栏猪育肥舍或检疫舍通过走猪道与装（卸）猪台相通。

② 要求　路面要结实，排水良好，不能太光滑，向两侧有10%的坡度。主干道宽度为5.5～6.5米。一般支道2～3.5米。

（5）消毒设备设施　猪场周围必须有围墙或防疫沟，只有一个大门可以进入场区。区门口必须设置消毒池和消毒更衣室。大门口设置与门等宽、与一周半大型机动车轮等长、25～30厘米深、水泥结构的消毒池及供人员出入消毒用的消毒室。生活管理区与饲养生产区通道口也应该设立消毒池和消毒间，消毒间内设消毒池和紫外线消毒灯进行双重消毒，条件好的猪场还应设置沐浴更衣间。生产区内各猪舍净道入口处要设 1 米长的水泥消毒池（盆），供入舍运料车和人员消毒用。

（二）严格引进种猪

为提高猪群总体质量和保证良好的健康水平，达到优质、高产、高效的目的，必须做好种猪的引进工作。

（1）引种前应做的准备工作

① 制订引种计划　猪场和养殖户应结合自身的实际情况，根据种群更新计划确定所需品种和数量，有选择性地购进能提高本场种猪某种性能满足自身要求的种猪，并只购买与自己的猪群健康状况相同的优良个体；如果是加入核心群进行育种的，则应购买经过生产性能测定的种公猪或种母猪。新建猪场应从生产规模、产品市场和猪场未来发展方向等方面进行计划，确定所引进种猪的数量、品种和级别，是外来品种（如大约克、杜洛克或长白）还是地方品种，是原种、祖代还是父母代。根据引种计划，选择质量高、信誉好的大型种猪场引种。

② 应了解的具体问题　一是疫病情况。调查各地疫病流行情况和各种种猪质量情况，必须从没有危害严重的疫病流行地区，并经过详细了解的健康种猪场引进，同时了解该种猪场的免疫程序及其具体措施。二是种猪场种猪选育标准。公猪须了解其生长速度（日增重）、饲料转化率（料比）、背膘厚（瘦肉率）等指标，母猪要了解其繁殖性能（如产子数、受胎率、初配月龄等）。种猪场引种最好能结合种猪综合选择指数进行选种，特别是从国外引种时更应重视该项工作。

③ 隔离舍的准备工作　猪场应设隔离舍，要求距离生产区最好有 300 米以上距离，在种猪到场前的 30 天（至少 7 天），应对隔离栏及其用具进行严格消毒，可选择质量好的消毒剂，如

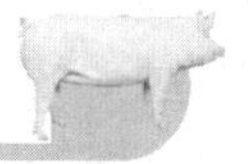

中山“腾俊”有机氯消毒剂，进行多次严格消毒。

（2）选种时应注意的问题

① 种猪健康　种猪要求健康、无任何临床病症和遗传疾患（如脐疝、瞎乳头等），营养状况良好，发育正常，四肢要求结构合理、强健有力，体型外貌符合品种特征和本场自身要求，耳号清晰，纯种猪应打上耳牌，以便标示。种公猪要求活泼好动，睾丸发育匀称，包皮没有较多积液，成年公猪最好选择见到母猪能主动爬跨、猪嘴含有大量白沫、性欲旺盛的公猪。种母猪生殖器官要求发育正常，阴户不能过小和上翘，应选择阴户较大且松弛下垂的个体，有效乳头应不低于6对且应分布均匀对称，四肢要求有力且结构良好。

② 检疫无疾病　销售种猪必须经本场兽医临床检查无猪瘟（HC）、传染性萎缩性鼻炎（AR）、布鲁氏菌病（Rr）等病症，并由兽医检疫部门出具检疫合格证方能准予出售。

③ 免疫记录和系谱资料齐全　要求供种场提供该场免疫程序及所购买的种猪免疫接种情况，并注明各种疫苗的注射日期。种公猪最好能经测定后出售，并附测定资料和种猪三代系谱。

④ 注意观察挑选　种猪场应尽量满足客户的要求，设专用销售观察室供客户挑选，确保种猪质量和维护顾客利益。

（3）种猪运输时应注意的事项

① 车辆选择及消毒　最好不使用运输商品猪的外来车辆装运种猪。在运载种猪前24小时开始，使用高效的消毒剂对车辆和用具进行两次以上的严格消毒，然后空置1天后装猪。装猪前再用刺激性较小的消毒剂（如中山“腾俊”双链季铵盐络合碘）彻底消毒一次，并开具消毒证。

② 车辆处理　长途运输的车辆，车厢最好能铺上垫料，冬天可铺上稻草、稻壳、木屑，夏天铺上细沙，以降低种猪肢蹄损伤。所装载的猪只的数量不要过多，装的太密会引起挤压而导致种猪死亡。运载种猪的车厢面积应为猪只纵向表面积的1.5倍。最好将车厢隔成若干个隔栏，安排4～6头猪为一个隔栏，隔栏最好用

光滑的水管制成，避免刮伤种猪。达到性成熟的公猪应单独隔开，并喷洒带有较浓气味的消毒药（如复合酚），以免公猪间相互打架。

③ 减少应激和损伤　运输过程中应想方设法减少种猪应激和肢蹄损伤，避免在运输途中死亡和感染疾病。要求供种场提前2～3小时对准备运输的种猪停止投喂饲料。赶猪上车时不能赶得太急，注意保护种猪的肢蹄，装猪后应固定好车门。

④ 运输前适当用药　长途运输的种猪，应对每头种猪按1毫升/10千克注射长效抗生素（如辉瑞“得米先”或腾俊“爱富达”），以防止猪群途中感染细菌性疾病；对临床表现特别兴奋的种猪，可注射适量氯丙嗪等镇静剂。随车应准备一些必要的工具和药品，如绳子、铁丝、钳子、抗生素、镇痛退热剂以及镇静剂等。

⑤ 运输要平稳　长途运输的运猪车应尽量行驶高速公路，避免堵车，每辆车应配备两名驾驶员交替开车，行驶过程中应尽量避免急刹车。途中应注意选择没有停放其他运载动物车辆的地点就餐，决不能与其他装运猪只的车辆一起停放。

⑥ 保持适宜温度　冬季要注意保暖；夏天要重视降温防暑，尽量避免在酷暑期装运种猪，夏天运种猪应避免在炎热的中午装猪，可在早晨和傍晚装运，途中应注意经常供给充足的饮水，有条件时可准备西瓜供种猪采食，防止种猪中暑，并寻找可靠的水源为种猪淋水降温，一般日淋水3～6次。

⑦ 避免日晒和寒风直吹猪体　运猪车辆应备有帆布，若遇到烈日或暴雨时，应将帆布遮盖在车顶上面，防止烈日直射和暴风雨袭击种猪，车厢两边的帆布应挂起，以便通风散热；冬季帆布应挂在车厢前上方以便挡风取暖。

⑧ 加强途中管理　长途运输时可先配制一些电解质溶液，用时加上奶粉，在路上供种猪饮用。运输途中要适时停饮，检查有无病猪只，大量运输时最好能准备一辆备用车，以免运输途中出现故障，停留时间太长而造成不必要的损失。

应经常注意观察猪群，如出现呼吸急促、体温升高等异常情况，应及时采取有效的措施，可注射抗生素和镇痛退热针剂，

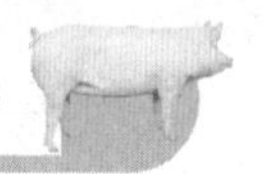

并用温度较低的清水冲洗猪身降温，必要时可采用耳尖放血疗法。

（4）种猪到场后应做的事情

① 隔离与观察　种猪到场后必须在隔离舍隔离饲养 30～45 天，严格检疫，特别是对布鲁氏菌、伪狂犬等疫病要特别重视，须采血经有关兽医检疫部门检测，确认为没有细菌感染和病毒野毒感染，并检测猪瘟、口蹄疫等抗体情况。不能直接转进猪场生产区，因为这样做极可能带来新的疾病，或者由不同菌株引发相同的疾病。

② 到场后管理　种猪到达目的地后，立即对卸猪台、车辆、猪体及卸车周围地面进行消毒，然后将种猪卸下，按大小、公母进行分群饲养，有损伤、脱肛等情况的种猪应立即隔开单栏饲养，并及时治疗处理。

先给种猪提供饮水，休息 6～12 小时的方可供给少量饮料，第二天开始可逐渐增加饲喂量，5 天后才能恢复正常饲喂量。种猪到场后的前两周，由于疲劳加上环境的变化，机体对疫病的抵抗力会降低，饲养管理上应注意尽量减少应激，可在饲料中添加抗生素（可用泰妙菌素 50 毫克 / 千克或金霉素 150 毫克 / 千克）和多种维生素，使种猪尽快恢复正常状态。

③ 免疫驱虫　种猪到场一周开始，应按本场的免疫程序接种猪瘟等各类疫苗，7 月龄的后备猪在此期间可做一些引起繁殖障碍疾病的防疫注射，如细小病毒、乙型脑炎疫苗等。种猪在隔离期内，接种各种疫苗后，应进行一次全面驱虫，可使用多拉菌素（如辉瑞的通灭）或长效伊维菌素等广谱驱虫剂，按 1 毫克 /33 千克体重皮下注射进行驱虫，使其能充分发挥生长潜能。

隔离期结束后，对该批种猪进行体表消毒，再转入生产区投入生产。

（三）加强隔离管理

1. 场大门口消毒

猪场大门设置车辆消毒池，并装有喷洒消毒设施。设立人员消毒通道，严禁闲人进场，外来人员来访必须在值班室登记，把好防疫第一关。

2. 设置围墙或防疫沟

生产区最好有围墙或防疫沟，并且在围墙外种植荆棘类植物，形成防疫林带，只留人员入口、饲料入口和出猪舍，减少与外界的直接联系。

3. 场区内隔离消毒

生活管理区和生产区之间的人员入口和饲料入口应以消毒池隔开，人员必须在更衣室沐浴、更衣、换鞋，经严格消毒后方可进入生产区，生产区的每栋猪舍门口必须设立消毒脚盆，生产人员经过脚盆再次消毒工作鞋后进入猪舍，生产人员不得互相“串舍”，各猪舍用具不得混用。

4. 外来车辆消毒

外来车辆必须在场外经严格冲洗消毒后才能进入生活管理区和靠近装猪台，严禁任何车辆和外人进入生产区。

5. 加强装猪台的卫生管理

装猪台平常应关闭，严防外人和动物进入；禁止外人（特别是猪贩）上装猪台，卖猪时饲养人员不准接触运猪车；任何猪只一经赶至装猪台，不得再返回原猪舍；装猪后对装猪台进行严格消毒。

6. 种猪场应设种猪选购室

选购室最好和生产区保持一定的距离，介于生活区和生产区之间，以隔墙（留密封玻璃观察窗）或栅栏隔开，外来人员进入种猪选购室之前必须先更衣、换鞋、消毒，在选购室挑选种猪。

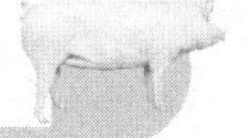

7. 注意饲料的污染

饲料应由本场生产区外的饲料车运到饲料周转仓库，再由生产区内的车辆转运到每栋猪舍，严禁将饲料直接运入生产区内。生产区内的任何物品、工具（包括车辆），除特殊情况外不得离开生产区，任何物品进入生产区必须经过严格消毒，特别是饲料袋应先熏蒸消毒后才能装料进入生产区。有条件的猪场最好使用饲料塔，以避免已污染的饲料袋引入疫病。场内生活区严禁饲养畜禽，尽量避免猫、狗、禽鸟进入生产区。生产区内肉食品要由场内供给，严禁从场外带入偶蹄兽的肉类及其制品。

8. 禁止与其他养殖场接触

全场工作人员禁止兼任其他畜牧场的饲养、技术工作和屠宰贩卖工作，保证生产区与外界环境有良好的隔离状态，全面预防外界病原侵入猪场内。休假返场的生产人员必须在生活管理区隔离2天后，方可进入生产区工作，猪场后勤人员应尽量避免进入生产区。

9. 采用全进全出的饲养制度

“全进全出”的饲养制度是有效防止疾病传播的措施之一。“全进全出”使得猪场能够做到净场和充分的消毒，切断了疾病传播的途径，从而避免了患病猪只或病原携带者将病原传染给日龄较小的猪群。

（四）注重卫生管理

1. 保持猪舍和猪舍周围环境卫生

及时清理猪舍的污物、污水和垃圾，定期打扫猪舍和设备用具的灰尘，每天进行适量的通风，保持猪舍清洁卫生；不在猪舍周围和道路上堆放废弃物和垃圾。

2.保持饲料和饮水卫生

饲料不霉变，不被病原污染，饲喂用具勤清洁消毒；饮用水符合卫生标准，水质良好，饮水用具要清洁，饮水系统要定期消毒。

3.废弃物要无害化处理

猪场的主要废弃物有粪便和病死猪，粪便堆放要远离猪舍，最好设置专门储粪场，病死猪不要随意出售或乱扔乱放，应按要求进行无害化处理，防止传播疾病。

4.防鼠灭鼠

鼠是人、畜多种传染病的传播媒介，鼠还盗食饲料，污染饲料和饮水，危害极大。防鼠灭鼠措施如下。

（1）防止鼠类进入建筑物　鼠类多从墙基、天窗、瓦顶等处窜入室内，在设计施工时注意：墙基最好用水泥制成，碎石和砖砌的墙基，应用水泥灰浆抹缝。墙面应平直光滑。为防止鼠类爬上屋顶，可将墙角处做成圆弧形。墙体上部与天棚衔接处应砌实，不留空隙。瓦顶房屋应缩小瓦缝和瓦、椽间的空隙并填实。用砖、石铺设的地面和畜床，应衔接紧密并用水泥灰浆填缝。各种管道周围要用水泥填平。通气孔、地脚窗、排水沟（粪尿沟）出口均应安装孔径小于1厘米的铁丝网，以防鼠窜入。

（2）器械灭鼠　器械灭鼠方法简单易行，效果可靠，对人、畜无害。灭鼠器械种类繁多，主要有夹、关、压、卡、翻、扣、淹、粘、电等。

（3）化学灭鼠　化学灭鼠效率高、使用方便、成本低、见效快，缺点是能引起人、畜中毒，有些老鼠对药剂有选择性、拒食性和耐药性。所以，使用时须选好药剂和注意使用方法，以保安全有效。灭鼠药剂种类很多，主要有灭鼠剂、熏蒸剂、烟剂、化学绝育剂等。猪场的饲料库和猪舍是灭鼠的重要区

域。饲料库可用熏蒸剂毒杀。投放毒饵时，要防止毒饵混入饲料中。在采用全进全出制的生产程序时，可结合舍内消毒时一并进行。鼠尸应及时清理，以防被人、畜误食而发生二次中毒。

注意选用老鼠长期吃惯了的食物作饵料，突然投放，饵料充足，分布广泛，以保证灭鼠的效果。

5.灭蚊蝇

猪场易滋生蚊、蝇等有害昆虫，骚扰人、畜和传播疾病，给人、畜健康带来危害，应采取综合措施杀灭。

（1）环境卫生　搞好猪场环境卫生，保持环境清洁、干燥，是杀灭蚊蝇的基本措施。蚊虫需在水中产卵、孵化和发育，蝇蛆也需在潮湿的环境及粪便等废弃物中生长。因此，应填平无用的污水池、土坑、水沟和洼地。保持排水系统畅通，对阴沟、沟渠等定期疏通，勿使污水贮积。对储水池等容器加盖，以防蚊蝇飞入产卵。对不能清除或加盖的防火储水器，在蚊蝇滋生季节，应定期换水。永久性水体（如鱼塘、池塘等），蚊虫多滋生在水浅而有植被的边缘区域，修整边岸，加大坡度和填充浅湾，能有效地防止蚊虫滋生。畜舍内的粪便应定时清除，并及时处理，储粪池应加盖并保持四周环境的清洁。

（2）化学杀灭　化学杀灭是使用天然或合成的毒物，以不同的剂型（粉剂、乳剂、油剂、水悬剂、颗粒剂、缓释剂等），通过不同途径（胃毒、触杀、熏杀、内吸等），毒杀或驱逐蚊蝇的方法。化学杀虫法具有使用方便、见效快等优点，是当前杀灭蚊蝇的较好方法。

马拉硫磷。为有机磷杀虫剂。它是世界卫生组织推荐用的室内滞留喷洒杀虫剂，其杀虫作用强而快，具有胃毒、触杀作用，也可作熏杀，杀虫范围广，可杀灭蚊、蝇、蛆、虱等，对人、畜的毒害小，故适于畜舍内使用。

敌敌畏。为有机磷杀虫剂。具有胃毒、触杀和熏杀作用，杀虫范围广，可杀灭蚊、蝇等多种害虫，杀虫效果好。但对人、畜有较大毒害，易被皮肤吸收而使中毒，故在畜舍内使用时，应特别注意安全。

合成拟菊醋。是一种神经毒药剂，可使蚊蝇等迅速呈现神经麻痹而死亡。杀虫力强，特别是对蚊的毒效比敌敌畏、马拉硫磷等高10倍以上，对蝇类，因不产生抗药性，故可长期使用。

（3）物理杀灭　利用机械方法以及光、声、电等物理方法，捕杀、诱杀或驱逐蚊蝇。我国生产的多种紫外线光或其他光诱器，特别是四周装有电栅，通有将220伏变为5500伏的10毫安电流的蚊蝇光诱器，效果良好。此外，还有可以发出声波或超声波并能将蚊蝇驱逐的电子驱蚊器等，都具有防除效果。

（4）生物杀灭　利用天敌杀灭害虫，如池塘养鱼即可达到鱼类治蚊的目的。此外，应用细菌制剂——内菌素杀灭吸血蚊的幼虫，效果良好。

四、彻底消毒

消毒是指用化学或物理的方法杀灭或清除传播媒介上的病原微生物，使之达到无传播感染水平的处理，即不再有传播感染的危险。消毒是保证猪群健康和正常生产的重要技术措施。

（一）消毒方法

猪场的消毒方法主要有机械性清除（如清扫、铲刮、冲洗等机械方法和适当通风）、物理消毒（如紫外线和火焰、煮沸与蒸汽等高温消毒）、化学药物消毒和生物消毒等消毒方法。

化学药物消毒是养殖生产中常用的方法，是利用化学药物杀灭病原微生物以达到预防感染和传染病的传播和流行的方法。

1.浸泡法

主要用于消毒器械、用具、衣物等。一般洗涤干净后再行浸泡，药液要浸过物体，浸泡时间以长些为好，水温以高些为好。在猪舍进门处消毒槽内，可用浸泡药物的草垫或草袋对人员的靴鞋消毒。

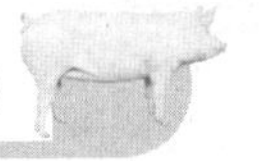

2.喷洒法

喷洒地面、墙壁、舍内固定设备等，可用细眼喷壶；对舍内空间消毒，则用喷雾器。喷洒要全面，药液要喷到物体的各个部位。

3.熏蒸法

适用于可以密闭的猪舍。这种方法简便、省事，对房屋结构无损，消毒全面，猪场常用。常用的药物有福尔马林（40%的甲醛水溶液）、过氧乙酸水溶液。为加速蒸发，常利用高锰酸钾的氧化作用。实际操作中要严格遵守下面基本要点：畜舍及设备必须清洗干净，因为气体不能渗透到猪粪和污物中去，所以不能发挥应有的效力；畜舍要密封，不能漏气，应将进出气口、门窗和排气扇等的缝隙糊严。

4.气雾法

气雾粒子是悬浮在空气中的气体与液体的微粒，直径小于200纳米，分子量极轻，能悬浮在空气中较长时间，可到处飘移穿透到畜舍内的周围及其空隙。气雾是消毒液从气雾发生器中喷射出的雾状微粒，是消灭气携病原微生物的理想办法。全面消毒猪舍空间，每立方米用5%的过氧乙酸溶液2.5毫升喷雾。

（二）常用的消毒剂

见表4-9。

表4-9　常用的消毒剂

类型	名称	性状和性质	使用方法
含氯消毒剂	漂白粉（含氯石灰，含有效氯25%～30%）	白色颗粒状粉末，有氯臭味，久置空气中失效，溶于水和醇	5%～20%的悬浮液环境消毒；饮水消毒每50升水加1克；1%～5%的澄清液消毒食槽、玻璃器皿、非金属用具等，宜现配现用

续表

类型	名称	性状和性质	使用方法
含氯消毒剂	漂白粉精	白色结晶，有氯臭味，含氯稳定	0.5%～1.5%用于地面、墙壁消毒，0.3～0.4克/千克用于饮水消毒
	氯胺-T（含有效氯24%～26%）	为含氯的有机化合物，白色微黄晶体，有氯臭味。对细菌的繁殖体及芽孢、病毒、真菌孢子有杀灭作用。杀菌作用慢，但性质稳定	0.2%～0.5%水溶液喷雾用于室内空气及表面消毒；1%～2%用于物品、器材浸泡消毒；3%的溶液用于排泄物和分泌物的消毒；黏膜消毒，0.1%～0.5%；饮水消毒，1升水用2～4毫克。配制消毒液时，如果加入一定量的氯化铵，可大大提高消毒能力
	二氯异氰尿酸钠（含有效氯60%～64%，优氯净、强力消毒净、84消毒液、速效净等均含有二氯异氰尿酸钠）	白色晶粉，有氯臭。室温下保存半年仅降低有效氯0.16%。是一种安全、广谱和长效的消毒剂，不遗留残余毒性	一般0.5%～1%溶液可以杀灭细菌和病毒，5%～10%的溶液用作杀灭芽孢。环境器具消毒，0.015%～0.02%；饮水消毒，每升水4～6毫克，作用30分钟。本品宜现用现配 注：三氯异氰尿酸钠，其性质特点和作用同二氯异氰尿酸钠基本相同。球虫囊消毒每10升水中加入10～20克
	二氧化氯（益康、消毒王、超氯）	白色粉末，有氯臭，易溶于水，易湿潮。可快速地杀灭所有病原微生物，制剂有效氯含量5%。具有高效、低毒、除臭和不残留的特点	可用于畜禽舍、场地、器具、屠宰厂、饮水消毒和带畜消毒。含有效氯5%时，环境消毒，每升水加药5～10毫升，泼洒或喷雾消毒；饮水消毒，100升水加药5～10毫升；用具、食槽消毒，每升水加药5毫克，浸泡5～10分钟。现配现用
碘类消毒剂	碘酊（碘酒）	为碘的醇溶液，红棕色澄清液体，微溶于水，易溶于乙醚、氯仿等有机溶剂，杀菌力强	2%～2.5%用于皮肤消毒

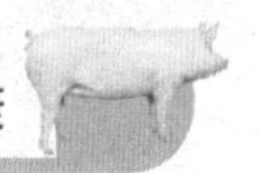

续表

类型	名称	性状和性质	使用方法
碘类消毒剂	碘伏（络合碘）	红棕色液体，随着有效碘含量的下降逐渐向黄色转变。碘与表面活化剂及增溶剂形成的不定型络合物，其实质是一种含碘的表面活性剂，主要剂型为聚乙烯吡咯烷酮碘和聚乙烯醇碘等，性质稳定，对皮肤无害	0.5%～1%用于皮肤消毒，10毫克/升浓度用于饮水消毒
	威力碘	红棕色液体。本品含碘0.5%	1%～2%用于畜舍、家畜体表及环境消毒。5%用于手术器械、手术部位消毒
醛类消毒剂	福尔马林，含36%～40%甲醛水溶液	无色有刺激性气味的液体，90℃下易生成沉淀。对细菌繁殖体及芽孢、病毒和真菌均有杀灭作用，广泛用于防腐消毒	1%～2%环境消毒，与高锰酸钾配伍熏蒸消毒畜禽房舍等，可使用不同级别的浓度
	戊二醛	无色油状体，味苦。有微弱甲醛气味，挥发度较低。可与水、酒精作任何比例的稀释，溶液呈弱酸性。碱性溶液有强大的灭菌作用	2%水溶液，用0.3%碳酸氢钠调整pH值在7.5～8.5范围可消毒，不能用于热灭菌的精密仪器、器材的消毒
	多聚甲醛（聚甲醛含甲醛91%～99%）	为甲醛的聚合物，有甲醛臭味，为白色疏松粉末，常温下不可分解出甲醛气体，加热时分解加快，释放出甲醛气体与少量水蒸气。难溶于水，但能溶于热水，加热至150℃时，可全部蒸发为气体	多聚甲醛的气体与水溶液，均能杀灭各种类型病原微生物。1%～5%溶液作用10～30分钟，可杀灭除细菌芽孢以外的各种细菌和病毒；杀灭芽孢时，需8%浓度作用6小时。用于熏蒸消毒，用量为每立方米3～10克，消毒时间为6小时
氧化剂类	过氧乙酸	无色透明酸性液体，易挥发，具有浓烈刺激性，不稳定，对皮肤、黏膜有腐蚀性。对多种细菌和病毒杀灭效果好	400～2000毫克/升，浸泡2～120分钟；0.1%～0.5%擦拭物品表面；或0.5%～5%环境消毒，0.2%器械消毒

续表

类型	名称	性状和性质	使用方法
氧化剂类	过氧化氢（双氧水）	无色透明，无异味，微酸苦，易溶于水，在水中分解成水和氧。可快速灭活多种微生物	1%～2%创面消毒；0.3%～1%黏膜消毒
	过氧戊二酸	有固体和液体两种。固体难溶于水，为白色粉末，有轻度刺激性作用，易溶于乙醇、氯仿、乙酸	2%器械浸泡消毒和物体表面擦拭，0.5%皮肤消毒，雾化气溶胶用于空气消毒
	臭氧	臭氧（O_3）是氧气（O_2）的同素异构体，在常温下为淡蓝色气体，有鱼腥臭味，极不稳定，易溶于水。臭氧对细菌繁殖体、病毒、真菌和枯草杆菌黑色变种芽孢有较好的杀灭作用；对原虫和虫卵也有很好的杀灭作用	30毫克/米^3，15分钟室内空气消毒；0.5毫克/升10分钟，用于水消毒；15～20毫克/升用于污水消毒
	高锰酸钾	紫黑色斜方形结晶或结晶性粉末，无臭，易溶于水，容易因其浓度不同而呈暗紫色至粉红色。低浓度可杀死多种细菌的繁殖体，高浓度（2%～5%）在24小时内可杀灭细菌芽孢，在酸性溶液中可以明显提高杀菌作用	0.1%溶液可用于饮水消毒，杀灭肠道病原微生物；0.1%用于创面和黏膜消毒；0.01%～0.02%用于消化道清洗；用于体表消毒时使用的浓度为0.1%～0.2%
复合酚类	苯酚（石炭酸）	白色针状结晶，弱碱性，易溶于水，有芳香味	杀菌力强，3%～5%用于环境与器械消毒，2%用于皮肤消毒
	煤酚皂（来苏儿）	由煤酚、植物油和氢氧化钠按一定比例配制而成。无色，见光和空气变为深褐色，与水混合成为乳状液体。毒性较低	3%～5%用于环境消毒；5%～10%用于器械消毒、处理污物；2%的溶液用于术前、术后和皮肤消毒

续表

类型	名称	性状和性质	使用方法
复合酚类	复合酚（农福、消毒净、消毒灵）	由冰醋酸、混合酚、十二烷基苯磺酸、煤焦油按一定比例混合而成，为棕色黏稠状液体，有煤焦油臭味，对多种细菌和病毒有杀灭作用	用水稀释100～300倍后，用于环境、畜禽舍、器具的喷雾消毒，稀释用水温度不低于8℃；1∶200可杀灭烈性传染病，如口蹄疫；1∶(300～400)药浴或擦拭皮肤，药浴25～30分钟，可以防治猪、牛、羊螨虫等皮肤寄生虫病，效果良好
	氯甲酚溶液（菌球杀）	为甲酚的氯代衍生物，一般为5％的溶液。杀菌作用强，毒性较小	主要用于畜禽舍、用具、污染物的消毒。用水稀释30～100倍后用于环境、畜禽舍的喷雾消毒
表面活性剂（双链季铵酸盐类消毒剂）	新洁尔灭（苯扎溴铵）。市售的一般为浓度5％的苯扎溴铵水溶液	无色或淡黄色液体，振摇产生大量泡沫。对革兰氏阴性细菌的杀灭效果比对革兰氏阳性菌强，能杀灭有囊膜的亲脂病毒，不能杀灭亲水病毒、芽孢菌、结核菌，易产生耐药性	皮肤、器械消毒用0.1％的溶液（以苯扎溴铵计），黏膜、创口消毒用0.02％以下的溶液。0.5％～1％溶液用于手术局部消毒
	度米芬（杜米芬）	白色或微白色片状结晶，能溶于水和乙醇。主要用于细菌病原，消毒能力强，毒性小，可用于环境、皮肤、黏膜、器械和创口的消毒	皮肤、器械消毒用0.05％～0.1％的溶液，带畜禽消毒用0.05％的溶液喷雾
	癸甲溴铵溶液（百毒杀）。市售一般为浓度10％癸甲溴铵溶液	白色、无臭、无刺激性、无腐蚀性的溶液。本品性质稳定，不受环境酸碱度、水质硬度、粪便血污等有机物及光、热影响，可长期保存，且适用范围广	饮水消毒，日常1∶(2000～4000)，可长期使用。疫病期间1∶(1000～2000)连用7天。畜禽舍以及带畜消毒，日常1∶600；疫病期间1∶(200～400)喷雾、洗刷、浸泡
	双氯苯胍己烷	白色结晶粉末，微溶于水和乙醇	0.5％环境消毒，0.3％器械消毒，0.02％皮肤消毒
	环氧乙烷（烷基化合物）	常温无色气体，沸点10.3℃，易燃、易爆、有毒	50毫克/升密闭容器内用于器械、敷料等消毒
	氯己定（洗必泰）	白色结晶，微溶于水，易溶于醇，禁忌与氯化汞配伍	0.02％～0.05％水溶液，术前洗手浸泡5分钟；0.01％～0.025％用于腹腔、膀胱等冲洗
	辛氨乙甘酸溶液（菌毒清）		主要用于杀灭细菌，无刺激性，毒性小。1∶(100～200)倍稀释用于环境消毒

续表

类型	名称	性状和性质	使用方法
醇类消毒剂	乙醇（酒精）	无色透明液体，易挥发，易燃，可与水和挥发油任意混合。无水乙醇含乙醇量为95％以上。主要通过使细菌菌体蛋白凝固并脱水而发挥杀菌作用。以70％～75％乙醇杀菌能力最强。对组织有刺激作用，浓度越大刺激性越强	70％～75％用于皮肤、手、被注射部位、器械和手术、实验台面消毒，作用时间3分钟。注意：不能作为灭菌剂使用，不能用于黏膜消毒；浸泡消毒时，消毒物品不能带有过多水分，物品要清洁
	异丙醇	无色透明液体，易挥发，易燃，具有乙醇和丙酮混合气味，与水和大多数有机溶剂可混溶。作用浓度为50％～70％，过浓过稀，杀菌作用都会减弱	50％～70％的水溶液用于涂擦与浸泡，作用时间5～60分钟。只能用于物体表面和环境消毒。杀菌效果优于乙醇，但毒性也高于乙醇。有轻度的蓄积和致癌作用
强碱类	氢氧化钠（火碱）	白色干燥的颗粒、棒状、块状、片状结晶，易溶于水和乙醇，易吸收空气中的CO_2形成碳酸钠或碳酸氢钠盐。对细菌繁殖体、芽孢体和病毒有很强的杀灭作用，对寄生虫卵也有杀灭作用，浓度增大，作用增强	2％～4％溶液可杀死病毒和繁殖型细菌，30％溶液10分钟可杀死芽孢，4％溶液45分钟杀死芽孢，如加入10％食盐能增强杀芽孢能力。2％～4％的热溶液用于喷洒或洗刷消毒，如用于畜禽舍、仓库、墙壁、工作间、入口处、运输车辆、饮饲用具等；5％用于炭疽消毒
	生石灰（氧化钙）	白色或灰白色块状或粉末，无臭，易吸水，加水后生成氢氧化钙	加水配制10％～20％石灰乳涂刷畜舍墙壁、畜栏等可消毒
	草木灰（新鲜草木灰主要含氢氧化钾）	取筛过的草木灰10～15千克，加水35～40千克，搅拌均匀，持续煮沸1小时，补足蒸发的水分即成20％～30％草木灰	20％～30％草木灰可用于圈舍、运动场、墙壁及食槽的消毒。应注意水温在50～70℃
酸类	无机酸（硫酸和盐酸）	具有强烈的刺激性和腐蚀性，生产中较少使用	0.5摩尔/升的硫酸处理排泄物、痰液等，30分钟可杀死多数结核杆菌。2％盐酸用于消毒皮肤

续表

类型	名称	性状和性质	使用方法
酸类	乳酸	微黄色透明液体，无臭微酸味，有吸湿性	蒸汽用于空气消毒，亦可用于与其他醛类配伍
	醋酸	浓烈酸味	5～10毫升/米^{3}加等量水，蒸发消毒房间空气
	十一烯酸	黄色油状溶液，溶于乙醇	5%～10%十一烯酸醇溶液用于皮肤、物体表面消毒
重金属类	甲紫（龙胆紫）	深绿色块状，溶于水和乙醇	1%～3%溶液用于浅表创面消毒、防腐
	硫柳汞	不沉淀蛋白质	0.01%用于生物制品防腐；1%用于皮肤或手术部位消毒
高效复方消毒剂	复方含氯消毒剂	常选的含氯成分主要为次氯酸钠、次氯酸钙、二氯异氰尿酸钠、氯化磷酸三钠、二氯二甲基海因等，配伍成分主要为表面活性剂、助洗剂、防腐剂、稳定剂等	按说明使用
	复方季铵盐类消毒剂	作为复配的季铵盐类消毒剂主要以十二烷基二甲基乙基苄基氯化铵、二甲基苄基溴化铵为多，其他的季铵盐为二甲乙基苄基氯化铵以及双癸季铵盐如双癸甲溴化铵、溴化双（十二烷基二甲基）乙甲二铵等。 常用的配伍剂主要有醛类（戊二醛、甲醛）、醇类（乙醇、异丙醇）、过氧化物类（二氧化氯、过氧乙酸）以及氯己定等	按说明使用
	含碘复方消毒剂（常见的为聚乙烯吡咯烷酮、聚乙氧基乙醇等）	碘与表面活性剂的不定型络合物。碘伏，是碘类复方消毒剂中最常用的剂型。阴离子表面活性剂、阳离子表面活性剂和非离子表面活性剂均可作为碘的载体制成碘伏，但其中以非离子型表面活性剂最稳定，故选用得较多	按说明使用

续表

类型	名称	性状和性质	使用方法
高效复方消毒剂	醛类复方消毒剂	常见的醛类复配形式有戊二醛与洗涤剂的复配，降低了毒性，增强了杀菌作用；戊二醛与过氧化氢的复配，远高于戊二醛和过氧化氢的杀菌效果	按说明使用
	醇类复方消毒剂	醇类常用的复配形式中以次氯酸钠与醇的复配为最多，用50%甲醇溶液和浓度2000毫克/升有效氯的次氯酸钠溶液复配，其杀菌作用高于甲醇和次氯酸钠水溶液。乙醇与氯己定复配的产品很多，也可与醛类复配，亦可与碘类复配等	按说明使用

（三）消毒程序

1. 人员消毒

在猪场正门的入口处，建消毒室，内设6根紫外线灯管（四个墙角各安装一个，房顶吊两个）、消毒盆和消毒池。进场人员必须在此换鞋、更衣，照射15分钟后在消毒盆内用来苏儿消毒液洗手，然后再从盛有5%苛性钠溶液的消毒池中趟过进入生产区。每一栋舍的两头放消毒槽。进入猪舍的人员先踏消毒盆（池），再洗手后方可进入。病猪隔离人员和剖检人员操作前后都要进行严格消毒。消毒液可选用2%～5%火碱（氢氧化钠）、1%菌毒敌、1∶300特威康等，药液每周更换1～2次，雨过天晴后立即更换，确保消毒效果。

2. 车辆消毒

大门口消毒池长度为汽车轮周长的2倍，深度为15～20厘米，

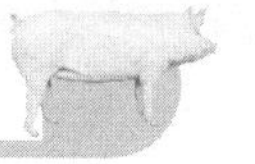

宽度与大门口同宽。进入场门的车辆除要经过消毒池外，还必须对车身、车底盘进行高压喷雾消毒，消毒液可用2%过氧乙酸或灭毒威。严禁车辆（包括员工的摩托车、自行车）进入生产区。外界购猪车一律禁止入场。装猪车装猪前严格消毒，售猪后对使用过的装猪台、磅秤及时清理、冲洗、消毒。进入生产区的料车每周需彻底消毒一次。

3. 环境消毒

（1）环境清洁消毒　生产区的垃圾实行分类堆放，并定期收集；每逢周六进行环境清理、消毒和焚烧垃圾；整个场区每半个月要用2%～3%的苛性钠溶液喷洒消毒一次，不留死角；各栋舍内走道每5～7天用3%苛性钠溶液喷洒消毒一次。必要时可增加消毒次数或用对猪体无害的消毒药物带猪消毒。

（2）春秋两季的常规大消毒　这时气候温暖，适宜于各种病原体微生物的生长繁殖，是搞好消毒防疫的关键时期。要选用如下广谱消毒药：2%～4%氢氧化钠（苛性钠），10%～20%漂白粉乳剂，0.05%～0.5%过氧乙酸以及增效二氧化氯溶液等。其用药量为：每平方米地面用药液0.5～2千克，墙壁每平方米用药液0.5～1千克。

4. 空舍消毒

（1）清扫　首先对空舍的粪尿、污水、残料、垃圾和墙面、顶棚、水管等处的尘埃进行彻底清扫，并整理归纳舍内饲槽、用具，当发生疫情时，必须先消毒后清扫。

（2）浸润　对地面、猪栏、出粪口、食槽、粪尿沟、风扇匣、护仔箱进行低压喷洒，并确保充分浸润，浸润时间不低于30分钟，但不能时间过长，以免干燥、浪费水且不好洗刷。

（3）冲刷　使用高压冲洗机，由上至下彻底冲洗屋顶、墙壁、栏架、网床、地面、粪尿沟等。要用刷子刷洗藏污纳垢的缝隙，尤其是食槽、护仔箱壁的下端，冲刷不要留死角。

（4）消毒　晾干后，选用广谱高效消毒剂，消毒舍内所有表面、设备和用具，必要时可选用2%～3%的氢氧化钠（火碱）进行喷雾消毒。30～60分钟后低压冲洗，晾干后用另一种广谱高效消毒药（0.3%好利安）喷雾消毒。

（5）复原　恢复原来栏舍内的布置，并检查维修，做好进猪前的充分准备，并进行第二次消毒。

（6）猪舍的熏蒸消毒　对封闭猪舍冲刷干净、晾干后，最好进行熏蒸消毒。用福尔马林、高锰酸钾熏蒸。熏蒸前封闭所有缝隙、孔洞，计算房间容积，称量好药品。按照福尔马林∶高锰酸钾∶水为2∶1∶1比例配制药品，福尔马林用量一般为14～42毫升/米^3。容器应大于甲醛溶液加水后容积的3～4倍。放药时一定要把甲醛溶液倒入盛高锰酸钾的容器内，室温最好不低于24℃，相对湿度在70%～80%。先从猪舍一头逐点倒入，倒入后迅速离开，把门封严，24小时后打开门窗通风。无刺激气味后再用消毒剂喷雾消毒一次。

（7）进猪　进猪前1天再喷雾消毒。

5.带猪消毒

带猪喷雾消毒法是对猪体和猪舍内空间同时进行消毒的一种方法，是预防疾病或在猪群已发病的紧急情况下，对传染性疾病进行紧急控制的一种实用而有效的方法。带猪喷雾消毒应选择毒性、刺激性和腐蚀性小的消毒剂。例如过氧化剂，过氧乙酸0.3%溶液30毫升/米^3；二氧化氯0.015%溶液240～260毫升/米^3；含氯制剂二氯异氰尿酸盐，浓度为0.005%～0.01%，260～280毫升/米^3。各类猪只的消毒应用频率为：夏季每周消毒2次，春秋季每周消毒1次，冬季2周消毒1次。在疫情期间，产房每天消毒一次，保育舍可隔天1次，成年猪舍每周消毒2～3次，消毒时不仅限于猪的体表，还包括整个舍的所有空间。带猪喷雾消毒时，所用药剂的体积以做到猪体体表或地面基本湿润为准（通常100米^{2}舍内用10升消毒液即可）。应将喷雾器的喷头高举空中，喷嘴向

上，让雾料从空中缓慢地下降，雾粒直径控制在80～120微米，压力为0.2～0.3千克力/厘米^2（1千克力/厘米^2＝98.0665千帕）。注意不宜选用刺激性大的药物。

6.处理病、死猪及场地的消毒

猪场一经发现病猪，要及时隔离治疗；对于处理的病、死猪，要在指定的隔离地点烧毁或深埋，绝不允许在场内随意处理或解剖病、死猪。对病猪走过或停留过的地方，应清除粪便和垃圾，然后铲除其表土，再用2%～4%苛性钠溶液进行彻底消毒，用量按1升/米^{2}左右进行。

7.污水和粪便的消毒

猪场产生的大量粪便和污水，含有大量的病原菌，而以病猪粪尿更甚，更应对其进行严格消毒。对于猪只粪便，可用发酵池法和堆积法消毒；对污水可用含氯25%的漂白粉消毒，用量为每立方米中加入6克漂白粉，如水质较差可加入8克。

8.兽医防疫人员出入猪舍消毒

兽医防疫人员出入猪舍必须在消毒池内进行鞋底消毒，在消毒盆内洗手消毒，出舍时要在消毒盆内洗手消毒。兽医防疫人员在一栋猪舍工作完毕后，要用消毒液浸泡的纱布擦洗注射器和提药盒的周围。

9.特定消毒

猪转群或部分调动时（母猪配种除外）必须将道路和需用的车辆、用具，在用前、用后分别喷雾消毒。参加人员需换上洁净的工作服和胶鞋，并经过紫外线照射15分钟。接产母猪有临产征兆时，就要将产床、栏架及猪的臀部及乳房洗刷干净，并用1∶600的百毒杀或0.1%高锰酸钾溶液消毒。仔猪产出后要用消毒过的纱布擦净口腔黏液。正确实施断脐并用碘酊消毒断端。在断尾、剪耳、剪牙、注射等前后，都要对器械和术部进行严格消毒。消毒可用碘伏或70%的酒精棉。手术部首先要用清水洗净擦干，然后涂以3%的碘酊，待干后再用70%～75%的酒精消毒，待酒精干后方可实施手术，术后创口涂3%碘酊。阉割时，手术部位要用70%～75%酒精消毒，待干燥后方可实施阉割，结束后刀口处再涂以3%碘酊。器械消毒，手术刀、手术剪、缝合针、缝合线可煮沸消毒，也可用70%～75%的酒精消毒，注射器用完后里外冲刷干净，然后煮沸消毒。医疗器械每天必须消毒一遍。发生传染病或传染病平息后，要强化消毒，药液浓度加大，消毒次数增加。

10. 饲料袋消毒

每月清洗并浸泡消毒1次。

五、确切的免疫接种

目前，传染性疾病仍是我国养猪业的主要威胁，而免疫接种仍是预防传染病的有效手段。免疫接种通常使用疫苗和菌苗等生物制剂作为抗原接种于猪体内，以激发抗体产生特异性免疫力。

（一）疫苗的管理

疫苗质量直接影响免疫接种的效果，加强疫苗的选购、运输、保管具有重要意义。

1. 疫苗的采购

采购疫苗时，一定要根据疫苗的实际效果和抗体监测结果，以及场际间的沟通和了解，选择规范而信誉高且有批准文号的生产厂家生产的疫苗；到有生物制品经营许可证的经营单位购买；疫苗应是近期生产的，有效期只有2～3个月的疫苗最好不要购买。

2.疫苗的运输

运输疫苗要使用放有冰袋的保温箱，做到“苗随冰行，苗到未融”。途中避免阳光照射和高温。疫苗如需长途运输，一定要将运输的要求交代清楚，约好接货时间和地点，接货人应提前到达，及时接货。疫苗运输过程中时间越短越好，中途不得停留存放，应及时运往猪场放入17℃恒温冰箱，防止冷链中断。

3.疫苗的保管

保管前要清点数量，逐瓶检查苗瓶有无破损，瓶盖有无松动，标签是否完整，并记录生产厂家、批准文号、检验号、生产日期、失效日期、药品的物理性状与说明书是否相符等，避免购入伪劣产品。仔细查看说明书，严格按说明书的要求贮存。许多疫苗是在冰箱内冷冻保存的，冰箱要保持清洁和存放有序，并定时清理冰箱的冰块和过期的疫苗。

如遇停电，应在停电前1天准备好冰袋，以备停电用，停电时尽量少开冰箱门。

常用的生物制品见表4-10。

表4-10　猪常用的生物制品

名称	作用	使用和保护方法
猪瘟兔化弱毒疫苗	猪瘟预防接种；四天后产生免疫力，免疫期9个月	每头猪臀部或耳根肌内注射1毫升；保存温度4℃，避免阳光照射
猪瘟兔化毒疫牛体反应苗	猪瘟预防接种；四天后产生免疫力，免疫期1年	每头猪股内、臀部或耳根肌内或皮下注射1毫升。4℃保存不超过6个月，－20℃保存不超过1年。避免阳光照射
猪瘟、猪肺疫、猪丹毒三联苗	猪瘟、猪肺疫、猪丹毒的预防接种；猪瘟免疫期1年，猪丹毒和猪肺疫为6个月	按规定剂量用生理盐水稀释后，每头肌内注射1毫升。－15℃保存期为12个月，0～8℃为6个月
猪伪狂犬病弱毒苗	猪伪狂犬病预防和紧急接种。免疫后6天能产生坚强的免疫力，免疫期1年	按规定剂量用生理盐水稀释后，每头肌内注射1毫升。－20℃保存期为1.5年，0～8℃为半年，10～15℃为15天

续表

名称	作用	使用和保护方法
猪细小病毒氢氧化铝胶疫苗	细小病毒病的预防。免疫期1年	母猪每次配种前2～4周内颈部肌内注射2毫升。避免冻结和阳光照射，4～8℃有效期为1胎次
猪传染性萎缩性鼻炎油佐剂二联灭活疫苗	预防支气管败血波氏杆菌和产毒性多杀性巴氏杆菌感染引起的萎缩性鼻炎。免疫期6个月	母猪产前4周接种，颈部皮下注射2毫升，新引进的后备母猪立即注射1毫升。4℃保存1年，室温保存1个月
猪传染性胃肠炎、猪轮状病毒二联弱毒疫苗	预防猪传染性胃肠炎、猪轮状病毒性腹泻。免疫期为一胎次	用生理盐水稀释，经产母猪及后备母猪于分娩前5～6周各肌内注射1毫升。4℃的阴暗处保存1年，其他注意事项可参见说明
猪传染性胃肠炎与猪流行性腹泻二联灭活疫苗	预防猪传染性胃肠炎和猪流行性腹泻两种病毒引起的腹泻。接种后15天开始产生免疫力，免疫期为6个月	一般于产前20～30天后海穴注射接种4毫升。避免高温和阳光照射，2～8℃保存，不可冻结，保存期1年
口蹄疫疫苗	预防口蹄疫病毒引起的相关疾病。免疫期2个月	每头猪2毫升，2周后再免疫一次。疫苗在2～8℃保存，不可冻结，保存期1年
猪气喘病弱毒冻干活菌苗	预防猪气喘病；免疫期1年	种猪、后备猪每年春、秋各免疫一次，仔猪15日龄至断奶首免，3～4月龄种猪二免。胸腔注射，4毫升/头
猪链球菌氢氧化铝胶菌	苗预防链球菌病；免疫期6个月	60日龄首免，以后每年春秋免疫一次，3毫升/头
传染性胸膜肺炎灭活油佐剂苗	预防传染性胸膜肺炎	2～3月龄猪间隔2周2次接种
猪肺疫弱毒冻干苗	预防猪肺疫；免疫期6个月	仔猪70日龄初免，1头份/头；成年猪每年春秋各免疫一次
繁殖呼吸道综合征冻干苗	预防繁殖呼吸道综合征	3周龄仔猪初次接种，种母猪配种前2周再次接种。大猪2毫升/头，小猪1毫升/头
抗猪瘟血清	猪瘟的紧急预防和治疗，注射后立即起效。必要时12～24小时再注射一次，免疫期为14天	采用皮下或静脉注射，预防剂量为1毫升/千克体重，治疗加倍。本制品在2～15℃条件下保存3年

（二）制订免疫程序时考虑的主要问题

猪场必须根据本场的实际情况，考虑本地区的疫病流行特点，结合畜禽的种类、年龄、饲养管理、母源抗体的干扰以及疫苗的性质、类型和免疫途径等各方面因素和免疫监测结果，制订适合本场的免疫程序，千万不能生搬硬套别人的免疫程序。要充分考虑影响免疫程序制订的主要问题，科学制订适合本场的免疫程序。

1.母源抗体干扰

母源抗体（被动免疫）对新生仔猪十分重要，但会给疫苗的接种带来一定的影响，如果仔猪存在较高水平的母源抗体时接种弱毒苗，则会极大地影响疫苗的免疫效果。因此，在母源抗体水平高时不宜接种弱毒疫苗，并在适当日龄再加强免疫接种一次。例如，仔猪的猪瘟免疫程序，根据猪瘟母源抗体下降规律，一般采取20～25日龄首免，55～60日龄加强免疫一次；而有猪瘟病毒感染或受猪瘟病毒威胁的猪场应实行超免，即在仔猪刚出生就接种猪瘟疫苗，待1.5小时后才让其吮初乳，在55～60日龄再加强免疫一次。

2.猪场发病史

制订免疫程序时要考虑本地区猪病疫情和该猪场已发生过什么病、发病日龄、发病频率及发病批次，依此确定疫苗的种类和免疫时机。对本地区、本场尚未证实发生的疾病，必须证明确实已受到严重威胁时才计划接种。

3.免疫途径

接种疫苗的途径有注射、饮水、滴鼻等，应根据疫苗的类型、疫病特点及免疫程序来选择每次免疫的接种途径。例如：灭活苗、类毒素和亚单位苗不能经消化道接种，一般用于肌内注射；喘气病弱毒冻干苗采用胸腔接种；伪狂犬病基因缺失苗对仔猪采用滴鼻效果更好，这样既可建立免疫屏障又可避免母源抗体的干扰。

4.季节性

许多疫病具有较强的季节性，制订程序时要给予考虑。如春夏季预防乙型脑炎，秋冬季和早春预防传染性胃肠炎和流行性腹泻。

5.不同疫苗之间的干扰

不同疫苗之间的干扰影响接种时间的科学安排，如果不注意就会影响免疫效果。如在接种猪伪狂犬病(PR)弱毒疫苗和蓝耳病疫苗时，必须与猪瘟(HC)兔化弱毒疫苗的免疫注射间隔1周以上，否则前者对后者的免疫有干扰作用。

（三）影响免疫效果的因素

免疫应答是一种复杂的生物学过程，影响因素很多，必须了解认识主要影响因素，尽量减少不良因素的影响，以提高免疫接种的效果。

1.疫苗的质量

疫苗是指具有良好免疫原性的病原微生物经繁殖和处理后制成的生物制品，接种动物能产生相应的免疫效果，疫苗质量是免疫成败的关键因素，疫苗质量好必须具备的条件是安全和有效。农业部要求生物制品生产企业到2005年必须达到GMP标准，以真正合格的SPF胚生产出更高效、更精确的弱毒活疫苗，利用分子生物学技术深入研究毒株进行疫苗研制，将病毒中最有效的成分提取出来生产疫苗，同时对疫苗辅助物如保护剂、稳定剂、佐剂、免疫修饰剂等进一步改善，可望大幅度改善常规疫苗的免疫力。使用疫苗的单位必须到具备供苗资格的单位购买。通常弱毒苗和湿苗应保存于－15℃以下，灭活苗和耐热冻干弱毒苗应保存于2～8℃，灭活苗要严防冻结，否则会破乳或出现凝集块，影响免疫效果。

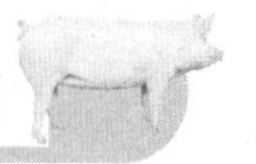

2. 免疫的剂量

毒苗接种后在体内有个繁殖过程，接种到猪体内的疫苗必须含有足量的有活力的抗原，才能激发机体产生相应抗体，获得免疫。若免疫的剂量不足将导致免疫力低下或诱导免疫力耐受；而免疫的剂量过大也会产生强烈应激，使免疫应答减弱甚至出现免疫麻痹现象。

3. 干扰作用

同时免疫接种两种或多种弱毒苗往往会产生干扰现象。产生干扰的原因可能有两个方面。一是两种病毒感染的受体相似或相同，产生竞争作用。二是一种病毒感染细胞后产生干扰素，影响另一种病毒的复制，例如初生仔猪用伪狂犬病基因缺失弱毒苗滴鼻后，疫苗在呼吸道上部大量繁殖，与伪狂犬病病毒竞争地盘，同时又干扰伪狂犬病病毒的复制，起到抑制和控制病毒的作用。

4. 环境因素

猪体内免疫功能在一定程度上受到神经、体液和内分泌的调节。当环境过冷过热、湿度过大、通风不良时，都会引起猪体不同程度的应激反应，导致猪体对抗原免疫应答能力下降，接种疫苗后不能取得相应的免疫效果，表现为抗体水平低、细胞免疫应答减弱。多次的免疫虽然能使抗体水平很高，但并不是疾病防治要达到的目标，有资料表明，动物经多次免疫后，高水平的抗体会使动物的生产力下降。

5. 应激因素

高免疫力的本身对动物来说就是一种应激反应。免疫接种是利用疫苗的致弱病毒去感染猪只机体，这与天然感染得病一样，只是病毒的毒力较弱而不致发病死亡，但机体经过一场恶斗来克服疫苗病毒的作用后才能产生抗体，所以在接种前后应尽量减少应激反应。集约化猪场的仔猪，既要实施阉割、断尾、驱虫等保健措施，又要发生断奶、转栏、换料等饲养管理条件变化，此阶段免疫最好多补充电解质和维生素，尤其是维生素A、维生素E、维生素C和B族维生素更为重要。

（四）接种疫苗时的注意事项

1.疫苗使用前要检查

使用前要检查药品的名称、厂家、批号、有效期、物理性状、贮存条件等是否与说明书相符。仔细查阅使用说明书与瓶签是否相符，明确装置、稀释液、每头剂量、使用方法及有关注意事项，并严格遵守，以免影响效果。对过期、无批号、油乳剂破乳、失真空及颜色异常或不明来源的疫苗禁止使用。

2.免疫操作规范

（1）避免污染　预防注射过程应严格消毒，注射器、针头应洗净煮沸15～30分钟备用，每注射一栏猪更换一枚针头，防止传染。吸药时，绝不能用已给动物注射过的针头吸取，可用一个灭菌针头，插在瓶塞上不拔出、裹以挤干的酒精棉花专供吸药用，吸出的药液不应再回注瓶内。

（2）疫苗均匀　液体在使用前应充分摇匀，每次吸苗前再充分振摇。冻干苗加稀释液后应轻轻摇匀。

（3）选用适宜针头　要根据猪的大小和注射剂量多少，选用相应的针管和针头。针管可用10毫升或20毫升的金属注射器或连续注射器，针头可用长为38～44毫米的12号针头；新生仔猪猪瘟超免可用2毫升或5毫升的注射器，针头可用长为20毫米的9号针头。注射时要一猪一个针头，要一猪一标记，以免漏注；注射器刻度要清晰，不滑杆、不漏液；注射的剂量要准确，不漏注、不白注；进针要稳，拔针宜速，不得打“飞针”以确保疫苗液真正足量地注射于肌内。

（4）接种部位适宜并消毒　注射部位要准确。肌内注射部位，

有颈部、臀部和后腿内侧等供选择，皮下注射在耳后或股内侧皮下疏松结缔组织部位。避免注射到脂肪组织内。需要交巢穴和胸腔注射的更需摸推部位。接种部位以5%碘酊消毒为宜，以免影响疫苗活性。免疫弱毒菌苗前后7天不得使用抗生素和磺胺类等抗菌抑菌药物。

（5）适当保定　注射时要适当保定保育舍、育肥舍的猪，可用焊接的铁栏挡在墙角处等，相对稳定后再注射。哺乳仔猪和保育仔猪需要抓逮时，要注意轻抓轻放。避免过分驱赶，以减缓应激。

（6）接种时间　应安排在猪群喂料前空腹时进行，高温季节应在早晚注射。

（7）操作准确

① 注射时动作要快捷、熟练，做到“稳、准、足”，避免飞针、针折、疫苗洒落。苗量不足的立即补注。

② 怀孕母猪免疫操作要小心谨慎，产前15天内和怀孕前期尽量减少使用各种疫苗。

③ 疫苗不得混用（标记允许混用的除外），一般两种疫苗接种时间，至少间隔5～7天。

④ 失效、作废的疫苗，用过的疫苗瓶，稀释后的剩余疫苗等，必须妥善处理。处理方式包括用消毒剂浸泡、煮沸、烧毁、深理等。

3. 免疫前后加强管理

（1）避免应激　防疫前的3～5天可以使用抗应激药物、免疫增强保护剂，以提高免疫效果。

（2）禁用药物　在使用活病毒苗时，用苗前后严禁使用抗病毒药物；用活菌苗时，防疫前后10天内不能使用抗生素、磺胺类等抗菌、抑菌药物及激素类药物。

（3）做好记录　及时认真填写免疫接种记录，包括疫苗名称、免疫日期、舍别、猪别、日龄、免疫头数、免疫剂量、疫苗性质、生产厂家、有效期、批号、接种人等。每批疫苗最好存放1～2

瓶，以备出现问题时查询。

（4）不良反应处理

① 有的疫苗接种后能引起过敏反应，需详细观察1～2天，尤其接种后2小时内更应严密监视，遇有过敏反应者，注射肾上腺素或地塞米松等抗过敏解救药。

② 有的猪、有的疫苗打过后应激反应较大，表现采食量降低，甚至不吃或体温升高，应饮用电解质水或口服补液盐或熬制的中药液。尤其是保育舍仔猪免疫接种后采取以上措施能减缓应激。

③ 如果发生严重反应或怀疑疫苗有问题而引起死亡时，应尽快向生产厂家反应或冷藏包装同批次的制品2瓶寄回厂家，以便查找原因。

（5）细心管理　接种疫苗后，活苗经7～14天、灭活苗14～21天才能使机体获得免疫保护，这期间要加强饲养管理，尽量减少应激因素，加强环境控制，防止饲料霉变，搞好清洁卫生，避免强毒感染。

（五）疫苗接种效果的检测

1. 定期检测抗体

一个季度抽血分离血清进行一次抗体检测，当抗体水平合格率达不到时应补注一次，并检查其原因。一般情况下，疫苗的进货渠道应当稳定，但因特殊情况需要换用新厂家的某种疫苗时，在疫苗注射后30天即进行抗体检测，抗体水平合格率达不到时，则不能使用该疫苗，改用其他厂家疫苗进行补注。

2. 实践观察

注重在生产中考查疫苗的效果，如长期未见初产母猪流产，说明细小病毒苗的效果尚可。

（六）猪场参考免疫程序

免疫接种通常是使用疫苗和菌苗等生物制剂作为抗原接种于

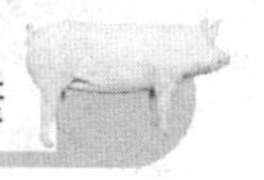

猪体，激发抗体产生特异性免疫力，抵抗传染病发生的一种有效手段。常见的免疫程序见表4-11～表4-14。

表4-11　商品猪的参考免疫程序

免疫时间/日龄	使用疫苗	免疫剂量和方式
1	猪瘟弱毒疫苗①	1头份肌内注射
7	猪喘气病灭活疫苗②	1头份胸腔注射
20	猪瘟弱毒疫苗	2头份肌内注射
21	猪喘气病灭活疫苗②	1头份胸腔注射
23～25	高致病性猪蓝耳病灭活疫苗	1头份肌内注射
	猪传染性胸膜肺炎灭活疫苗②	1头份肌内注射
	链球菌Ⅱ型灭活疫苗②	1头份肌内注射
28～35	口蹄疫灭活疫苗	1头份肌内注射
	猪丹毒疫苗、猪肺疫疫苗或猪丹毒-猪肺疫二联苗②	1头份肌内注射
	仔猪副伤寒弱毒疫苗②	1头份肌内注射
	传染性萎缩性鼻炎灭活疫苗②	1头份颈部皮下注射
55	猪伪狂犬基因缺失弱毒疫苗	1头份肌内注射
	传染性萎缩性鼻炎灭活疫苗②	1头份颈部皮下注射
60	口蹄疫灭活疫苗	2头份肌内注射
	猪瘟弱毒疫苗	2头份肌内注射
70	猪丹毒疫苗、猪肺疫疫苗或猪丹毒-猪肺疫二联苗②	2头份肌内注射

① 在母猪带毒严重，垂直感染引发哺乳仔猪猪瘟的猪场实施。

② 根据本地疫病流行情况可选择进行免疫。

注：猪瘟弱毒疫苗建议使用脾淋疫苗。

表4-12　种母猪参考免疫程序

免疫时间	使用疫苗	免疫剂量和方式
每隔4～6个月	口蹄疫灭活疫苗	2头份肌内注射
初产母猪配种前	猪瘟弱毒疫苗	2头份肌内注射
	高致病性猪蓝耳病灭活疫苗	1头份肌内注射
	猪细小病毒灭活疫苗	1头份颈部肌内注射
	猪伪狂犬基因缺失弱毒疫苗	1头份肌内注射
经产母猪配种前	猪瘟弱毒疫苗	2头份肌内注射
	高致病性猪蓝耳病灭活疫苗	1头份肌内注射

续表

免疫时间	使用疫苗	免疫剂量和方式
产前 4 ～ 6 周	猪伪狂犬基因缺失弱毒疫苗	1 头份肌内注射
	大肠杆菌双价基因工程苗①	1 头份肌内注射
	猪传染性胃肠炎、流行性腹泻二联苗①	1 头份后海穴注射

① 根据本地疫病流行情况可选择进行免疫。

注：1. 种猪 70 日龄前免疫程序同商品猪。

2. 乙型脑炎流行或受威胁地区，每年 3 ～ 5 月份（蚊虫出现前 1 ～ 2 个月），使用乙型脑炎疫苗间隔一个月免疫两次。

3. 猪瘟弱毒疫苗建议使用脾淋疫苗。

表 4-13　种公猪参考免疫程序

免疫时间	使用疫苗	免疫剂量和方式
每隔 4 ～ 6 个月	口蹄疫灭活疫苗	2 头份肌内注射
每隔 6 个月	猪瘟弱毒疫苗	2 头份肌内注射
	高致病性猪蓝耳病灭活疫苗	1 头份肌内注射
	猪伪狂犬基因缺失弱毒疫苗	1 头份肌内注射

注：1. 种猪 70 日龄前免疫程序同商品猪。

2. 乙型脑炎流行或受威胁地区，每年 3 ～ 5 月份（蚊虫出现前 1 ～ 2 个月），使用乙型脑炎疫苗间隔一个月免疫两次。

3. 猪瘟弱毒疫苗建议使用脾淋疫苗。

表 4-14　常见猪病的参考免疫程序

猪别及日龄		免疫内容
仔猪	吃初乳前 1 ～ 2 小时	猪瘟弱毒疫苗超前免疫
	初生乳猪	猪伪狂犬病弱毒疫苗
	7 ～ 15 日龄	猪喘气病灭活菌苗、传染性萎缩性鼻炎灭活菌苗
	25 ～ 30 日龄	猪繁殖与呼吸综合征 (PRRS) 弱毒疫苗、仔猪副伤寒弱毒菌苗、伪狂犬病弱毒疫苗、猪瘟弱毒疫苗（超前免疫猪不免）、猪链球菌苗、猪流感灭活疫苗
	30 ～ 35 日龄	猪传染性萎缩性鼻炎、猪喘气病灭活菌苗
	60 ～ 65 日龄	猪瘟弱毒疫苗、猪丹毒弱毒菌苗、猪肺疫弱毒菌苗、伪狂犬病弱毒疫苗

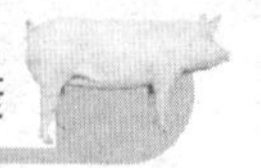

续表

猪别及日龄		免疫内容
初产母猪	配种前10周、8周	猪繁殖与呼吸综合征(PRRS)弱毒疫苗
	配种前1个月	猪细小病毒弱毒疫苗、猪伪狂犬病弱毒疫苗
	配种前3周	猪瘟弱毒疫苗
	产前5周、2周	仔猪黄白痢菌苗
	产前4周	猪流行性腹泻“传染性胃肠炎”轮状病毒三联疫苗
经产母猪	配种前2周	猪细小病毒病弱毒疫苗（初产前未经免疫的）
	怀孕60天	猪喘气病灭活菌苗
	产前6周	猪流行性腹泻“传染性胃肠炎”轮状病毒三联疫苗
	产前4周	猪传染性萎缩性鼻炎灭活菌苗
	产前5周、2周	仔猪黄白痢菌苗
	每年3～4次	猪伪狂犬病弱毒疫苗
	产前10天	猪流行性腹泻“传染性胃肠炎”轮状病毒三联疫苗
	断奶前7天	猪瘟弱毒疫苗、猪丹毒弱毒菌苗、猪肺疫弱毒菌苗
青年公猪	配种前10周、8周	猪繁殖与呼吸综合征（PRRS）弱毒疫苗
	配种前1个月	猪细小病毒病弱毒疫苗、猪丹毒弱毒菌苗、猪肺疫弱毒菌苗、猪瘟弱毒疫苗
	配种前两周	猪伪狂犬病弱毒疫苗
成年公猪	每半年1次	猪细小病毒弱毒疫苗、猪瘟弱毒疫苗、传染性萎缩性鼻炎、猪丹毒弱毒菌苗、猪肺疫弱毒菌苗、猪喘气病灭活菌苗
各类猪群	3～4月份	乙型脑炎弱毒疫苗
	每半年1次	猪瘟弱毒疫苗、猪丹毒弱毒菌苗、猪肺疫弱毒菌苗、猪口蹄疫灭活疫苗、猪喘气病灭活菌苗

注：猪瘟弱毒疫苗常规免疫剂量：一般初生乳猪1头份/只，其他大小猪可用到4～6头份/只；未能作乳前免疫的，仔猪可在21～25日龄首免，40日龄、60日龄各免1次，4头份/（只·次）。有些地区猪传染性胸膜肺炎、副猪嗜血杆菌病的发病率比较高，需要作相应的免疫。将病毒苗与弱毒菌苗混合使用，若病毒苗中加有抗生素则可杀死弱毒菌苗，导致弱毒菌苗的免疫失败。在使用活菌制剂（包括猪丹毒、猪肺疫、仔猪副伤寒弱毒苗）前10天和后10天，应避免在饲料、饮水中添加或给予猪只肌内注射对活菌制剂敏感的抗菌药。

六、药物保健

猪群保健就是在猪容易发病的几个关键时期，提前用药物预防，降低猪场的发病率。这比发病后再治，既省钱省力，又可避免影响猪的生长或生产，收到事半功倍的效果。药物保健要大力提倡使用细胞因子产品、中药制剂、微生态制剂及酶类制剂等，尽可能少用抗生素类药物，以避免出现耐药性、药物残留及不良反应的发生，影响动物性食品的质量，危害公共卫生的安全。

猪的药物保健方案见表4-15。

表4-15 猪的药物保健方案

类型	时间	保健方案
哺乳仔猪	仔猪出生后1～4日龄	1日龄、4日龄每头各肌注排疫肤（高免球蛋白）1次，每次每头0.25毫升；或者肌注倍康肤（猪白细胞介素-4，三仪公司研发），每次每头0.25毫升，可增强免疫力，提高抗病力。1～3日龄，每天口服畜禽生命宝（蜡样芽孢杆菌活菌）1次，每次每头0.5毫升；或于仔猪出生后，吃初乳之前用吐痢宝（嗜酸乳杆菌口服液，三仪公司研发），每头喷嘴1毫升，出生后20～24小时，每头再喷嘴2毫升
		仔猪出生后，吃初乳之前，每头口服庆大霉素6万国际单位，8日龄时再口服8万国际单位
		1日龄，每头肌注长效土霉素0.5毫升；仔猪2日龄，用伪狂犬病双基因缺失活疫苗滴鼻，每个鼻孔0.5毫升
		仔猪3日龄时，每头肌注牲血素1毫升及0.1%亚硒酸钠-VE注射液0.5毫升；或者肌注铁制剂1毫升，可防止缺铁性贫血、缺硒及预防腹泻的发生
	仔猪7日龄	7日龄，每头肌注长效土霉素0.5毫升
		补料开食，可于1吨饲料中添加金维肽C211或益生肽C211（乳猪专用微生态制剂）500克，饲喂10天，可促进消化机能，调节菌群平衡，提高饲料吸收利用率，促进生长，增强免疫力，提高抗病力，改善饲养生态环境
	21日龄	每头肌注长效土霉素0.5毫升
	仔猪断奶前3天	每头肌注转移因子或倍健（免疫核糖核酸）0.25毫升，可有效地防止断奶时可能发生的断奶应激、营养应激、饲料应激及环境应激等
	仔猪断奶前后各7天	1000千克饲料中添加喘速治（泰乐菌素、强力霉素、微囊包被的干扰素、排疫肤）500克，加黄芪多糖粉500克、溶菌酶100克，或氟康工（氟苯尼考，微囊包被的细胞因子）400克，加黄芪多糖粉500克、溶菌酶100克，连续饲喂14天；或于1吨饲料中添加80%支原净120克、强力霉素150克、阿莫西林200克、黄芪多糖粉500克、连续饲喂14天。可有效地预防断奶应激诱发断奶后仔猪发生的多种疫病。或饮水加药，饮用电解质多维加葡萄糖加黄芪多糖加溶菌酶，饮用12天

续表

类型	时间	保健方案
保育仔猪	刚入保育期	仔猪断奶前后各 7 天的保健方案可以延续使用，并能获得良好的预防效果
	保育期	于 1 吨饲料中添加猪用抗菌肽（抗菌活性肽，大连三仪动物药品公司研发）500 克，加板蓝根粉 600 克、防风 300 克，连续饲喂 12 天
		于 1 吨饲料中添加 6% 替米考星 1000 克、强力霉素 200 克、黄芪多糖粉 500 克、溶菌酶 120 克，连续饲喂 7 天
	转群前	口服丙硫苯咪唑，每千克体重 10 ～ 20 毫克，驱除体内寄生虫 1 次
育肥猪	每个月进行 1 次，每次 12 天，肥猪出栏前 30 天停止加药	于 1 吨饲料中添加福乐（含氟苯尼考和微囊包被的细胞因子）800 克、黄芪多糖粉 600 克、溶菌酶 140 克，连续饲喂 12 天
		于 1 吨饲料中添加利高霉素 800 克、阿莫西林 200 克、板蓝根粉 600 克、溶菌酶 140 克，连续饲喂 12 天
		于 1 吨饲料中添加加康 800 克、强西林 300 克、黄芪多糖粉 600 克、连续饲喂 12 天
		于 1 吨饲料中添加土霉素粉 600 克、黄芪 2000 克、板蓝根 2000 克、防风 300 克、甘草 200 克，连续饲喂 12 天
	育肥中期	于 1 吨饲料中添加 2 克阿维菌素或伊维菌素，连喂 7 天，间隔 10 天后再喂 7 天，驱虫 1 次
	药物保健的间隔时间内	可在饲料中加益生肽 C231 或维泰 C231（产酶芽孢杆菌、肠球菌、乳酸菌及促生长因子等），每吨饲料中加 200 克，可连续饲喂
后备母猪	整个饲养过程	每个月进行 1 次，每次 12 天，其保健方案可参照育肥猪的药物保健方案实施
	后备母猪配种前 30 天	驱虫 1 次，用通灭或全灭，每 33 千克体重肌注 1 毫升
	配种前 25 天	可于 1 吨饲料中添加喘速治 600 克、黄芪多糖粉 600 克、板蓝根粉 600 克、溶菌酶 140 克，连续饲喂 12 天。有利于净化后备母猪体内的病原体，确保初配受胎率高，妊娠期母猪健康和胎儿正常发育生长
生产母猪	每个月 1 次	于 1 吨饲料中添加抗菌肽（抗菌活性肽，大连三仪动物药品公司研发）500 克，加黄芪多糖粉 600 克、溶菌酶 140 克，连续饲喂 7 天
	母猪产前、产后各 7 天	于 1 吨饲料中添加喘速治 600 克或者氟康工 500 克，加黄芪多糖粉 600 克、板蓝根粉 600 克，连续饲喂 14 天；也可于 1 吨饲料中加 5% 爱乐新 800 克、强力霉素 280 克、黄芪多糖粉 600 克、溶菌酶 140 克，连续饲喂 14 天；也可于 1 吨饲料中加滕骏加康（含免疫增强剂）500 克、强力霉素 300 克，连续饲喂 14 天
种公猪	每个月	连续 5 天在饲料中按每吨料添加 150 克环丙沙星

七、寄生虫病的控制

目前猪场常见的内寄生虫主要为肠道线虫（如蛔虫、结节虫、兰氏类圆线虫和鞭虫等），外寄生虫主要为疥螨、血虱等。防控方案见表4-16。

表 4-16　寄生虫病的防控方案

类型	方案
仔猪	每吨饲料中加伊维速克粉 1 千克混匀，连续用药 7 ～ 10 天；或仔猪断奶转群时注射长效伊维速克注射液（颈部皮下注射或肌内注射）一次
中猪	每吨饲料中加伊维速克粉 1.5 千克混匀，连续用药 7 ～ 10 天；或架子猪进栏当日注射长效伊维速克注射液（颈部皮下注射或肌内注射）一次
母猪	每吨饲料中加伊维速克 3 千克混匀，连续用药 7 ～ 10 天。或待产母猪分娩前 7 ～ 14 天注射一次长效伊维速克注射液（颈部皮下注射或肌内注射）
公猪	种公猪每年至少注射两次长效伊维速克注射液（颈部皮下注射或肌内注射）

八、疫病扑灭措施

（一）隔离

当猪群发生传染病时，应尽快作出诊断，明确传染病性质，立即采取隔离措施。一旦病性确定，对假定健康猪可进行紧急预防接种。隔离开的猪群要专人饲养，用具要专用，人员不要互相串门。根据该种传染病潜伏期的长短，经一定时间观察不再发病后，再经过消毒后可解除隔离。

（二）封锁

在发生及流行某些危害性大的烈性传染病时，应立即报告当地政府主管部门，划定疫区范围进行封锁。封锁应根据该疫病流行情况和流行规律，按“早、快、严、小”的原则进行。封锁是针对传染源、传播途径、易感动物群三个环节采取的相应措施。

（三）紧急预防和治疗

一旦发生传染病，在查清疫病性质之后，除按传染病控制原

则进行诸如检疫、隔离、封锁、消毒等处理外，对疑似病猪及假定健康猪可采用紧急预防接种，预防接种可应用疫苗，也可应用抗血清。

（四）淘汰病畜

淘汰病畜，也是控制和扑灭疫病的重要措施之一。

九、猪应激与预防

适应和应激是猪对环境刺激所产生的反应。

（一）适应

适应是指猪对内部或外界刺激产生的有利于生存的生物学和遗传学的变化。环境因素在一定限度内变化时，猪能够产生行为的、生理的、形态解剖的及遗传的变化，以利于生存于变化了的新环境。行为的、生理的、形态解剖的变化为表型适应，仅是个体一生的变化，不能遗传给后代；遗传基础的改变即遗传学适应则可遗传给后代，发生群体适应性进化。猪只机体内环境是相对稳定的，当外界环境发生变化时，机体通过神经和体液调节，改变自身有关组织器官的活动和机能，以保持内部环境的相对稳定，这就是适应过程。在适应过程中，由于环境变化刺激作用的强度和时间不同，一般首先出现行为的和生理的适应，然后出现形态解剖的适应。

例如：在低温环境下，猪首先会出现蜷缩、挤堆等行为学变化，继而出现颤抖、呼吸变慢变深、代谢产热加强等生理变化，随后则会出现皮肤变厚、脂肪贮积增多等形态解剖学的变化。这种表型适应的变化，在当环境变化的刺激消失之后，一般也会恢复，但当环境变化刺激许多世代作用下去，则会引起动物遗传基础的改变，即发生遗传学适应，适应该环境的性状可以逐代遗传下去。

但动物对环境的适应有一定限度，在一定范围内其适应的调节机能有效，超出该范围的环境变化，将引起生命机能障碍，甚至死亡，例如在环境温度太低，超出猪的适应范围时，则会导致猪体温下降，逐渐被冻死。

根据猪只对环境变化的反应，一般可将环境变化分为五个区，在适宜区和代偿区，机体靠调节和代偿机能可以保持体内平衡；在障碍区和危险区，可导致机体机能障碍，体内平衡遭到破坏；在致死区则导致衰竭和死亡。在非典型情况下，上述反应不一定按顺序出现，有时是可逆的，有时是跳跃式的。如处于代偿区或障碍区的猪，在环境刺激减弱、消除或猪通过调节逐渐适应时，机体生命机能可恢复正常；而突然的、过强的环境刺激也可使猪从适宜状态很快致死。按猪只机体反应划分的环境作用分区，猪只对环境变化的适应，可以是短期的习惯，即“服习”，也可以是长期的适应，即“风土驯化”。猪只短期服习于某种环境时并没有完全适应于该环境刺激，必须经过长期的复杂反应过程才能达到适应。例如，猪在初次受到热应激后其体温很快升高，随着处于高温环境的时间延长，其体温不再升高并逐渐回落，对高温环境产生服习，但它并没有适应于高温环境，当再次受到高温刺激时，其体温还会升高，只是因有以前的服习过程，其体温升高幅度较以前小。而长期在某种环境中生活，猪会逐渐适应于新环境，对环境刺激的耐受性提高，发生“风土驯化”。如长期生存于温度较高的环境中，猪的耐热性逐渐提高，在高温中能够保持正常的体温，正常地生长发育、繁殖，保持正常的生产性能和生物学特征等。风土驯化可以是短暂的，也可以是长久的，可以是表型的，也可以是基因型的。猪只可以通过风土驯化适应环境，也可以通过人工定向选择而逐步适应。

（二）应激

应激是机体对各种非常刺激产生的全身非特异性应答反应的总和，能引起动物应激反应的各种环境因素统称为应激源。动物机体受到环境因素刺激后，可引起动物对特定刺激产生相应的特异性反应，而有些刺激（即应激源）不仅使动物产生特异性反应，还会使机体产生相同的非特异性反应，其表现为：肾上腺皮质变粗，分泌活性提高；胸腺、脾脏和其他淋巴组织萎缩，血液嗜酸

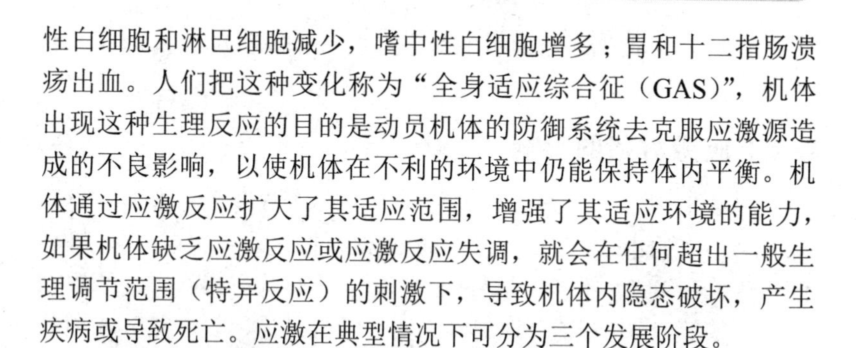

性白细胞和淋巴细胞减少，嗜中性白细胞增多；胃和十二指肠溃疡出血。人们把这种变化称为“全身适应综合征（GAS）”，机体出现这种生理反应的目的是动员机体的防御系统去克服应激源造成的不良影响，以使机体在不利的环境中仍能保持体内平衡。机体通过应激反应扩大了其适应范围，增强了其适应环境的能力，如果机体缺乏应激反应或应激反应失调，就会在任何超出一般生理调节范围（特异反应）的刺激下，导致机体内隐态破坏，产生疾病或导致死亡。应激在典型情况下可分为三个发展阶段。

1.惊恐反应或动员阶段

是机体对应激源作用的早期反应，出现典型的GAS反应。根据生理生化反应的不同，该期又分为休克相和反休克相。休克相表现为体温和血压下降，血液浓缩，神经系统抑制，肌肉紧张度降低，机体抵抗力降低，异化作用占优势。休克相持续几分钟到24小时，应激反应进入反休克相，此时机体防卫反应加强，血压上升，血糖提高，机体抵抗力增强。过强的刺激会导致机体从休克相直接衰竭死亡，如果机体克服了应激因素的影响而存活下来，则随之进入适应阶段。

2.适应或抵抗阶段

机体克服了应激源的不良作用而获得了适应，新陈代谢趋于正常，同化作用占优势，机体的各种机能趋于平衡，抵抗力恢复正常。如果应激源停止作用或作用减弱，机体克服了其不良影响，应激反应就在此阶段结束，若应激源继续作用或机体不能克服其强烈影响，则应激反应进入衰竭阶段。

3.衰竭阶段

此阶段表现很像惊恐反应，但反应程度急剧增强，肾上腺皮质虽然肥大，却不能产生皮质激素，机体异化作用又重新占优势，体脂、组织蛋白等体内贮备分解，出现营养不良，体重下降，获

得的抵抗力又丧失，适应机能被破坏，各系统机能紊乱，最后衰竭而死。

（三）应激对猪的影响

养猪生产中，引起猪只应激的因素和环节很多，常见的应激源有：不良的小气候环境因素（如高温，低温，强辐射，强噪声、低气压，贼风，空气中CO_2、NH_3、H_2S、CO等有毒有害气体浓度过高，等等）、饲养及管理因素（如饥饿或过饱、日粮成分或饲养水平急剧变更、饮水不足、突然变更饲养管理规程或更换饲养人员、饲养密度或组群过大、断奶、转群、驱赶、抓捕、去势、打耳号、断尾等）、传染病的侵袭、运输途中的不良刺激、对生产性能的高强度选育和利用等。应激对猪的健康、生产力、繁殖力、肉品质等都有不良影响。猪只受到应激时，肾上腺皮质激素分泌加强，加速了体内糖原和脂肪的动员和分解，蛋白质解体，使猪的生长发育受阻，生长速度减缓或停滞，体重下降，饲料报酬低。

有试验证明，猪群过大造成的应激会影响猪的增重和饲料报酬，在试验期间，10头一群的猪平均日增重为580克，20头、30头和40头一群的猪平均日增重，比10头一群的分别减少5%、8%和10%，饲料消耗分别增加9%、8%和10%，体重达90千克的时间比10头一群的（平均123天）增加6天、8天和12天。

应激时，猪的健康受到一定影响。一种应激源作用于机体，如果应激反应不强烈而且获得适应，有可能在提高对该种应激源的抵抗力的同时，也提高对其他应激源的抵抗力，即提高了其非特异性抵抗力；如果某种应激源只提高对该种应激源及与该应激源有紧密联系的那些应激源的抵抗力，称为副特异性抵抗力。如果应激源刺激强烈和持久，则可能在提高对该应激源抵抗力的同时，导致对其他应激源的抵抗力减弱，此为特异性抵抗力。

如果猪只通过应激反应对应激源获得了适应，可在一定程度上提高其抵抗力，但若没有得到适应，其抵抗体和免疫力则下降，对一些传染病和寄生虫病易感性增强，导致各种疾病的流行。强

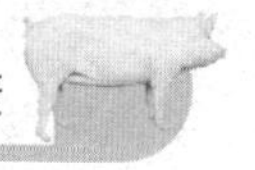

烈或长时间的应激会导致猪性激素分泌异常，性机能紊乱，使其繁殖力降低。生长猪性腺发育不全，成年猪表现为性腺萎缩、性欲减退，精液品质下降，受胎率降低，妊娠母猪出现胚胎早期吸收、胎儿畸形、流产、难产、死胎或不孕等现象，新生仔猪出生体重小，成活率低等。应激还会使猪肉品质下降，猪只宰前运输途中受到拥挤、捆绑、冷热刺激等，在宰后多见PSE肉，即肉色灰白（pale）、肉质松软（soft）、有渗出物（exudative）。应激时，机体分解代谢加强，耗氧比平时产热量增加数倍，体温升高，糖酵解产生大量乳酸，使肌肉组织pH值在宰后迅速下降，加速了肉的陈化过程，此外三磷酸腺苷（ATP）与钙、镁离子结合，可以生成提高组织持水力的物质，应激时ATP急剧减少，因此肌肉组织持水力下降，这样就形成了PSE肉。而长时间低强度的应激源刺激又可导致DFD肉，即肌肉干燥（dry）、质地粗硬（firm）、色泽深暗（dark），这主要是由于应激持续时间长，使肌糖原消耗多，产生乳酸减少等所致的。PSE肉的贮藏性、烹调适用性变差，DFD肉适口性差。

总之，应激对养猪生产有诸多不利影响，但又是机体必不可少的适应性反应，而且并不是所有的应激都对猪只有害，在非强烈应激中猪只进入适应阶段，可以提高其生产力、抵抗力及饲料利用率，但应注意控制应激源的强度和作用时间，使之停止在适应阶段而杜绝衰竭反应的发生，生产中应当避免那些强烈的、长时间的应激。

（四）应激的诊断和预防

不同的年龄、性别、生产阶段、营养水平及不同个体对应激的敏感程度不同。通常仔猪对应激源比成年猪敏感，母猪对应激源比公猪敏感，妊娠母猪对应激比空怀母猪敏感。营养水平差的猪对应激源比营养水平高的猪敏感，同类型不同品种、不同个体的猪对应激的敏感程度也不一样，可分为应激敏感猪和抗应激猪。抗应激猪能耐受较强烈和较长时间的应激源作用，应激初期其应激表现不强烈，只在后期才较明显，其生产力受应激源影响较轻，恢复也较快。

1.应激诊断

应激诊断可以及时反映猪只是否受到应激及应激的程度如何，依此采取必要的防治措施，可减轻应激对猪只生产的危害，同时测定猪只的应激敏感性，通过选种可培育抗应激品种或猪群，提高猪的抵抗力。应激诊断常观察猪的临床症状和行为表现，或用氟烷测验、测定血型或血液中有关激素、酶、血细胞及血液中其他有关成分的含量变化来确定猪的应激敏感性，养猪生产中测定猪的应激敏感性较常用的是氟烷测验法。

（1）临床观察　强烈短时间应激，猪只表现惊慌不安、眼睛睁大、心率加快、呼吸急促、食欲减退、肌肉颤抖、体温升高，皮肤出现红斑或发绀，严重时导致休克或死亡。低强度长时间的慢性应激时，猪只出现体重减轻、生产力下降，繁殖机能障碍，免疫力降低，精神抑郁、行动迟缓。

（2）氟烷测验　在养猪生产中，广泛应用麻醉剂氟烷对7～12周龄的幼猪进行应激敏感性测验。测定时用面罩使猪吸入浓度1.5%～5%的氟烷，大约1分钟后猪即失去知觉，2～3分钟后阳性猪由尾、后肢向背胸、前肢渐进性肌肉痉挛和强直，一旦出现肌肉强直应立即停止测验。在5分钟内无强直反应的为阴性。

2.预防

（1）选择抗应激能力强的猪种　预防应激最根本的措施是提高猪的抗应激能力，使猪只经受适当的锻炼是提高抗应激能力的措施之一，短时间的轻度应激可提高机体的抵抗力。通过育种工作选育抗应激品种，淘汰应激敏感猪，是提高猪群抗应激能力的有效方法。

（2）创造适宜环境和加强饲养管理　给猪只创造较适宜的小气候环境和改善饲养管理，如减少高低温、贼风、高浓度有害气体、频繁转群、高密度饲养等对猪的影响，严格操作规程，保证

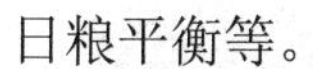

日粮平衡等。

（3）使用抗应激药物　在现代化养猪生产中，有些生产工艺常可引起猪只的应激（如分段饲养中的猪只频繁并群、转群，定位饲养的母猪缺乏运动等）。要改变这些工艺往往会降低生产效率，而采用上述改善饲养管理的措施，往往需增加投资或能耗，所以在生产中有些应激的产生仍不可避免。采用药物预防应激简单有效，已发生应激时，使用药物也有治疗和缓解作用。

预防应激效果较好被广泛采用的药物主要是镇静剂（如氯丙嗪、利血平、安定等）、某些激素（如肾上腺皮质激素）、维生素类（B族维生素、维生素C、复合维生素）、微量元素（如硒）、有机酸类（如琥珀酸，苹果酸等），缓解中毒的药物（如小苏打等）也有防治应激的作用。

在猪只断奶、转群、运输等之前服用上述药物，可以起到较好的抗应激作用。药物预防虽有较好的预防应激的效果，但长期使用某些药物，易在猪体内蓄积，间接影响人的健康，也应慎重使用。

第五招 尽量降低生产消耗

【提示】

产品的生产过程就是生产的耗费过程，企业要生产产品，就要发生各种生产耗费。生产过程的耗费包括劳动对象（如饲料）的耗费、劳动手段（如生产工具）的耗费以及劳动力的耗费等。在产品产量一定的情况下，降低生产消耗就可以增加效益；在消耗一定的情况下，增加产品产量也可以增加效益；同样规模的养猪企业，生产水平和管理水平高，产品数量多，各种消耗少，就可以获得更好的效益。

一、猪场的有关指标及计算方法

（一）母猪繁殖性能指标

1.产仔数

产仔数一般是指母猪一窝的产仔总数（包括活的、死的、木

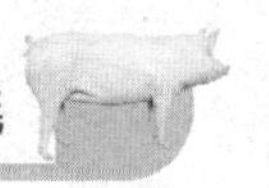

乃伊等)。而最为有意义的是产活仔数，即母猪一窝产的活仔猪数量。产仔数是一个低遗传力的指标，一般在0.1左右，其性状主要受环境因素的影响而变化，通过家系选择或家系内选择才能有明显的遗传进展。品种、类型、年龄、胎次、营养状况、配种时机、配种方法、公猪的精液品质等诸因素都能够影响猪的产仔数。

2. 仔猪的初生重

仔猪的初生重包括初生个体重和初生窝重两个方面。前者是指仔猪初生后12小时之内、未吃初乳前的重量，后者是指各个个体重之和。仔猪的初生重是一个低遗传力的指标，一般在0.1左右，其性状主要受环境因素的影响，通过家系选择或家系内选择才能有明显的遗传进展。品种、类型、杂交与否、营养状况、妊娠母猪后期的饲养管理水平、产仔数等诸因素都能够影响仔猪的初生重。

从选种的意义上讲，仔猪的初生窝重的价值高于仔猪的初生重价值。

3. 泌乳力

泌乳力是反映母猪泌乳能力的一个指标，是母猪母性的体现。现在常用20日龄仔猪的窝重表示母猪的泌乳力。仔猪的泌乳力也是一个低遗传力的指标，其性状也是主要受环境因素影响，通过家系选择或家系内选择才能有明显的遗传进展。品种、类型、杂交与否、营养状况、饲养管理水平、产仔数等诸因素都能够影响母猪的泌乳力。

4. 育成率

育成率是指在仔猪断乳时的存活个数占初生时活仔猪数量的百分比，即：

育成率＝仔猪断乳时存活个数/初生时活仔猪数量×100%

育成率是母猪有效繁殖力的表现形式，是饲养管理水平的现实表现。

（二）猪的产肉指标

1. 平均日增重

平均日增重=（平均末重－平均始重）/肥育时间

在我国，平均日增重是指从断奶后15～30天起至体重75～100千克时止整个肥育期的日增重。平均日增重的遗传力中等，约为0.3。它与饲料利用率呈强负相关（$r=-0.69$）。因此，靠表形选择和家系选择或家系内选择都有明显的遗传进展。品种、类型、杂交与否、性别、营养状况、日粮配合水平、饲养管理水平、环境控制等诸因素都能够影响猪的日增重。

2. 平均总增重

平均总增重=平均末重－平均始重

3. 屠宰率

屠宰率是指胴体重占宰前活重的百分比，即：

屠宰率=胴体重/宰前活重×100%

屠宰率的遗传力中等，约为0.31。通过选择可取得遗传进展。不同的品种、不同的类型对屠宰率的影响很大。同一品种不同体重下屠宰，其屠宰率亦不同。养猪上要求在90千克体重条件下屠宰，用来比较不同猪的屠宰率。

4. 胴体重

胴体重是指活体猪经放血、脱毛，切除头、蹄、尾，除去全部内脏（肾保留）所剩余部分的重量。此重大小一般与品种及类型有很大的相关性。

5. 瘦肉率

瘦肉率为瘦肉重量占新鲜胴体总重的比例，即：

瘦肉率＝瘦肉重/胴体重×100%

瘦肉率的遗传力较高，为0.46，属于中等偏上。不同的品种、类型对瘦肉率的影响很大。同一品种不同体重下屠宰，其瘦肉率也有很大的不同。饲料中的能量、蛋白质含量、饲喂的方式也直接影响猪的瘦肉率。

将剥离板油和肾脏的新鲜胴体剖分为瘦肉、脂肪、皮和骨四部分。剖分时肌肉内脂肪和肌间脂肪随同瘦肉一起，不另剔出，皮肌随同脂肪，亦不另剔出。尽量减少作业损失，控制在2%以下。

（三）饲料利用率指标

饲料利用率指整个肥育期内每千克增重所消耗的饲料量，也叫料肉比。应按精、粗、青、糟渣等饲料分别计算，然后再将全部饲料统一折算成消化能和可消化粗蛋白质后合并计算。其计算公式为：

饲料利用率＝肥育期饲料总消耗量/（平均末重－平均始重）

肥育期指从断奶后15～30天开始到体重75～100千克的这个阶段。饲料利用率遗传力较高，约为0.3～0.5。因此，通过表形选择和家系选择或家系内选择都有明显的遗传进展。在养猪生产总成本中，饲料消耗的费用约占60%～80%。因此，降低饲料消耗，是猪育种工作中的一项基本任务，也是选种的重要指标。

（四）经济效果指标

1. 利润指标

销售利润＝产品销售收入－生产成本－销售费用－税金

成本利润率＝销售利润/销售产品成本×100%

2. 成本核算指标

包括单位猪肉成本、仔猪成本等。

3. 劳动生产率指标

人均生产产品数量＝产品产量/职工总数

单位产品耗工时＝消耗的劳动时间/产品数量

人年产值＝总产值/职工总数

人年利润＝总利润/职工总数

4. 资金利用指标

固定资金利润率＝全年产品销售收入/全年平均占用固定资金总额×100%

流动资金利润率＝总利润额/全年流动资金占用额×100%

二、科学制订劳动定额和操作规程

（一）劳动定额

见表5-1。

表 5-1 猪场的劳动定额

工种	工作内容	定额 /（头 / 人）	工作条件
空怀及后备母猪	饲养管理，协助配种，观察妊娠情况	100 ～ 150	群养。地面撒喂潮拌料，缝隙地板人工清粪至猪舍墙外
公猪	饲养管理，让猪运动，试情、配种	15 ～ 20	群养。地面撒喂潮拌料，缝隙地板人工清粪至猪舍墙外
妊娠母猪	饲养管理，让猪运动，试情、配种	200 ～ 300	群养。地面撒喂潮拌料，缝隙地板人工清粪至猪舍墙外
哺乳母猪	母猪饲养管理。接产、仔猪护理	20 ～ 30	网床饲养，人工饲喂及清粪至猪舍墙外
培育仔猪	饲养管理，仔猪护理	400 ～ 500	网床饲养，人工饲喂及清粪至猪舍墙外，自动饲槽自由采食
育肥猪	饲养管理	600 ～ 800	自动饲槽自由采食，人工清粪至猪舍墙外

（二）规程规定

1. 制订技术操作规程

技术操作规程是猪场生产中按照科学原理制订的日常作业的技术规范。猪群管理中的各项技术措施和操作等均通过技术操作

规程加以贯彻。同时，它也是检验生产的依据。不同饲养阶段的猪群，按其生产周期制订不同的技术操作规程，如空怀母猪群（或妊娠母猪群、或补乳母猪群、或仔猪、或育成育肥猪等）技术操作规程。

技术操作规程的主要内容是：对饲养任务提出生产指标，使饲养人员有明确的目标；指出不同饲养阶段猪群的特点及饲养管理要点；按不同的操作内容分段列条，提出切合实际的要求等。

技术操作规程的指标要切合实际，条文要简明具体，易于落实执行。

2. 工作程序

规定各类猪舍每天的工作内容，制订每周的工作程序，使饲养管理人员有规律地完成各项任务。见表5-2。

表5-2　猪舍周工作程序

日期	配种妊娠舍	分娩保育舍	生长育成舍
星期一	日常工作；清洁消毒；淘汰猪鉴定	日常工作；清洁消毒；断奶母猪、淘汰猪鉴定	日常工作；清洁消毒；淘汰猪鉴定
星期二	日常工作；更换消毒池消毒液；接收空怀母猪；整理空怀母猪	日常工作；更换消毒池消毒液；断奶母猪转出；空栏清洗消毒	日常工作；更换消毒池消毒液；空栏清洗消毒
星期三	日常工作；不发情、不妊娠母猪集中饲养；驱虫；免疫接种	日常工作；驱虫；免疫接种	日常工作；驱虫；免疫接种
星期四	日常工作；清洁消毒；调整猪群	日常工作；清洁消毒；仔猪去势；僵猪集中饲养	日常工作；清洁消毒；调整猪群
星期五	日常工作；更换消毒池消毒液；怀孕母猪转出	日常工作；更换消毒池消毒液；接收临产母猪，做好分娩准备	日常工作；更换消毒池消毒液；空栏冲洗消毒
星期六	日常工作；空栏冲洗消毒	日常工作；仔猪强弱分群；出生仔猪剪耳、断奶和补铁等	日常工作；出栏猪的鉴定
星期日	日常工作；妊娠诊断复查；设备检查维修；填写周报表	日常工作；清点仔猪数；设备检查维修；填写周报表	日常工作；存栏盘点；设备检查维修；填写周报表

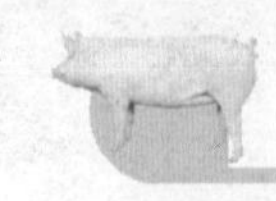

3. 综合防疫制度

为了保证猪群的健康和安全生产，场内必须制订严格的防疫措施，规定对场内、外人员、车辆、场内环境、设备用具等进行及时或定期的消毒，猪舍在空出后的冲洗、消毒，各类猪群的免疫，猪种引进的检疫等。

三、科学制订生产计划

计划是决策的具体化，计划管理是经营管理的重要职能。计划管理就是根据猪场确定的目标，制订各种计划，用以组织协调全部的生产经营活动，达到预期的目的和效果的方法。猪场生产经营计划是猪场计划体系中的一个核心计划，猪场应制订详尽的生产经营计划。生产经营计划主要有生产计划、基建设备维修计划、饲料供应计划、物质消耗计划、设备更新购置计划、产品销售计划、疫病防治计划、劳务使用计划、财务收支计划、资金筹措计划等。

生产计划是经营计划的核心，中小型猪场的生产计划主要有配种计划、分娩计划、猪群周转计划、饲料使用计划。

（一）配种分娩计划

交配分娩计划是养猪场实现猪的再生产的重要保证，是猪群周转的重要依据。其工作内容是依据猪的自然再生产特点，合理利用猪舍和生产设备，正确确定母猪的配种和分娩期。

编制配种分娩计划应考虑气候条件、饲料供应、猪舍、生产设备与用具、市场情况、劳动力情况等因素。

1. 应掌握的必要资料

（1）年初猪群结构；

（2）交配分娩方式；

（3）上年度已配种母猪的头数和时间；

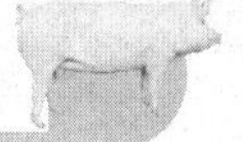

（4）母猪分娩的胎次、每胎的产仔数和仔猪的成活率；

（5）计划年预期淘汰的母猪头数和时间。

2.编制

把去年没有配种的母猪根据实际情况填入计划年的配种栏内；然后把去年配种而今年分娩的母猪填入相应的分娩栏内；再把今年配种后分娩的母猪填入相应的分娩栏内，依次填入至计划年12月份。猪场交配分娩计划见表5-3。

表5-3　猪场交配分娩计划

年度	月份	配种数			分娩数			产仔数			断奶仔猪数		
		基础母猪	检定母猪	合计	基础母猪	检定母猪	合计	基础母猪	检定母猪	合计	基础母猪	检定母猪	合计
上年度	9 10 11 12												
本年度	1 2 3 4 5 6 7 8 9 10 11 12												
全年合计													

（二）猪群周转计划

猪群周转计划是制订其他各项计划的基础，只有制订好周转计划，才能制订饲料计划、产品计划和引种计划。制订猪群周转计划，应综合考虑猪舍、设备、人力、成活率、猪群的淘汰和转群移舍时间、数量等，保证各猪群的增减和周转既能够完成规定的生产任务，又能最大限度地降低各种劳动消耗。

1.掌握的材料

（1）年初结构；

（2）母猪的交配分娩计划；

（3）出售和购入猪的头数；

（4）计划年内种猪的淘汰数；

（5）各猪组的转入转出头数；

（6）淘汰率、仔猪成活率以及各月出售的产品比例。

2.编制

根据各种猪的淘汰、选留、出售计划，累计出各月份猪的头数的变化情况，并填入猪群周转计划表。周转计划见表5-4。

表5-4　猪场的周转计划

项目		年初结构	1	2	3	4	5	6	7	8	9	10	11	12	合计
基础公猪	月初数 淘汰数 转入数														
检定公猪	月初数 淘汰数 转出数 转入数														
后备公猪	月初数 淘汰（出售）数 转出数 转入数														
基础母猪	月初数 淘汰数 转入数														
检定公猪	月初数 淘汰数 转出数 转入数														

续表

项目		年初结构	1	2	3	4	5	6	7	8	9	10	11	12	合计
哺乳仔猪	0～1月龄 1～2月龄														
后备母猪	2～3月龄 3～4月龄 4～5月龄 5～6月龄 6～7月龄 7～8月龄 8～9月龄														
商品肉猪	2～3月龄 3～4月龄 4～5月龄 5～6月龄 6～7月龄														
月末存栏总数															
出售淘汰总数	出售断奶仔猪 出售后备公猪 出售后备母猪 出售肉猪 出售淘汰猪														

（三）饲料使用计划

饲料使用计划见表5-5。

表5-5　饲料使用计划

项目		头数	饲料消耗总量	能量饲料量	蛋白质饲料量	矿物质饲料量	添加剂饲料量	饲料支出
1月份（31天）	种公猪 种母猪 后备猪 哺乳仔猪 断奶仔猪 育成猪 育肥猪							

续表

项目		头数	饲料消耗总量	能量饲料量	蛋白质饲料量	矿物质饲料量	添加剂饲料量	饲料支出
2月份（28天）	种公猪 种母猪 后备猪 哺乳仔猪 断奶仔猪 育成猪 育肥猪							
全年各类饲料合计								
全年各类猪群饲料合计	种公猪需要量 种母猪需要量 哺乳猪需要量 断奶猪需要量 育成猪需要量 育肥猪需要量							

（四）出栏计划

出栏计划见表5-6。

表5-6　出栏计划

猪组	年内各月出栏数/头												总计/头	育肥期/个月	活重/（千克/头）	总计/千克
	1	2	3	4	5	6	7	8	9	10	11	12				
肥育猪																
淘汰肥猪																
总计																

（五）年财务收支计划

年财务收支计划见表5-7。

四、加强生产组织

（一）生产组织精简高效

生产组织与猪场规模大小有密切关系，规模越大，生产组织

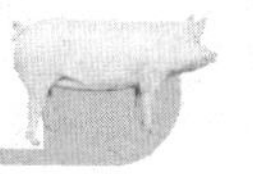

就越重要。规模化猪场一般设置有行政、生产技术、供销财务和生产班组等组织部门，部门设置和人员安排应尽量精简，提高直接从事养猪生产的人员比例，最大限度地降低生产成本。中小型猪场虽然没有那么多人员和机构，但主要部门和岗位也要安排人员（或兼职的人员），以提高管理水平。

表 5-7　年财务收支计划

收入		支出		备注
项目	金额 / 元	项目	金额 / 元	
仔猪 肉猪 猪产品加工 粪肥 其他		种（苗）猪费 饲料费 折旧费（建筑、设备） 燃料、药品费 基建费 设备购置维修费 水电费 管理费 其他		
合计				

（二）人员的合理安排

养猪是一项脏、苦而又专业性强的工作，所以必须根据工作性质来合理地安排人员，知人善用，充分调动饲养管理人员的劳动积极性，不断提高专业技术水平。

（三）建立健全岗位责任制

岗位责任制规定了猪场每一个人员的工作任务、工作目标和标准。完成者奖励，完不成者被罚，不仅可以保证猪场各项工作顺利完成，而且能够充分调动劳动者的积极性，使生产完成得更好，生产的产品更多，各种消耗更少。

五、严格资产管理

（一）流动资产管理

流动资产是指可以在一年内或者超过一年的一个营业周期内

变现或者运用的资产。流动资产是企业生产经营活动的主要资产，主要包括猪场的现金、存款、应收款及预付款、存货（原材料、在产品、产成品、低值易耗品）等。流动资产周转状况影响猪场生产消耗和产品的成本。加快流动资产周转的措施如下。

1.加强物资采购和保管

加强采购物资的计划性，防止盲目采购，合理地储备物质，避免积压资金，加强物资的保管，定期对库存物资进行清查，防止鼠害和霉烂变质。

2.推广应用科学技术

科学地组织生产过程，采用先进技术，尽可能缩短生产周期，节约使用各种材料和物资，减少在产品资金占用量。

3.加强产品销售

及时销售产品，缩短产成品的滞留时间。

4.及时清理债务和资金回收

及时清理债权债务，加速应收款项的回收，减少成品资金和结算资金的占用量。

（二）固定资产管理

固定资产是指使用年限在1年以上，单位价值在规定的标准以上，并且在使用中长期保持其实物形态的各项资产。猪场的固定资产主要包括建筑物、道路、基础猪以及其他与生产经营有关的设备、器具、工具等。

1.固定资产的折旧

固定资产在长期使用中，在物质上要受到磨损，在价值上要发生损耗。固定资产的损耗，分为有形损耗和无形损耗两种。有形损耗是指固定资产由于使用或者由于自然力的作用，物质上发

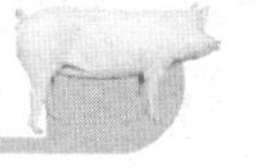

生的磨损。无形损耗是由于劳动生产率提高和科学技术进步而引起的固定资产价值的损失，固定资产的折旧与补偿，固定资产在使用过程中，由于损耗而发生的价值转移，称为折旧，由于固定资产损耗而转移到产品中去的那部分价值叫折旧费或折旧额，用于固定资产的更新改造。

2. 固定资产折旧的计算方法

猪场提取固定资产折旧，一般采用平均年限法和工作量法。

（1）平均年限法　它是根据固定资产的使用年限，平均计算各个时期的折旧额，因此也称直线法。其计算公式：

固定资产年折旧额＝[原值－（预计残值－清理费用）]/固定资产预计使用年限

固定资产年折旧率＝固定资产年折旧额/固定资产原值×100%

＝（1－净残值率）/折旧年限×100%

（2）工作量法　它是按照使用某项固定资产所提供的工作量，计算出单位工作量平均应计提折旧额后，再按各期使用固定资产所实际完成的工作量，计算应计提的折旧额的方法。这种折旧计算方法，适用于一些机械等专用设备。其计算公式为：

单位工作量（单位里程或每工作小时）折旧额＝（固定资产原值－预计净残值）/总工作量（总行驶里程或总工作小时）

3. 提高固定资产利用效果的途径

（1）合理购置和建设固定资产　根据轻重缓急，合理购置和建设固定资产，把资金使用在经济效果最大而且在生产上迫切需要的项目上；购置和建造固定资产要量力而行，做到与单位的生产规模和财力相适应。

（2）固定资产配套完备　各类固定资产务求配套完备，注意加强设备的通用性和适用性，使固定资产能充分发挥效用。

（3）合理使用固定资产　建立严格的使用、保养和管理制度，对不需用的固定资产应及时采取措施，以免浪费，注意提高机器设备的时间利用强度和它的生产能力的利用程度。

六、降低产品成本

生产过程的耗费包括劳动对象（如饲料）的耗费、劳动手段（如生产工具）的耗费以及劳动力的耗费等。企业为生产一定数量和种类的产品而发生的直接材料费用（包括直接用于产品生产的原材料、燃料动力费等）、直接人工费用（直接参加产品生产的工人工资以及福利费）和间接制造费用的总和构成产品成本。

（一）猪场成本的构成项目

1. 饲料费

饲料是指饲养过程中耗用的自产和外购的混合饲料和各种饲料原料。凡是购入的按买价加运费计算，自产饲料一般按生产成本（含种植成本和加工成本）进行计算。

2. 劳务费

从事养猪的生产管理劳动，包括饲养、清粪、防疫、转群、消毒、购物运输等所支付的工资、资金、补贴和福利等。

3. 种猪摊销费

饲养过程中应负担的种猪摊销费用。

4. 医疗费

指用于猪群的生物制剂、消毒剂等的费用，以及检疫费、化验费、专家咨询服务费等。但已包含在配合饲料中的药物及添加剂费用不必重复计算。

5. 固定资产折旧维修费

指猪舍、栏具和专用机械设备等固定资产的基本折旧费及修

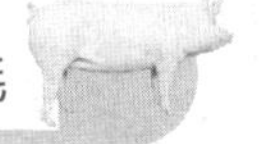

理费。根据猪舍结构、设备质量以及使用年限来计损。如是租用土地，应加上租金；土地、猪舍等都是租用的，只计租金，不计折旧。

6.燃料动力费

指饲料加工、猪舍保暖、排风、供水、供气等耗用的燃料和电力费用，这些费用按实际支出的数额计算。

7.杂费

包括低值易耗品费用、保险费、通信费、交通费、搬运费等。

8.利息

是指对固定投资及流动资金一年中支付利息的总额。

9.税金

指用于养猪生产的土地、建筑设备及生产销售等一年内应交的税金。

以上九项构成了猪场生产成本，从构成成本比重来看，饲料费、种猪摊销费、劳务费、折旧费、利息五项价额较大，是成本项目构成的主要部分，应当重点控制。

（二）成本的计算方法

成本的计算方法分为分群核算和混群核算。

1.分群核算

分群核算的对象是每种畜群的不同类别，如基本猪群、幼猪群、育肥猪群等，按畜群的不同类别分别设置生产成本明细账户，分别归集生产费用和计算成本。

（1）仔猪和育肥猪群成本计算　主产品是增重，副产品是粪肥和死淘畜的残值收入等。

增重单位成本＝总成本/该群本期增重量＝（全部的饲养费用－副产品价值）/（该群期末存栏活重＋本期销售和转出活重－

期初存栏活重－本期购入和转入活重）

活重单位成本＝（该群期初存栏成本＋本期购入和转入成本＋该群本期饲养费用－副产品价值）/该群本期活重＝（该群期初存栏成本＋本期购入和转入成本＋该群本期饲养费用－副产品价值）/[该群期末存栏活重＋本期销售或转出活重（不包括死畜重量）]

（2）基本猪群成本核算　基本畜群包括基本母畜、种公畜和未断奶的仔畜。主产品是断奶仔畜，副产品是畜粪，在产品是未断奶仔畜。基本畜群的总饲养费用包括母畜、公畜、仔畜饲养费用和配种受精费用。本期发生的饲养费用和期初未断乳的仔畜成本应在产成品和期末在产品之间分配，分配办法是活重比例法。

仔猪活重单位成本＝（期初未断乳仔猪成本＋本期基本猪群饲养费用－副产品价值）/（本期断乳仔猪活重＋期末未断乳仔猪活重）

（3）猪群饲养日成本计算　饲养日成本是指每头猪饲养日平均成本。它是考核饲养费用水平和制订饲养费用计划的重要依据。应按不同的猪群分别计算。

某猪群饲养日成本＝（该猪群本期饲养费用总额－副产品价值）/该群本期饲养时间

2.混群核算

混群核算的对象是每类畜禽，如牛、羊、猪、鸡等，按畜禽种类设置生产成本明细账户，分别归集生产费用和计算成本。资料不全的小型猪场常用。

畜禽类别生产总成本＝期初在产品成本（存栏价值）＋购入和调入畜禽价值＋本期饲养费用－期末在产品价值（存栏价值）－出售、自食、转出畜禽价值－副产品价值

单位产品成本＝生产总成本/产品数量

（三）降低成本的方法

1.生产适销对路的产品

在市场调查和预测的基础上，进行正确的、科学的决策，根

据市场需求的变化生产符合市场需求的质优量多的产品。同时，好养不如好卖，猪场应该结合自身发展的实际情况做好市场调查、效益分析，制订适合自己的市场营销方式，对自己猪场的猪的质量进行评估，确保猪长期稳定的销售渠道，树立自己独有的品牌，巩固市场。

2.提高产品产量

据成本理论可知，如生产费用不变，产量与成本呈反比例变化，提高猪群生产性能，增加猪产品产量，是降低产品成本的有效途径。其措施如下。

（1）建立高产种猪群　高产种猪群的建立是提高猪场经济效益的重要措施。建立高产种猪群可以最大限度利用种猪的生产潜力，繁殖更多的优质仔猪，生产更多的优质猪肉。

① 选择优良品种　品种的选择至关重要，这是提高猪场经济效益的先决条件。猪场从开始建场就要选定好要饲养什么品种的猪种。选用生长速度、饲料转化率和肉质等性状优异的品种（系）及其相应的配套杂交组合的肉猪。如目前生产中普遍使用的以杜洛克为终端父本，以长白和大白杂交后代为母本生产的三元杂交猪，与本地猪为母本的二元杂交猪相比瘦肉率可以提高8%以上，饲养期缩短1～2个月，饲料利用率提高10%以上。

② 合理选留和培育优质的后备猪　后备猪的培育直接关系到以后生产性能的表现，只有培育出优质的后备猪，以后其高产潜力才能充分发挥。一要加强选留。根据不同品种特点和后备猪的选择标准进行科学的选留。二要加强对后备猪的培育和淘汰。科学的饲养管理，适宜的环境条件、严格的卫生防疫、必要的选择淘汰，可保证后备猪健康良好的发育，以培育出优质的新种猪。

（2）科学的饲养管理

① 科学饲养管理　采用科学的饲喂方法，满足不同阶段猪对营养的需求，不断提高种猪的繁殖力和仔猪的成活率，提高肉猪的生长速度。

② 合理应用添加剂　合理利用沸石、松针叶、酶制剂、益生素、草药等添加剂能改善猪消化功能，促进饲料养分充分吸收利用，增加抵抗力，提高生产性能。

③ 创造适宜的环境条件　满足猪对温度、湿度、通风、密度等环境条件的要求，可充分发挥其生产潜力。

④ 注重养猪生产各个环节的细微管理和操作　如饲喂动作幅度要小，饲喂程序要稳定，转群移舍、打耳号、断尾、免疫接种等动作要轻柔，尽量避免或减少应激发生，维护猪体的健康。必要时应在饲料或饮水中添加抗应激药物来预防和缓解应激反应。

⑤ 做好隔离、卫生、消毒和免疫接种工作　猪场的效益好坏归根到底取决于猪病数量和饲养管理。猪病防治重在预防，必须做好隔离、卫生、消毒和免疫接种工作，避免疾病发生，提高母猪的繁殖力和仔猪成活率。

3. 提高资金的利用效率

加强采购计划制订，合理储备饲料和其他生产物资，防止长期积压。及时清理回收债务，减少流动资金占用量。合理购置和建设固定资产，把资金用在生产最需要且能产生最大经济效果的项目上，减少非生产性固定资产开支。加强固定资产的维修、保养，以延长使用年限，设法使固定资产配套完备，充分发挥固定资产的作用，降低固定资产折旧和维修费用。各类猪舍合理配套，并制订周详的周转计划，充分利用猪舍，避免猪舍闲置或长期空舍。如能租借猪场将会大大降低折旧费。

4. 提高劳动生产率

人工费用可占生产成本10%左右，控制人工费用只有加强对人员的管理、配备必要的设备和严格考核制度，才能最大限度地提高劳动生产率。

（1）人员的管理　人员的管理要在用人、育人、留人上下功夫。用人应根据岗位要求选择不同能力或不同年龄结构、不同文

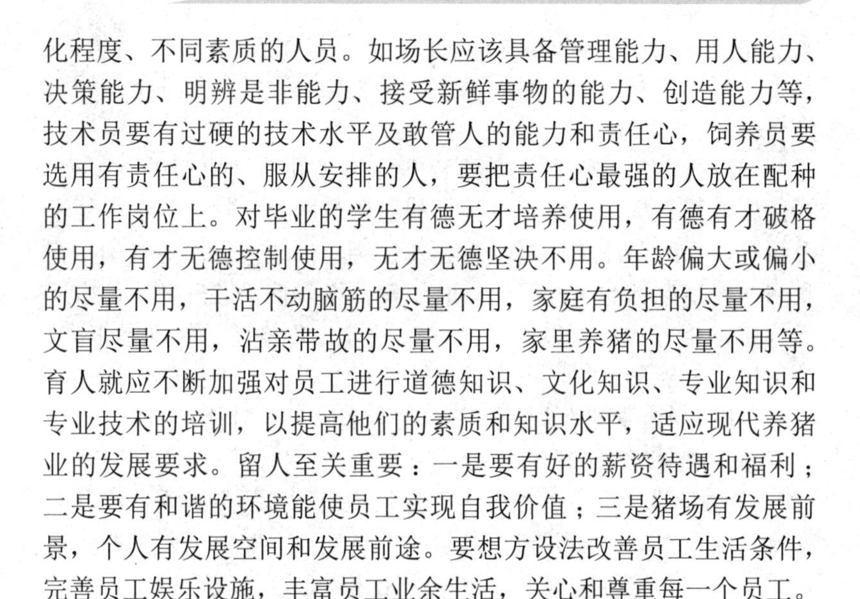

化程度、不同素质的人员。如场长应该具备管理能力、用人能力、决策能力、明辨是非能力、接受新鲜事物的能力、创造能力等，技术员要有过硬的技术水平及敢管人的能力和责任心，饲养员要选用有责任心的、服从安排的人，要把责任心最强的人放在配种的工作岗位上。对毕业的学生有德无才培养使用，有德有才破格使用，有才无德控制使用，无才无德坚决不用。年龄偏大或偏小的尽量不用，干活不动脑筋的尽量不用，家庭有负担的尽量不用，文盲尽量不用，沾亲带故的尽量不用，家里养猪的尽量不用等。育人就应不断加强对员工进行道德知识、文化知识、专业知识和专业技术的培训，以提高他们的素质和知识水平，适应现代养猪业的发展要求。留人至关重要：一是要有好的薪资待遇和福利；二是要有和谐的环境能使员工实现自我价值；三是猪场有发展前景，个人有发展空间和发展前途。要想方设法改善员工生活条件，完善员工娱乐设施，丰富员工业余生活，关心和尊重每一个员工。

（2）配备必要的设备　购置必要的设备可以减轻劳动强度，提高工作效率。如使用自动饮水设备代替人工加水，用小车送料代替手提肩挑，建设装猪台代替人工装车等，都可极大提高劳动效率。

（3）建立完善的绩效考核制度，充分调动员工的积极性　制订合理的劳动指标和计酬考核办法，多劳多得，优劳优酬。指标要切合实际，努力工作者可超产，得到奖励，不努力工作者则完不成指标，应受罚，鼓励先进，鞭策落后，充分调动员工的劳动积极性。

（四）降低饲料费用

养猪成本中，饲料费用要占到70%以上，有的专业场（户）可占到90%，因此它是降低成本的关键。

（1）选择质优价廉的饲料　购买全价饲料和各种饲料原料的要货比三家，选择质量好、价格低的饲料。自配饲料一般可降低日粮成本，饲料原料特别是蛋白质饲料廉价时，可购买预混料自配全价料，蛋白质饲料价高的，购买浓缩料自配全价料成本低。

充分利用当地自产或价格低的原料，严把质量关，控制原料价格，并选择好可靠有效的饲料添加剂，以实现同等营养条件下的饲料价格最低。

（2）合理储备饲料　要结合本场的实际制订原料采购制度，规范原料质量标准，明确过磅员和监磅员职责、收购凭证的传递手续等，平时要注重通过当地养殖协会、当地畜牧服务机构、互联网和养殖期刊等多种渠道随时了解价格行情，准确把握价格运行规律，搞好原料采购季节差、时间差、价格差。特别是玉米，是猪场主要能量饲料，可占饲粮比例60%以上，直接影响饲料的价格。在玉米价格较低时可储存一些以备价格高时使用。

（3）减少饲料消耗

① 科学设计配方　根据不同生长阶段、不同生长季节的营养需要，结合本场的实际制订科学的饲料配方，并要求职工严格按照饲料配方配比各种原料，防止配比错误。这样就可以将多种饲料原料按科学的比例配合制成全价配合料，营养全而不浪费，料肉比低，经济效益高。为了尽量降低成本，可以就地取材，但不能有啥喂啥，不讲科学。

② 重视饲料保管　要因地制宜地完善饲料保管条件，确保饲料在整个存放过程中达到“五无”，即无潮、无霉、无鼠、无虫、无污染。

③ 注意饲料加工　注意饲料原料加工，及时改善加工工艺，提高其粉碎度及混合均匀度，提高其消化吸收率。

④ 采用科学的饲养方式　根据猪前期生长慢、中期快、后期又变慢的生长发育规律，为获得较高的饲料报酬，应采取直线育肥的饲养方式，以缩短饲养周期，节约饲料。同时，要实行精、青、粗的饲料搭配，并实行拌潮生喂；在饲喂次数上，采取日喂两餐制，以减少因多次饲喂刺激猪只运动增多，而增加能量的消耗和饲料的抛撒损失，降低饲料利用率。

⑤ 利用科学的饲养技术　如据不同饲养阶段采用分段饲养技术，根据不同季节和出现应激时调整饲养等技术，在保证正常生

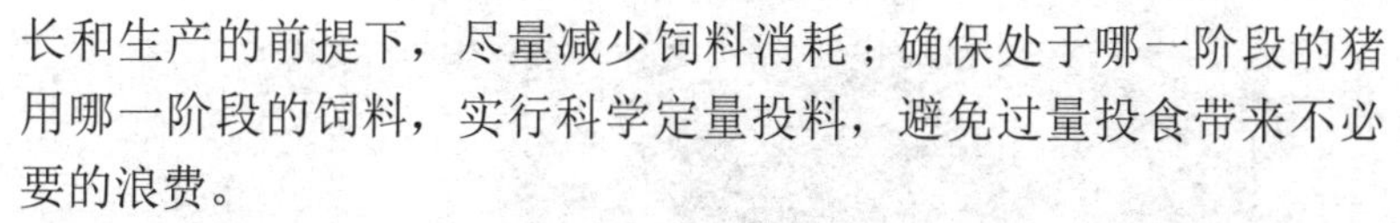

长和生产的前提下，尽量减少饲料消耗；确保处于哪一阶段的猪用哪一阶段的饲料，实行科学定量投料，避免过量投食带来不必要的浪费。

⑥ 适量投料　一般生长育肥猪精料的投喂量按猪体重的4.0%左右投料；瘦肉型猪在60千克以后可按其体重的3.5%投料。此外，也可根据预期日增重与饲料的预期利用率确定，即日增重×饲料利用率（饲料/增重）＝日投料量。

⑦ 饲槽结构合理，放置高度适宜　不同饲养阶段选用不同的饲喂用具，避免采食过程中的饲料浪费。一次投料不宜过多，饲喂人员投料要准、稳，减少饲料撒落。及时维修损毁的饲槽。

（4）保持适宜的温度　圈舍要保持清洁干燥，冬天有利于保暖，夏天有利于散热，为猪创造一个适宜的生长环境，以减少疾病的发生，降低维持消耗，提高饲料利用率。一般猪的适宜温度为17～21℃，过高或过低对饲料利用率均有不良影响。

（5）搞好防疫　要搞好疫病的防治与驱虫，最大限度地降低发病率，以提高饲料的利用率。在养猪生产中，每年均有相当数量的猪因患慢性疾病和寄生虫病而造成饲料隐性浪费。为此，养猪要做好计划免疫和定期驱虫，保证猪的健康生长，以提高饲料的利用率。

（6）适时屠宰　猪在不同的生长阶段，骨骼、瘦肉、脂肪的生长强度不同。在生长前期（60千克前），骨骼和瘦肉生长较快，饲料利用率高；然后随着月龄与体重的增加，脂肪生长超过瘦肉，而长1千克脂肪所需的饲料比长1千克瘦肉高2倍多。所以，饲养周期越长，体重越重，饲料利用率则越低。一般杂交猪的适宜屠宰体重为90～100千克；中国猪经培育的品种为85千克左右，培育程度较低和未培育的品种在75千克左右。

第六招 增加产品价值

【提示】

只有生产优质产品，充分利用副产品，增加产品价值，促进产品销售，才能在激烈的市场竞争中获得较好的效益。

一、提高猪肉价值

（一）生产优质猪肉

猪肉质量关系到销售价格和猪肉销售量，关系到猪肉价值和养殖效益。生产安全、优质猪肉是提高猪肉产品价值的基础。

1. 猪肉的质量标准

农业部-无公害食品行动计划-中已制定出《无公害食品—猪肉》的行业标准（NY 5029—2008），该标准主要阐述了无公害猪肉的感官指标、理化指标、微生物指标，见表6-1～表6-3。

表 6-1　无公害猪肉感官指标

项目	鲜猪肉	冻猪肉
色泽	肌肉有光泽、红色均匀、脂肪乳白色	肌肉有光泽、红色或稍暗、脂肪白色
组织状态	纤维清晰，有坚韧性，指压后凹隐立即恢复	肉质紧密，有坚韧性，解冻后指压凹陷较慢恢复
黏度	外表湿润、不沾手	外表湿润，切面有渗出物，不沾手
气味	具有鲜猪肉固有的气味、无异味	解冻后具有鲜猪肉固有的气味、无异味
煮沸后肉汤	澄清透明、脂肪团聚于表面	澄清透明或稍有浑浊、脂肪团聚于表面

表 6-2　无公害猪肉理化指标

项目	指标	项目	指标
挥发性盐基氮 /（毫克 /100 克）	≤ 15.0	金霉素 /（毫克 / 千克）	≤ 0.10
总汞（以 Hg 计）/（毫克 / 千克）	≤ 0.05	土霉素 /（毫克 / 千克）	≤ 0.10
铅（以 Pb 计）/（毫克 / 千克）	≤ 0.5	磺胺类（以磺胺类总量）/（毫克 / 千克）	≤ 0.1
砷（以 As 计）/（毫克 / 千克）	≤ 0.5	伊维菌素（脂肪中）/（毫克 / 千克）	≤ 0.02
镉（以 Cd 计）/（毫克 / 千克）	≤ 0.1	喹乙醇 /（毫克 / 千克）	不得检出
铬（以 Cr 计）/（毫克 / 千克）	≤ 1.0	盐酸克伦特罗 /（微克 / 千克）	不得检出
		莱克多巴胺 /（微克 / 千克）	不得检出

注：其他农药和兽药残留量应符合国家有关规定。

表 6-3　无公害猪肉微生物指标

项目	鲜猪肉	冻猪肉
菌落总数 /（CFU/ 克）	$\leqslant 1\times10^6$	$\leqslant 1\times10^5$
沙门氏菌	不得检出	不得检出
大肠菌群 /（MPN/100 克）	$\leqslant 1\times10^4$	$\leqslant 1\times10^3$

2. 猪肉的质量控制

猪肉是肉类中生产量和消费量最大的产品，其质量不仅影响产品销售，也关系到食品安全。影响猪肉质量的因素及控制措施见表6-4。

表 6-4　影响猪肉质量的因素及控制措施

影响猪肉质量的因素			控制措施
猪肉品质	饲料营养	蛋白质和氨基酸影响肉的嫩度、风味，特别是肉的嫩度	控制好饲料中能量和蛋白质水平。猪肉粗蛋白质含量在日粮蛋白水平 14% ～ 20% 间增加，到 22% 时下降；添加半胱胺（CSH）后能极显著提高猪肉中粗脂肪的含量而提高猪肉的嫩度、多汁性和口感
		维生素影响猪肉抗氧化的能力	日粮添加 α- 生育酚醋酸盐可以稳定鲜肉以及贮存肉的颜色，日粮额外添加维生素 E（200 毫克 / 千克）可以改善肉的氧化稳定性。高水平的 α- 生育酚能改善肉的物理性状，降低剪切值，增加系水力；维生素 C 具有抗氧化特性，可防止脂肪的氧化，改善肉质；肉猪上市前 10 天，添加维生素 D_3 可显著提高猪肉色泽、硬度，降低透明率，并认为肉猪上市前 10 天添加较为适宜；β- 胡萝卜素可协同日粮中的维生素 E 一起清除不同的活性氧自由基，它是在吸收后被运输到血液循环中发挥作用并主要沉积于脂肪组织的，在日粮中添加 15 毫克 / 千克 β- 胡萝卜素可以改善肉质；生长猪日粮中添加生物素能够提高猪肉脂肪的饱和度和硬度
		矿物质影响，如铬、铜、铁影响肉的品质	生长育肥猪日粮中添加吡啶羧酸铬，猪胴体瘦肉率和眼肌面积提高，脂肪率、板油重和平均背膘厚度降低，猪肉的颜色和鲜味未受不良影响。铁是血红蛋白和肌红蛋白的重要组分，对保持正常肉色和肉味具有重要作用，但过量可以引起异味。高铜使体脂显著变软，导致铜在肝、肾中富集使其食用价值下降，甚至对人体产生毒害作用，育肥猪日粮建议不使用高铜
		饲料种类，如发酵饲料影响猪肉品质	马铃薯渣发酵饲料（白地霉、啤酒酵母、热带假丝酵母）与沙棘嫩枝叶配合使用，可提高猪肉蛋白质和脂肪含量，改善猪肉品质；用 5 种菌（黑曲霉、白地霉、啤酒酵母、热带假丝酵母和产朊假丝酵母）制备糖化发酵饲料，部分替代猪的日粮，可明显减少猪肉中的水分含量，提高蛋白质和脂肪含量，改善猪肉品质
		牧草，如含牧草日粮可改变猪肉脂肪酸的组成	优质牧草对提高猪肉品质明显，用豆科牧草草粉替代部分精料，氨基酸总量和人体必需氨基酸含量提高
	添加剂	草药添加剂对猪肉的风味有影响	黄芪、厚朴、甘草、枳壳等组方或陈皮、陈曲、土黄芪、五味子等组方，日粮添加后可改善猪肉的风味；当归、黄芪、丹参、山楂、黄芩、马齿苋等 11 味中药组方，添加 0.4%，肉质较好，粗蛋白质含量高，氨基酸组成好，尤其是肌肉中含较高的鲜味氨基酸（如背最长肌肌肉中的谷氨酸、精氨酸、丙氨酸、甘氨酸）和必需氨基酸
		半胱胺盐酸盐制剂对肉质有影响	添加半胱胺盐酸盐制剂，可降低肉猪肌肉中水分和灰分含量，提高肌肉中粗蛋白质含量

续表

<table>
<tr><th colspan="3">影响猪肉质量的因素</th><th>控制措施</th></tr>
<tr><td rowspan="7">猪肉质量安全</td><td rowspan="3">药物残留</td><td>饲料中使用药物添加剂。饲料厂家在饲料中添加药物添加剂或饲养者在饲料中长期添加药物</td><td>严格执行《药物饲料添加剂使用规范》。少用或不用抗生素；使用草药添加剂，它是天然药物添加剂，草药添加剂在配方、炮制和使用时，注重整体观念、阴阳平衡、扶正祛邪等中兽医辨证理论，以求调动动物机体内的积极因素，提高免疫力，增强抗病能力，提高生产性能</td></tr>
<tr><td>不按规定使用药物，滥用抗生素。没有按照休药期停药</td><td>严格按照《允许作治疗使用，但不得在动物性食品中检出残留的兽药》和《常用畜禽药物的休药期和使用规定》使用药物</td></tr>
<tr><td>非法使用违禁药物</td><td>严格按照《禁止使用，并在动物性食品中不得检出残留的兽药》的要求，不使用禁用药物有</td></tr>
<tr><td rowspan="4">毒有害物质残留</td><td>饲料受到各种杀虫剂、除草剂、消毒剂、清洁剂以及工矿企业所排放的“三废”污染；新开发利用的石油酵母饲料、污水处理池中的沉淀物饲料与制革业下脚料等蛋白饲料中往往会含有对人类危害性很强的致癌物质</td><td>严把饲料原料质量，保证原料无污染；对动物性饲料要采用先进技术进行彻底无菌处理；对有毒的饲料要严格脱毒并控制用量。完善法律法规，规范饲料生产管理，建立完善的饲料质量卫生监测体系，杜绝一切不合格的饲料上市</td></tr>
<tr><td>配合饲料在加工调制与贮运过程中加热、化学处理等不当，导致饲料氧化变质和酸败，特别是玉米、花生饼、肉骨粉等含油脂较高的原料，酸败易产生有毒物质；饲料霉变产生的黄曲霉毒素可以残留在猪体内等</td><td>科学合理地加工及保存饲料；饲料中添加抗氧化剂和防霉剂防止饲料氧化和霉变（如已证明霉菌毒素次生代谢产物AFT的毒性很强，致癌强度是“六六六”的2万倍）</td></tr>
<tr><td>饮用水被有害有毒物质污染，如被重金属、农药污染</td><td>注意水源选择和保护，保证饮用水符合标准。定期检测水质，避免水受到污染，猪饮用后在体内残留</td></tr>
<tr><td>猪出售前，用敌百虫、敌敌畏等有机磷类药物灭蝇</td><td>出栏前禁用敌百虫、敌敌畏等有机磷类药物灭蝇，避免药物残留</td></tr>
</table>

（二）广开销路，及时处理和销售产品

肉猪是鲜活产品，如果盲目生产，产品无销路或销售不及时，会积压滞销。这样既会增加耗料量，减少这批猪的经济效益，又会影响第二批猪的生产，打乱整个生产周转计划，给猪场带来经济损失。所以，必须重视销售工作，开展多层次加工，扩大企业增值，提高经济效益。应掌握信息，搞好市场预测。

商品时代、信息时代的市场是千变万化的，经营一定要适应和预见市场变化的规律性。生产上要高产、优质、低耗，充分发挥人员的潜能，做好财物、资金、用具的管理工作。开拓市场，改进流通手段，增加流通渠道，薄利多销，质量第一，信誉第一，以合同形式固定购销关系，多方联系业务，把握时机，适时进退，购销灵活方便群众。促进产品流通，加速资金周转。随时掌握市场动态及需求变化，提出正确的决策措施，使养猪业在激烈的市场竞争中始终立于不败之地。

二、提高副产品价值

猪场除生产猪肉外，还有粪便、病死猪等废弃物，经过合理的处理，可以变废为宝，减少对环境的污染，增加经济收入。

（一）粪便处理利用

1. 用作肥料

猪场粪污最经济的利用途径是作肥料还田。粪肥还田可改良土壤，提高作物产量，生产无公害绿色食品，促进农业良性循环和农牧结合。猪粪用作肥料时，有的将鲜粪作基肥直接施入土壤，也可将猪粪发酵、腐熟堆肥后再施用。一般来说，为防止鲜粪中的微生物、寄生虫等对土壤造成污染，以及为提高肥效，粪便应经发酵或高温腐熟处理后再使用，这样安全性更高。

腐熟堆肥过程也就是好气性微生物分解粪便中有机物的过

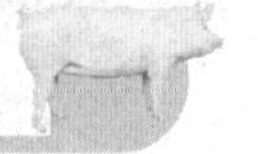

程，分解过程中释放大量热能，使肥堆的温度升高，一般可达60～65℃，可杀死其中的病原微生物和寄生虫卵等，有机物则大多分解成腐殖质，有一部分分解成无机盐类。腐熟堆肥必须创造适宜条件，堆肥时要有适当的空气，如粪堆上插秸秆或设通气孔保持良好的通气条件，以保证好气性微生物繁殖。为加快发酵速度，也可在堆底铺设送风管，头20天经常强制送风；同时应保持60%左右的含水量，水分过少影响微生物繁殖，水分过多又易造成厌氧条件，不利于有氧发酵；另外，须保持肥料适宜的碳氮比[（26～35）：1]，碳比例过大，分解过程缓慢，过低则使过剩的氮转变成氨而丧失掉。鲜猪粪的碳氮比约为12：1，碳的比例不足，可加入秸秆、杂草等来调节碳氮比。自然堆肥效率较低，占地面积大，目前已有各种堆肥设备（如发酵塔、发酵池等）用于猪场粪污处理，效率高、占地少、效果好。

2.生产沼气

固态或液态粪污都可生产沼气。沼气是厌气微生物（主要是甲烷细菌）分解粪污中含碳有机物而产生的一种混合气体，其中甲烷约占60%～75%，二氧化碳占25%～40%，还有少量氧、氢、一氧化碳、硫化氢等气体。沼气可用于照明、作燃料或发电等。沼气池在厌氧发酵过程中可杀死病原微生物和寄生虫，发酵粪便产气后的沼渣还可再用作肥料。目前，在我国推广面积较大的是常温发酵，因此，大部分地区存在低温季节产气少，甚至不产气的问题，此外，用沼液、沼渣施肥，施用和运输不便，并且因只进行沼气发酵一级处理，往往不能做到无害化，有机物降解不完全，常导致二次污染。如果用产生的沼气加温，进行中温发酵，或采用高效厌氧消化池，可提高产气效率，缩短发酵时间，对沼液用生物塘进行二次处理，可进一步降低有机物含量，减少二次污染。

3.生产动物蛋白

可以利用猪粪作为培养基生产蝇蛆、蚯蚓等动物蛋白饲料。

（二）病死猪的处理利用

病死猪发酵烘干处理可以生产有机肥或肉骨粉。此法是将猪的尸体放入特制的机械内，加入发酵菌种，给予一定温度（90℃以上）和发酵时间（24小时），绞碎烘干，最后制成肉骨粉或有机肥。此法是一种较好的资源化处理途径。

第七招 注意细节管理

【提示】

古人云：天下难事，必做于易；天下大事，必做于细。微细管理在养猪生产中很重要，它可避免由于技术人员的疏忽和饲养人员的惰性而造成的失误，从而减少损失，降低成本。

一、做好猪场场址的规划、建设

场址要高燥，水源充足，水质良好、供电和交通方便，远离污染区，周围筑有2.6～3米高的围墙或较宽的绿化隔离带、防疫沟；要做到生产区、生活区、行政区严格分开，净污道分开，减少交叉；按饲养工艺流程建猪舍，不让猪走回头路，出场的猪由专用赶猪通道赶进装猪台，装猪台应设在猪场围墙外面；设隔离观察舍、消毒室、兽医室、隔离舍、病死猪无害化处理间等，且应设在猪场的下风处；猪舍要有利于保温、防暑，便于通风除湿，易于采光，方便排污、清洗、消毒，便于环境控制。

二、新建猪舍不能立即进猪

刚建好的猪场不能立即进猪，应该等墙体水泥完全凝固后，用酸性消毒液消毒两次再进猪。倘若急着进猪，此时水泥没有完全凝固，碱性也太大，猪蹄将被腐蚀，造成猪裂蹄。此外水泥地面不能太滑，否则猪站立困难，容易劈腿，同时地面不能太粗糙，以免引起蹄叶炎或关节肿大。

三、做好品种选育

坚持以“高产、健康”为目标，选择高抗病、抗应激能力强、生产性能好、繁育性能好的猪的后代做种用，分别在产后、断奶、2月龄、4月龄、6月龄多次选种并进行生长性能测定，合格后的种猪才能进入后备群。

四、种猪引进的细节管理

（一）种猪的选择

后备种猪的引种体重以40～60千克为宜，要求体型符合本品种的外形特征，发育良好，猪健康无遗传性疾病。公猪要求：反应灵敏，四肢结实粗壮，腰背平宽，后躯发达，睾丸发育良好、大小均匀、左右对称，包皮正常，无积尿，雄性特征明显，性欲强；母猪要求：头颈清秀，背腰平直，四肢强健，性情温驯，外阴部不上翘且发育良好，有效乳头6对以上且排列均匀对称，无瞎乳头、翻乳头。

（二）引种前的准备工作

准备好隔离舍。隔离舍远离现有猪群100米以上，水电通畅，通风向阳。要打扫清洗干净，彻底消毒并至少空栏一周以上。准备好常规的治疗保健药品、消毒药品、饲养工具和优质的全价饲料。

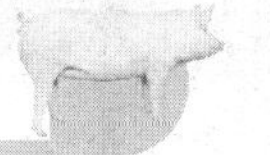

（三）种猪的运输

运输前必须对运猪车辆进行严格的消毒。在车厢内铺设垫料，防止种猪肢蹄在运输途中造成机械性损伤。另外还应准备一些保健、抗应激的药品，方便及时对因运输过程造成的应激猪只采取有效措施。

（四）种猪的隔离

种猪到场后，根据种猪性别、大小进行合理分群饲养，隔离期为45天。引进后3天内，少量投喂饲料，提供充足的饮水，进行适应性观察。可在饮水中添加电解多维等抗应激药物，适当加喂青饲料。引进后一周内在饲料中添加阿莫西林0.02%＋氟苯尼考0.01%，用药7～14天，可有效预防疾病发生。种猪群稳定健康15天后，根据当地的疾病流行情况，合理地给后备猪进行疫苗注射。免疫接种后，对种猪群做抗体监测，确保猪群抗体水平。引进种猪40天后，在猪群正常的情况下，可将本场老母猪混入饲养，使后备猪逐步接触驯化。

五、重视后备母猪培育

后备母猪是猪场生产的后备力量，其培育结果将直接影响基础母猪群的生产力。后备母猪的特殊饲喂应从体重达70千克时开始，这时应该利用专门设计的后备母猪日粮，日粮中含粗蛋白质16%、赖氨酸6.7%、钙0.95%、磷0.8%，以便给尚在发育中的小母猪多提供一些矿物质和维生素，使其骨骼得到增强并促进其发情。要特别注意日粮中能量和蛋白质的平衡，以促进其在体重70千克前首次配种，这段期间为体脂沉积而非瘦肉沉积；后备母猪背膘的厚度表达的是母猪的储备能力，理想的背膘厚度能够延长母猪的使用年限，且初产时泌乳能力强，并将影响母猪一生的生产指标。

六、母猪生产细节管理

（一）母猪产前管理

母猪在产前，饲养者应特别对其饲料进行调整，使营养合理搭配，全面补充蛋白质、维生素、脂肪、微量元素、消化能，调整精粗料比例，增强母猪体质，促进胎儿发育，并定期做好全面的检查检疫，提高母猪抵抗能力，并在饮水中添加抗应激药物。母猪临产前，应对产房、产床、保温箱、器具进行彻底的消毒，并对母猪进行清洗，刷去污物、粪便，特别是阴道四周、下腹、乳房等地，用碘酒冲洗消毒，以减少病菌源，从而避免仔猪拉稀、患皮肤病等，同时要注意水温。调整产房保温、通风设备，备足干净水，做好登记记录。在将母猪驱赶至产房的过程中动作要轻，不要对其造成伤害，了解生产习性。入产房后要将母猪喂养的饲料调整为易消化的食物，以防治便秘、炎症和无乳等问题。产房内确保温度在18～22℃，每天协助母猪做适量运动，以方便生产、减少嗜睡并及早发现问题。

（二）母猪妊娠期饲料摄入量的控制

控制母猪采食量的方法有人工单独饲喂法、隔天饲喂法、日粮稀释法和电子母猪饲喂系统控制4种。

1.人工单独饲喂法

一猪一栏，根据猪的状态，人工单独饲喂，能最大限度地控制母猪饲料摄入和控制肥度，节省相当大的饲养成本，也可避免母猪之间相互抢食、厮打，减少小猪出生前死亡率。但这种饲喂法浪费劳动力和设施空间。

2.隔天饲喂法

当母猪成群舍饲时，一周中3天让母猪自由采食8小时（或更少），其余4天，仅供应水不给饲料。方法是先设计一周饲喂计划表，如周一、周三、周五让自由采食8小时，每头猪约5.0～6.3千克，每头猪一周共计饲喂量16.5～18.9千克（平均每日2.3～2.7千克）。猪很容易适应此方法。隔天饲喂法要保证每头猪有一个饲槽位置，自由采食时不要时间过长，母猪群的规模应限制在30～40头。

3. 日粮稀释法

即妊娠日粮中掺入高纤维饲料，使母猪可以经常自由采食。苜蓿干草、苜蓿草粉、铡碎的秸秆和燕麦糠均能够使用。本法比其他方法减少劳动力，但母猪的维持费用较高，而且也很难限止母猪过肥。

4. 电子母猪饲喂系统

即使用电子饲喂站，自动供给每头母猪预定的饲料量。计算机控制饲喂站，通过母猪耳标上的密码或母猪颈圈上的传感器来识别母猪。当母猪要采食时，就来到饲喂站，计算机就供给它日粮量的一小部分。该系统适合任何一种料型，如颗粒饲料、湿粉料、干粉科、稠拌料或稀料。电子母猪饲喂系统是一种先进、合理的限饲方式，但需要较昂贵的设备和设施。

（三）妊娠母猪饲喂注意事项

根据天气及气候情况适当增、减饲料喂量；加料时不可太快，以免饲料溢出料槽导致浪费；加料工具应有一定标准，应定期测量一次加料的重量，每个人都应对此有充分了解，并达到熟练程度（至少每个月1次）；每日检查饲料质量，观察颜色、颗粒状态等，发现异常及时报告技术人员。

（四）妊娠母猪不应使用的药物

当确定母猪妊娠后，有很多药物是不宜应用的，否则严重的可导致母猪流产或产畸形猪，影响胎儿发育。在临床上妊娠母猪不应使用以下几类药物：一是直接兴奋子宫平滑肌的药物，如麦角制剂、脑垂体后叶素、催产素、奎宁等；二是间接兴奋子宫平滑肌（强烈泻药）的药物，如硫酸镁、硫酸钠、蓖麻油等，用药后对肠管的机械或化学刺激作用，能反射性地兴奋子宫；三是影响胎儿生长或造成胎儿畸形的药物，如水杨酸类、烟酰胺、毛果芸香碱、毒扁豆碱等，此外，妊娠早期用可的松、性激素、长效磺胺等药也会造成不良后果；四是具有破瘀活血和理气的草药类，

如桃仁、红花、三棱、莪术、益母草、贯众、大戟、芫花、甘遂、商陆、二丑、大黄、皂角、枳实、元胡、五灵脂、麝香，以及中成药活络丹、跌打丸等。

（五）母猪分娩时的管理

母猪临产时乳房膨大，乳头胀大潮红，挤时有乳汁流出，阴户松弛且频繁排尿，产前1小时会分泌黄色黏稠物，还会出现阵痛造成母猪活动和叫声异常。此时饲养员应采取助产措施，用高锰酸钾洗净阴户和乳头，减少病菌。母猪在产仔时第1～2头生产的时间较长，有时会在2小时左右，在此期间可补充营养，添输鱼腥草20毫升＋地塞米松15毫克＋阿莫西林3克＋葡萄糖生理盐水500毫升，以恢复母猪体力。后面的几胎生产会在10～15分钟完成，在这期间应时刻观察母猪是否出现难产，并使用催产素等药物进行助产。在分娩过程中由于母猪和仔猪易受到病原侵染，应适量补充药物增强抵抗力。分娩后要对母猪全身消毒，然后结扎脐带。

（六）母猪产后护理

母猪产后的采食会直接影响仔猪的成活率以及吃奶情况，由于分娩过程中母猪营养消耗和体能损失过大，免疫力下降，需要及时补充葡萄糖、盐、抗生素、维生素等。可少量饲喂湿拌料，同时提供充足的饮水，逐渐增加饲料，控制在6千克以上，以增强分泌母乳的能力。产后7天需要时刻观察恶露、体温、食量、泌乳情况，并定期用高锰酸钾水清洗子宫，以避免母猪患子宫炎等疾病。为了促进母猪身体恢复，还应鼓励其站立。产房的温度应保持在20℃左右，注意保持产房内的空气流通及环境清洁干燥。在母猪断奶前3天应减少喂料，可有效避免乳腺炎。断奶后应尽快恢复母猪体膘，控制在8成左右，使母猪可正常发情，增加排卵数。

七、及时淘汰无饲养价值的猪

（一）母猪的使用年限及种猪淘汰率

正常条件下，种母猪利用到5～6胎，繁殖性能优良的个体可

利用到7～8胎，母猪前4胎的繁殖能力较好，一般利用年限3～4年。

一个猪场年淘汰率为1÷3.5（年）×100%＝28.6%。种猪场种猪年淘汰率：母猪25%～33%，公猪35%～40%；后备猪使用前淘汰率，母猪淘汰率10%，公猪淘汰率20%。

（二）有问题种猪

规模猪场要保持较高的生产技术指标，除保持母猪群合理的胎龄结构外，还要制订严格的淘汰计划，及时淘汰不合格母猪：后备母猪超过8月龄以上不发情的；断奶母猪两次阴道炎、发情不正常、两个发情期（42天）以上或2个月不发情的；母猪连续2次、累计3次妊娠期习惯性流产的；母猪配种后复发情连续两次以上的；青年母猪第一、二胎窝产活仔数平均7头以下的；经产母猪累计三产次窝产活仔数平均7头以下的；经产母猪连续二产次、累计三产次哺乳仔猪成活率低于60%的，以及泌乳能力差、咬仔、经常难产的母猪；经产母猪7胎次以上且累计胎均活产仔数低于9头的；体格和生产性能较差，或四肢及全身疾患难以痊愈的。

（三）传染病阳性猪群

每年定期对基础种猪群的猪瘟、细小病毒病、伪狂犬病等疫病进行血清学检测，淘汰阳性母猪，从而使整个生产群的传染病发病率逐年下降，达到净化猪群疾病、提高猪群健康的目的。

（四）残次生长猪

规模猪场在生猪生长发育的不同阶段中，不可避免地会产生一些残次猪或病弱猪，很多猪场对此类猪的做法是及时从原猪栏中清出，转到病猪隔离室，集中饲养治疗。但事实证明，集中起来混养的病弱猪成活率是非常低的。对于病残猪最佳处理方法是：一是严禁将残次猪转到下一个生产流程；二是及时淘汰无治疗价值的病残猪，以切断场内病原的循环。

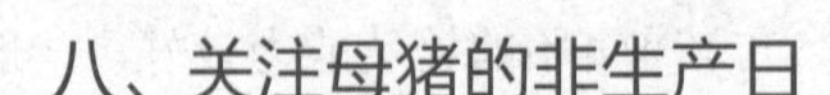

八、关注母猪的非生产日

任何一头生产母猪和超过适配年龄的后备母猪，都有没有怀孕、没有哺乳的天数，称为非生产天数，包括从配种到流产、死胎时的天数也被视作非生产天数。如何降低母猪的非生产天数，提高母猪的生产分娩率，应根据各场情况分析造成非生产天数的原因，并采取相应措施。一是做好后备母猪的饲养管理，详细记录母猪的第一次发情时间，计算最佳配种时间，适时配种；二是加强母猪哺乳期的管理，减少母猪哺乳期的失重，维持母猪较好的体况，以缩短断奶至配种间隔的天数；三是建立严格的发情检查及怀孕检查制度，要及时发现返情、空怀母猪，及时复配，否则错过1个发情期就会多增加21天的非生产日天数；四是加强母猪的妊娠期管理，控制流产及母猪死淘率；五是建立母猪群生产性能评估鉴定制度，对老龄、生产性能差、疾病等无价值的母猪及时主动淘汰。

九、猪场运动场的重要性

由于土地成本不断增长和劳动力成本不断增加，现代养猪场集约化程度越来越高，生猪的活动空间越来越窄。人们在享受集约化好处的同时，也在遭受前所未有的灾难和困惑。现代的猪场疾病越来越多，疫情越来越复杂，整个猪群健康状况越来越差，种猪淘汰胎龄提前化和比例增加，因疾病控制需要而增加大量药物和疫苗的成本，而且严重影响生猪生产性能和生产效益。究其原因，就是人们在追求生猪生产带来的巨大经济利益的同时，忽视了生猪作为生命体的生存规律和生活习性。

动物和人一样需要运动，生猪通常是通过追逐、奔跑、闲逛和享受日光浴等，实现强身健体的。但是现代猪场高度集约化，种猪被限定在高1米、宽0.6米、长2.2米的空间中，除了站立、躺下和有限的前后蠕动，几乎不能有其他活动方式，过着囚笼式的

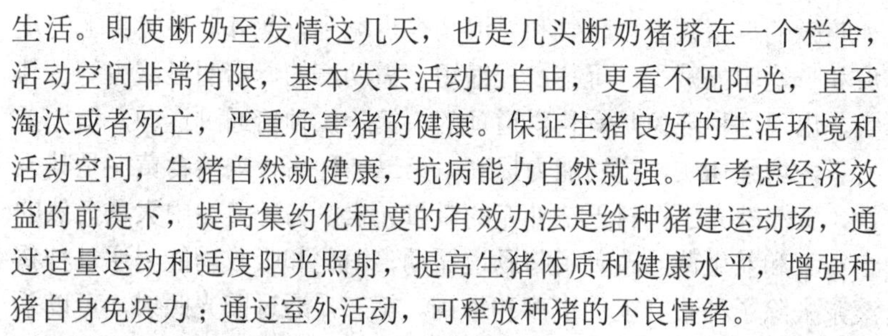

生活。即使断奶至发情这几天，也是几头断奶猪挤在一个栏舍，活动空间非常有限，基本失去活动的自由，更看不见阳光，直至淘汰或者死亡，严重危害猪的健康。保证生猪良好的生活环境和活动空间，生猪自然就健康，抗病能力自然就强。在考虑经济效益的前提下，提高集约化程度的有效办法是给种猪建运动场，通过适量运动和适度阳光照射，提高生猪体质和健康水平，增强种猪自身免疫力；通过室外活动，可释放种猪的不良情绪。

种猪运动场建设也是有讲究的。种猪一但从室内赶到室外，就会异常兴奋，通过奔跑、相互追逐、打架、拱食等形式表达其兴奋情绪。如果运动场设计和建设不合理，容易造成种猪受伤或者猪场设施遭受破坏。因此，种猪运动场必须科学设计和合理建设。

公猪采用轨道单向式运动场，净宽70～80厘米，高90～100厘米，长50～100米为宜，可前后同时赶3～5头公猪运动，通过公猪生活习性克服其惰性。在良好天气的情况下，每日运动1～2小时。对生产母猪和后备母猪分开建设，可用大栏式，按每头母猪8～10米^{2}建设。运动场面积80～200米^{2}比较合适，适合10～25头母猪运动，按每批次断奶母猪数和后备母猪数增减场地面积和运动场数。同时每个母猪运动场搭建占1/3面积的遮雨（阴）棚，并装1～2个自动饮水器，在天气许可情况下，方便后备母猪和断奶母猪全天候运动。所有运动场必须水泥硬底化，然后铺上5～10厘米的优质黄泥，每次更新黄泥时在黄泥表面洒些淡盐水。后备母猪40～50千克即可进入运动场运动，只要天气条件允许，早上喂完就可驱赶至运动场，下午下班前赶回栏舍饲喂。断奶母猪适宜傍晚断奶，当餐不饲喂直接赶到运动场让其拱食黄泥巴，直至第二天傍晚赶回栏舍饲喂，其他时间和后备母猪一样，早出晚归直至发情配种。这样运动一段时间后，就会达到以下的结果：铺在运动场的黄泥基本上被种猪啃食，后备母猪发情配种率不低于90%；经产母猪发情非常准时，一般在断奶后4～5天，配种率可达95%以上；种猪的肢蹄病和软脚现象很少发生；喘气

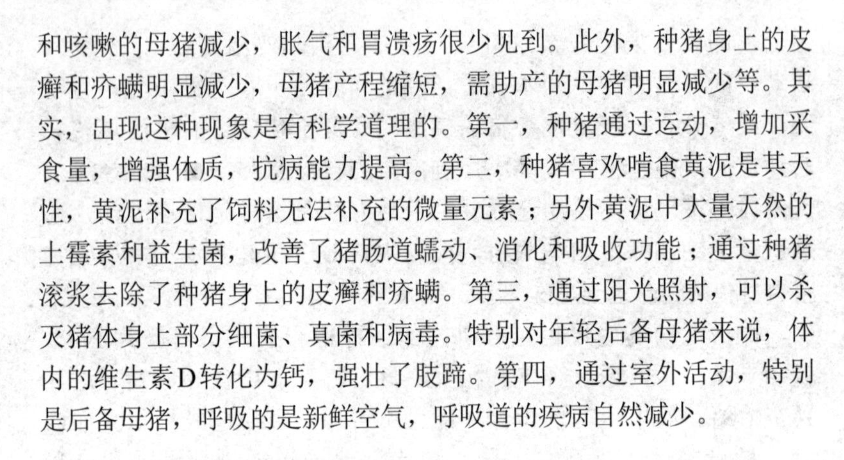

和咳嗽的母猪减少，胀气和胃溃疡很少见到。此外，种猪身上的皮癣和疥螨明显减少，母猪产程缩短，需助产的母猪明显减少等。其实，出现这种现象是有科学道理的。第一，种猪通过运动，增加采食量，增强体质，抗病能力提高。第二，种猪喜欢啃食黄泥是其天性，黄泥补充了饲料无法补充的微量元素；另外黄泥中大量天然的土霉素和益生菌，改善了猪肠道蠕动、消化和吸收功能；通过种猪滚浆去除了种猪身上的皮癣和疥螨。第三，通过阳光照射，可以杀灭猪体身上部分细菌、真菌和病毒。特别对年轻后备母猪来说，体内的维生素D转化为钙，强壮了肢蹄。第四，通过室外活动，特别是后备母猪，呼吸的是新鲜空气，呼吸道的疾病自然减少。

十、人工授精技术的关键点

猪的人工授精技术，在不同类型的猪场应该都已普遍使用，并且取得了超过本交的成绩。需要注意的细节有三点。一是稀释时原精与稀释液的温差。以原精的温度为基础，二者之间的温度差要控制在10℃之内，否则精子会因热应激或冷应激而降低活力甚至死亡。二是母猪输精时间。无论什么情况，每头母猪每次正常输精时间要保持在5分钟以上，达不到的话易导致精液倒流、返情等。三是输精之前精液品质的检查。无论是保存过的还是刚稀释完的精液，在输精之前都要对精液进行品质检查，从而保证输进去的精子的活力和活率，以达到配种的效果。

十一、饲料霉变问题

由于天气变化的异常，以及人为收割、加工储存方法不当的影响，饲料原料（如玉米、麦麸）经常出现发霉或变质的现象。大多数猪场都是通过在饲料加工时添加各类脱霉剂来解决的，认为这样就可以消除霉菌毒素，不会对猪只造成影响。其实，脱霉剂的作用大多是吸附霉菌毒素，而不是降解霉菌毒素，猪只一样会吃进肚子里，一样会影响猪只的生产和生长。

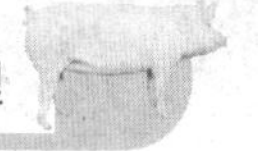

对饲料的控制，归根结底还是质量，脱霉剂只是辅助手段。首先是采购，坚持“一分价钱一分货”的原则，不能太大意，监管不到位花大价钱买了质量差的产品。其次是根据生产存栏情况进货，存货一般不要超过15天，成品料在猪舍内不超过7天，最好3天内喂完，特别是雨季多雨潮湿的时候，更应该注意。再次是注意粉碎玉米时，最好在粉碎前加一个吸尘器，将玉米里的杂质尘埃进行吸附。如果发现有饲料发霉变质，千万不要喂种猪、后备猪、保育猪，最多喂中大猪，不然因其造成拉稀、假发情等后果，将会一定程度上影响生产，可能造成不堪设想的后果。

十二、饲料使用要规范

生产中饲料使用要规范，如果不规范会严重影响猪的生产。生产中常见的不规范现象如下。一是给公猪喂母猪料。因为公猪料销量少，有的饲料厂没有公猪料就让公猪吃母猪料，造成公猪精子活力降低。二是小规模猪场经常在母猪哺乳期用妊娠料，这样造成了母猪奶水少，断奶后不发情或屡配不孕。三是没有按饲料公司提供的配方使用，随意更改饲料配方。四是饲料湿喂。夏天可能造成霉菌中毒及蚊蝇增多，进而加速疾病的传播。冬天饲料温度低，使猪大量消耗体能。五是采取自由采食时，饲槽底部饲料未吃完又添上新料，时间久了底部饲料会发霉变质。

十三、猪只料槽清理

随着猪场养殖人员的行业性用工短缺，很多猪场在猪场建设、设备设施更新方面都进行了调整，较为突出的就是喂料方面，多改为自动送料系统或半自动喂料系统，很大程度地提高了工作效率。但是，猪只的料槽，包括哺乳母猪料槽、怀孕和空怀母猪料槽、商品猪料槽、仔猪和保育猪料槽，都是容易被忽视的地方。特别是种猪料槽，有时夏季需要放点水用干湿料喂猪，多少都会有一些饲料粘在料槽的角落或料槽壁；自动送料管与料槽之间，灰尘吸附较多，如果不及时清理，日积月累，饲料会发霉变质，吃下去会造成仔猪腹泻、种猪流产或早产、商品猪影响生长速度等，从而影响猪场的生产成绩。

不论哪种方式喂猪，每天都要及时清理猪只料槽，送料管与料槽之间要定期清理，以免积累发霉变质的饲料或灰尘。

十四、猪只饮水器问题

一些猪场猪只出现问题，找来找去，原因是猪场不同部位的缺水。猪场容易缺水的情况有下面几种：一是水塔无水，停电或操作工人的失误引起，这种情况容易发现；二是水管破裂，局部问题，隐蔽地方的比较难以发现，但容易处理；三是饮水器堵塞，这种情况难以发现、容易忽视，要进到猪栏进行检查。

猪只缺水的早期，比较突出的表现就是乱叫、吃料减少，时间一久，食欲废绝、精神不振，如果饲养员责任心比较强，都容易发现。养猪和人一样，水甚至比食物更重要，“宁可三日无粮，不可一日无水”。因此，要多巡栏，特别是加强晚上的巡栏，注意异常情况，多检查饮水器特别是哺乳母猪的饮水器是否通畅。另外，停水、停电宁可挑水也要及时供水，不可不当一回事。

十五、母猪分娩时耳静脉输液

母猪分娩时需要力量，特别是后备母猪表现尤为突出。分娩过程中，母猪疲惫无力时，宫缩无力，难产增加，仔猪死胎增多，产程长。因此，在母猪产出第一头仔猪后，一律进行耳静脉注射葡萄糖（打点滴，使用人用的一次性注射器），这段时间也是母猪比较安静的时候，有利于注射。

母猪打点滴的方法（5%葡萄糖共3瓶1500毫升）：母猪产出第一头仔猪开始，第一瓶加青霉素640万单位或阿莫西林640万单位；第二瓶加维生素C 10毫升、复合B族维生素10毫升；第三瓶输液250毫升后加1毫升缩宫素，以利于胎衣、恶露的排出。

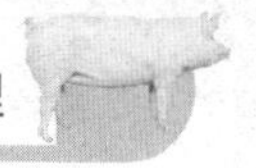

【注意】第一，青霉素或阿莫西林的量不能随意加大，以免以后产生太大的抗药性；第二，缩宫素不是用得越多越好，缩宫素用得越多，母猪子宫收缩越厉害，但没有力气，仔猪同样产不出来，相反只能增加子宫炎发生的机会，因此，要严控缩宫素的添加量。

十六、仔猪的护理细节管理

仔猪出生后应剪牙、断尾、断脐、擦净羊水和口内黏液，并马上放在保温箱内，温度控制在35℃，随着日龄的增加可每天下降1～2℃，到了7～30日龄时保持在20℃即可。此期间应加强人工护理，对弱小的仔猪进行并窝护理，提高仔猪的成活率，刚出生的仔猪一般都紧挨母猪躺卧，容易被母猪压死，因此要在产后的前3天使仔猪习惯母猪的生活习性，防止仔猪被压死、踩死、冻死等现象发生。因初乳中含有丰富的蛋白质、维生素E、维生素D、维生素C、免疫球蛋白等，可增强仔猪的抗病能力和免疫能力，仔猪应尽早吃初乳，一般在出生后1小时内。仔猪吃初乳之前，饲养员要挤掉第1滴奶水。为使仔猪均匀生长，提高存活率，应协助固定乳头，弱仔应固定在前面的乳头，强仔固定在后面的乳头，每小时哺乳1次，持续7天后可自由吃奶。2～3日龄开始补铁，每天需要量为7毫克。产后1～3天要进行断尾，公猪到睾丸中间，母猪到阴户下端，断尾钳在使用前应达到一定的温度，以防出血。7～10日龄时给小猪去势，去势过程中要保证舍内、器具消毒干净，有腹股沟阴囊疮和腹泻的仔猪暂时不去势。为了使仔猪在断奶后能尽快适应无母乳喂养，应在仔猪5～7天开始诱食补饲，补料要保证适口性好、易消化，避免断奶后导致仔猪腹泻、免疫力下降等问题。仔猪达到14～17日龄后应及早断奶，以防仔猪水肿病，同时还可节省饲养成本，提高母猪再孕次数和质量。在仔猪30日龄后，应肌内注射仔猪副伤寒疫苗1毫升或口服疫苗1毫升，还要采取超前免疫或20日龄、60日龄时各进行1次猪瘟疫苗免疫防疫灭病工作，以增强免疫能力，60日龄时，要对仔猪

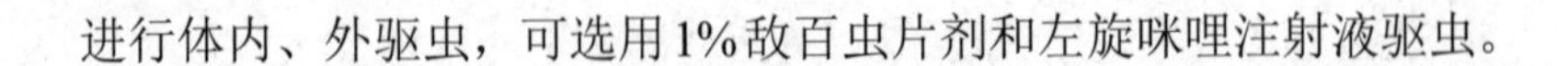

进行体内、外驱虫，可选用1%敌百虫片剂和左旋咪唑注射液驱虫。

十七、猪场的记录管理

记录管理应将猪场生产经营活动中的人、财、物等消耗情况及有关事情记录在案，并进行规范、计算和分析。目前许多猪场不重视记录管理，不知道怎样记录。猪场缺乏记录资料，导致管理者和饲养者对生产经营情况，如各种消耗是多是少、产品成本是高是低、单位产品利润和年总利润多少等都不十分清楚，更谈不上采取有效措施降低成本，提高效益。

（一）记录管理的作用

1. 猪场记录反映猪场生产经营活动的状况

完善的记录可将整个猪场的动态与静态记录无遗。有了详细的猪场记录，管理者和饲养者通过记录不仅可以了解现阶段猪场的生产经营状况，而且可以了解过去猪场的生产经营情况，有利于加强管理，对比分析，以进行正确的预测和决策。

2. 猪场记录是经济核算的基础

详细的猪场记录包括了各种消耗、猪群的周转及死亡淘汰等变动情况、产品的产出和销售情况、财务的支出和收入情况以及饲养管理情况等，这些都是进行经济核算的基本材料。没有详细的、原始的、全面的猪场记录材料，经济核算也是空谈，甚至会出现虚假的核算。

3. 猪场记录是提高管理水平和效益的保证

通过详细的猪场记录，并对记录进行整理、分析和必要的计算，可以不断发现生产和管理中的问题，并采取有效的措施来解决和改善，不断提高管理水平和经济效益。

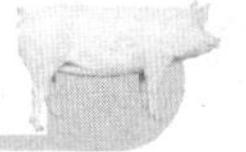

（二）猪场记录的原则

1. 及时准确

及时是根据不同记录要求，在第一时间认真记录，不拖延、不积压，避免出现遗忘和虚假。准确是按照猪场当时的实际情况进行记录，既不夸大，也不缩小，实实在在。特别是一些数据要真实，不能虚构。如果记录不精确，将失去记录的真实可靠性，这样的记录也是毫无价值的。

2. 简洁完整

记录工作烦琐就不易持之以恒地去实行。所以设置的各种记录簿册和表格力求简明扼要，通俗易懂，便于记录；完整要求记录全面系统，最好设计成不同的记录册和表格，并且填写完全、工整，以便于辨认。

3. 便于分析

记录的目的是为了分析猪场生产经营活动的情况，因此在设计表格时，要考虑记录下来的资料便于整理、归类和统计，为了与其他猪场的横向比较和与本场过去的纵向比较，还应注意记录内容的可比性和稳定性。

（三）猪场记录的内容

猪场记录的内容因猪场的经营方式与所需的资料而有所不同。

1. 生产记录

包括猪群生产情况记录（猪的品种、饲养数量、饲养日期、死亡淘汰、产品产量等）、饲料记录（将每日不同猪群，或以每栋或栏或群为单位所消耗的饲料按其种类、数量及单价等记载下来）、劳动记录（记载每天出勤情况，包括工作时数、工作类别以及完成的工作量、劳动报酬等）。

2.财务记录

包括收支记录（出售产品的时间、数量、价格、去向及各项收支情况）和资产记录（固定资产类，包括土地、建筑物、机器设备等的占用和消耗；库存物资类，包括饲料、兽药、在产品、产成品、易耗品、办公用品等的消耗数、库存数量及价值；现金及信用类，包括现金、存款、债券、股票、应付款、应收款等）。

3.饲养管理记录

包括饲养管理程序及操作记录（饲喂程序、猪群的周转、环境控制等记录）和疾病防治记录（包括隔离消毒情况、免疫情况、发病情况、诊断及治疗情况、用药情况、驱虫情况等。）

（四）猪场生产记录表格

记录记载表格是猪场第一手原始材料，是各种统计报表的基础，应认真填写和保管，不得间断和涂改。中小型猪场的生产记录表格见表7-1～表7-13。

表7-1　母猪产仔哺育登记表

猪舍栋号________　　　　____年____月____日

窝号	产仔日期	母猪号	母猪品种	与配公猪		交配日期	怀孕日期	产次	产仔数			存活数			死胎数	备注
				品种	耳号				公	母	计	公	母	计		

负责人______　　　　填表人______

表7-2　配种登记表

猪舍栋号______　　　　____年____月____日

母猪号	母猪品种	与配公猪		第一次配种时间	第二次配种时间	分娩时间	备注
		品种	耳号				

负责人______　　　　填表人______

表 7-3　猪只死亡登记表

猪舍栋号______　　　　　　　　　　　　____年____月____日

品种	耳号	性别	年龄	死亡猪只				备注
				数量/头	体重/千克	时间	原因	

负责人______　　　　　　　　　　　　填表人______

表 7-4　种猪生长发育记录表

猪舍栋号______　　　　　　　　　　　　____年____月____日

测定时间			耳号	品种	性别	月龄	体重/千克	胸围/厘米	体高/厘米	平均膘厚/厘米
年	月	日								

负责人______　　　　　　　　　　　　填表人______

表 7-5　疫苗购、领记录表

填表人______

购入日期	疫苗名称	规格	生产厂家	批准文号	生产批号	来源（经销点）	购入数量	发出数量	结存数量

表 7-6　饲料添加剂、预混料、饲料购、领记录表

填表人______

购入日期	名称	规格	生产厂家	批准文号或登记证号	生产批号或生产日期	来源（生产厂家或经销点）	购入数量	发出数量	结存数量

表 7-7　疫苗免疫记录表

填表人______

免疫日期	疫苗名称	生产厂家	免疫动物批次/日龄	栋、栏号	免疫数/头	免疫次数	存栏数/只	免疫方法	免疫剂量/（毫升/只）	耳标佩带数/个	责任兽医

表 7-8　消毒记录表

填表人______

消毒日期	消毒药名称	生产厂家	消毒场所	配制浓度	消毒方式	操作者

表 7-9　猪场入库的药品、疫苗、药械记录表

日期	品名	规格	数量	单价	金额	生产厂家	生产日期	生产批号	经手人	备注

表 7-10　猪场出库的药品、疫苗、药械记录表

日期	车间	品名	规格	数量	单价	金额	经手人	备注

表 7-11　购买饲料及出库记录表

日期	繁殖母猪			育肥猪		
	入库量/千克	出库量/千克	库存量/千克	入库量/千克	出库量/千克	库存量/千克

表 7-12　购买饲料原料记录表

日期	饲料品种	货主	级别	单价	数量	金额	化验结果	化验员	经手人	备注

表 7-13　收支记录表格

收入		支出		备注
项目	金额/元	项目	金额/元	
合计				

（五）猪场的报表

为了及时了解猪场生产动态和完成任务的情况，及时总结经验与教训，在猪场内部建立健全各种报表十分重要。各类报表力求简明扼要，格式统一，单位一致，方便记录。常用的报表有以下几种，见表7-14、表7-15。

表 7-14　猪群饲料消耗月报表或日报表

领料时间	料号	栋号	饲料消耗 / 千克			备注
			青料	精料	其他	

填表人______

表 7-15　猪群变动月报表或日报表

群别	月初 / 头	增加 / 头					减少 / 头						月末 / 头	备注
		出生	调入	购入	转出	合计	转出	调出	出售	淘汰	死亡	合计		
种公猪														
种母猪														
后备公猪														
后备母猪														
肥育猪														
仔猪														

填表人______

（六）规模化猪场生产表单

见表 7-16 ～表 7-23。

表 7-16　配种卡

母猪号：	组号：	配种人员姓名：
配种日期：	配种状态：W、G、O、R、P	胎次：
与配公猪号：	系别：	配种时间：

注：W—断奶猪、G—后备猪、O—空怀猪、R—返情猪、P—PASS 猪。

表 7-17　公猪使用卡

公猪号______

配种时间	母猪号	星期一	星期二	星期三	星期四	星期五	星期六	星期日

表 7-18　分娩卡

母猪号：	组号：	胎次：	
预产期：	分娩日期：	出生窝重：	
活仔：	死胎：	木乃伊：	
畸形：	弱仔：	公猪数：	；母猪数：
断奶日期：	断奶数：	断奶窝重：	
调圈记录：			
死亡统计：			

表 7-19　断奶周转卡

组别：		头数：		转群日期：		饲养员签字：		
平均断奶日龄：				总重：　千克		平均重：　千克		
免疫记录：								
公猪		头		母猪		头		
猪群变动								
日期								
死亡头数								
死亡原因								

表 7-20　育仔 - 育成周转卡

组别：	头数：	转群日期：	平均断奶日龄：
总重 / 千克		平均重 / 千克	
公猪头数：		母猪头数：	
死亡头数：		死亡原因：	
猪群变动			
日期：		饲养员签字：	

表 7-21　猪舍日报

位置	类别	期初	转入	购入	转出	出售	死亡	淘汰	自宰	期末
配种舍	种母猪									
	后备母猪									
	种公猪									
	后备公猪									
产房	种母猪									
	仔猪									
育仔舍	育仔猪									
育成舍	育成猪									
育肥舍	育肥猪									
测定舍	测定猪									
种猪死亡淘汰登记：										

表 7-22　生产周报

周数____天数____

妊娠舍产房				育仔舍	
种猪	系别	种猪	系别	种猪	系别
组数		产仔组数		转入组数	
配种头数		产仔窝数		转入头数	
配种次数		分娩率 /%		转入均重	
后备公猪		总产仔数		转出组数	
后备母猪		窝均产仔数		转出头数	
公猪死亡数		产活仔数		转出均重	
公猪淘汰数		窝均活仔数		成活率 /%	
母猪死亡数		打耳号数		仔猪死亡数	
母猪淘汰数		耳号率 /%		全舍存栏	
24 天妊娠组数		产死胎数		育成舍	
24 天妊娠头数		窝均死胎数		转入组数	
妊娠率 /%		产木乃伊数		转入头数	
30 天妊娠组数		窝均木乃伊数		转入均重	
30 天妊娠头数		弱仔数		转出组数	
妊娠率 /%		窝均弱仔数		转出头数	
50 天妊娠组数		平均出生重		转出均重	
50 天妊娠头数		本周出生数		出售种猪	
妊娠率 /%		本周死亡数		死亡头数	
90 天妊娠组数		断奶组数		淘汰头数	
90 天妊娠头数		断奶窝数		全舍存栏	
妊娠率 /%		断奶头数		育肥舍	
存栏　种公猪		均断奶头数		转入组数	
存栏　后备公猪		成活率 /%		转入头数	
存栏　种母猪		均断奶重		转入均重	
存栏　后备母猪		断奶日龄		转出头数	
备注：		母猪死淘数		出售　种猪	
		全舍母猪数		出售　肥猪	
		全舍仔猪数		死亡头数	
		备注：		淘汰头数	
全场总存栏				自宰捐赠数	
				全舍存栏	

表 7-23　年度生产计划项目

项目	计划	实际	与计划相比
配种头数			
分娩窝数 /%			
配种分娩率 /%			
总产仔数			
窝均产仔数			
产活仔数			
窝均活仔数			
产死胎数			
窝均死胎数			
产木乃伊数			
窝均木乃伊数			
断奶仔猪			
断奶成活率 /%			
育仔转出数			
育仔成活率 /%			
育成转出数			
育成成活率 /%			
育肥成活率 /%			
全期成活率 /%			
销售种猪			
销售肥猪			
合计出栏			
淘汰基础公猪			
淘汰基础母猪			
淘汰育成猪			
淘汰育肥猪			
合计淘汰数			
死亡种猪			
死亡育仔猪			
死亡育成猪			
死亡育肥猪			
合计死亡数			

（七）猪场记录的分析

通过对猪场的记录进行整理、归类，可以进行分析。分析是通过一系列分析指标的计算来实现的。利用成活率、繁殖率、增

重、饲料转化率等技术效果指标来分析生产资源的投入和产出产品数量的关系以及各种技术的有效性和先进性。利用经济效果指标分析生产单位的经营效果和盈利情况，为猪场的生产提供依据。

十八、保证猪场人员的稳定性

随着养猪业集约化程度越来越高，猪场现有管理技术人员及饲养员的能力与现代化养猪需求之间的差距逐步暴露出来，因此养猪人员的地位、工资福利待遇及技术培训也受到越来越多的关注。由于猪场存在封闭式管理环境、高养殖技术等特殊需求，因此要建立和完善一整套合理的薪酬激励机制，实施人性化管理措施，稳定猪场人员，使员工保持良好的爱岗敬业精神和工作热情。

十九、关注生产指标对利润的影响

猪场的主要盈利途径是降低成本，企业的成本控制除平常所说的饲料、兽药、人工、工具等直观成本之外，对于猪场的管理还应该注意影响养猪成本的另一个重要因素——生产指标。例如要降低每头出栏猪承担的固定资产折旧费用，需要通过增加母猪年产胎次，提高窝平均产仔数，提高成活率来解决。影响猪群单位增重饲料成本的指标有料肉比、饲料单价、育成率等，需要通过优化饲料配方和科学饲养管理来实现。猪场管理者要从经营的角度来看待研究生产指标，对猪场进行数字化、精细化管理，才能取得长期的、稳定的、丰厚的利润。

二十、兽医操作技术规范

（一）避免针头交叉感染

猪场在防疫治疗时要求1头猪1个针头，以避免交叉感染。但在实践中，往往只做到治疗时1头猪1个针头，正常免疫接种时，种猪1头猪1个针头，生长猪1栏1个针头，还有比这更差的。在当前规模养猪场，因注射器使用不当，导致猪群中存在着带毒、带菌猪以及猪只之间的交叉感染，为猪群的整体健康埋下很大的隐患。因此，规模养猪场应建立完善的兽医操作规程，并在执行中严格落实，确实做到1猪1针头，切断人为的传播途径。

（二）搞好母猪临产前的产床消毒

临产母猪上产床前，对产床不清洗消毒或清洗消毒不彻底或上产床后再清洗消毒，都会污染产床，使哺乳仔猪感染细菌、病毒和寄生虫，影响生产发育，甚至导致发病，降低成活率。

（三）按正确方法注射疫苗

给猪注射的疫苗过期、剂量不足，或稀释后的疫苗在室温条件下存放时间过长，使基础母猪群抗体水平参差不齐或出现阳性猪群，给场内的健康猪留下隐患。

（四）建立严格的消毒制度

消毒的目的就是杀死病原微生物，防止疾病的传播。各个猪场要根据各自的实际情况，制订严格规范的消毒制度，并认真执行。消毒剂的选择、配比要科学，喷雾方法要有效，消毒记录要准确。同时，室内消毒和室外环境的卫生消毒也十分重要，如果只重视室内消毒而忽视室外消毒，往往起不到防病治病和保障生猪健康的作用。

（五）严把投入品质量关

不合格的药品、生物制品、动物保健品和饲料添加剂等投入品的进场使用，会使生猪重大的传染病和常见病得不到有效控制，猪群持续感染病原并在场内蔓延。猪场应到有资质的正规单位购药，通过有效途径投药，并观察药品效价，达到安全治病的目的。

二十一、消毒的细节管理

（一）消毒注意事项

1.消毒需要时间

一般情况下，高温消毒时，60℃就可以将多数病原杀灭，但

汽油喷灯温度达几百摄氏度，喷灯火焰一扫而过，却不会杀灭病原，是因为时间太短。蒸煮消毒：在水开后30分钟可以将病原杀死。紫外线照射：必须达到五分钟以上。

【注意】这里说的时间，不单纯是消毒所用的时间，更重要的是病原体与消毒药接触的有效时间。因为病原体往往附着于其他物质上面或中间，消毒药与病原接触需要先渗透，而渗透则需要时间，有时时间会很长。这个可以把一块干粪便放到水中，看一下多长时间能够浸透。

2.消毒需要药物与病原接触

在产房消毒不会把保育舍的病原杀死，同样在产房，消毒药喷不到的地方的病原也不会被杀死。消毒育肥舍地面时，如果地面有很厚的一层粪，消毒药只能将最上面的病原杀死，而在粪便深层的病原却不会被杀死，因为消毒药还没有与病原接触。要求猪舍消毒前先将猪舍清理冲洗干净，就是为了减轻其他因素的影响。

3.消毒需要足够的剂量

消毒药在杀灭病原的同时往往自身也被破坏，一个消毒药分子可能只能杀死一个病原，如果一个消毒药分子遇到五个病原，再好的消毒药也不会效果好。关于消毒药的用量，一般是每平方米面积用1升药液。生产上常见到的则是不经计算，只是在消毒药将舍内全部喷湿即可，人走后地面马上干燥，这样的消毒效果是很差的，因为消毒药无法与掩盖在深层的病原接触。

4.消毒需要没有干扰

许多消毒药遇到有机物会失效，如果使用这些消毒药放在消毒池中，池中再放一些锯末，作为鞋底消毒的手段，效果就不会好了。

5. 消毒需要药物对病原敏感

不是每一种消毒药对所有病原都有效，而是有针对性的，所以使用消毒药时也是有目标的，如预防口蹄疫时，碘制剂效果较好，而预防感冒时，过氧乙酸可能是首选，而预防传染性胃肠炎时，高温和紫外线可能更实用。

【注意】 没有任何一种消毒药可以杀灭所有的病原，即使被认为最可靠的高温消毒，也还有耐高温细菌不被破坏。这就要求使用消毒药时，应经常更换，这样才能起到最理想的效果。

6. 消毒需要条件

如火碱是好的消毒药，但如果把病原放在干燥的火碱上面，病原也不会死亡，只有火碱溶于水后变成火碱水才有消毒作用，生石灰也是同样道理。福尔马林熏蒸消毒必须符合三个条件：一是足够的时间，24小时以上，需要严密封闭；二是需要温度，必须达到15℃以上；三是必须保证足够的湿度，最好在85%以上。如果脱离了消毒所需的条件，效果就不会理想。一个猪场对进场人员的衣物进行熏蒸消毒，专门制作了一个消毒柜，但由于开始设计不理想，消毒柜太大，无法进入屋内，就放在了舍外。夏秋季节消毒没什么问题，但到了冬天，他们仍然在舍外熏蒸消毒，这样的效果是很差的。还有的在入舍消毒池中，只是例行把水和火碱放进去，也不搅拌，火碱靠自身溶解需要较长时间，那刚放好的消毒水的作用就不确实了。

（二）消毒存在的问题

1. 光照消毒

紫外线的穿透力是很弱的，一张纸就可以将其挡住，布也可以挡住紫外线。所以，光照消毒只能作用于人和物体的表面，深层的部位则无法消毒。此外，紫外线照射到的地方才能消毒，如果消毒室只在头顶安一个灯管，那么只有头和肩部消毒彻底，其

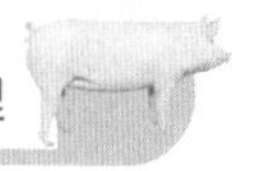

他部位的消毒效果也就差了。所以不要认为有了紫外线灯消毒就可以放松警惕。

2.高温消毒

时间不足是常见的现象，特别是使用火焰喷灯消毒时，仅一扫而过，病原或病原附着的物体尚没有达到足够的温度，病原是不会很快死亡的，这也就是为什么蒸煮消毒要20～30分钟以上的原因。

3.喷雾消毒

剂量不足，当看到喷雾过后地面和墙壁已经变干时，那就是说消毒剂量一定不够。一个猪场规定，喷雾消毒后一分钟之内地面不能干，墙壁要流下水来，以表明消毒效果。

这里涉及产房消毒是否也应该是这个样子，因为产房是最怕潮湿的。笔者认为，产房消毒也应该达到这样的标准，因为消毒造成的潮湿是暂时的，过一阵就会干燥，短时间的潮湿对仔猪的危害并不大。此外，这样的消毒方式不能过于频繁，如果三天两头都采用这样的消毒是不合适的，如确实需要增加消毒次数，可以一周之内一次彻底消毒，其他消毒采用简单形式，要求低一些，如可以用普通喷雾器消毒。

4.熏蒸消毒，封闭不严

甲醛是无色的气体，如果猪舍有漏气时无法看出来，这就使猪舍熏蒸时出现漏气而不能发现。尽管甲醛比空气重，但假如猪舍有漏气的地方，甲醛气体难免从漏气的地方跑出来，消毒需要的浓度也就不足了。如果消毒时间过后，进入猪舍没有呛鼻的气味，眼睛没有干涩的感觉，就说明一定有跑气的地方。

（三）怎样做好消毒

正常的消毒要分三步，清、冲、喷，如果是空舍消毒还需要增加熏、空两个环节。

清是指清理，即是把脏物清理出去。因为病原生存需要环境，细菌需要附着于其他物质上面，而病毒则必须依附在活细胞上才能生存，清理是把病原生存所依附的物质清理出去，病原也就被一起清理出了猪舍。如果不清理就消毒，会出现三个后果：一是因消毒药物剂量不足使消毒不彻底；二是增加消毒费用；三是增加舍内湿度。

冲是冲洗，是把清理剩下的脏物用水冲走。一个养猪高手介绍经验时，说他们对临产母猪上床的消毒，就像给人洗澡一样，猪体脏的时候，有时会使用洗衣粉等，以保证冲洗彻底，绝不让一点脏物带进产房。

喷也就是喷雾或喷洒消毒。这里出现了一个喷洒消毒，是因为尽管采用了清、冲的办法把猪舍脏物清理出去，但一般并不能做得很彻底，特别是地面饲养时。喷洒消毒使用的药量更大，速度也更快，而且设备也便于购置。喷雾消毒设备，或是价位太高，或是速度过慢，难以在大型猪场使用。喷雾消毒只适用于消毒频繁而且需要控制湿度的产房或保育舍使用。

熏是熏蒸消毒，一般使用甲醛熏蒸。

空是把猪舍变干燥，经历过清、冲、消、熏的病原，处于一个非常不适应的环境中，会很快死亡，这是一个被人们忽视的消毒方式。如果猪舍在进猪前能空闲一周，转群时的许多问题都会迎刃而解。

上面的五个步骤关键是执行到位，再好的措施执行不到位也没有好效果。

（四）消毒常见的漏洞

1. 产房仔猪铺板的消毒

产房保温箱一般使用木制垫板，因木质比较软，而且有缝隙，一般的清、冲消毒往往做不彻底，因为病原可能已经钻入疏松的木板里面。所以建议对木板的消毒采用浸泡消毒的方式。在猪场

里建一个与木板面积相应的浸泡池，木板在冲洗干净后，放入5%的火碱液中浸泡半小时以上，让火碱水渗入到木板里面，可以将里面的病原杀死。

2.产房、保育舍铸铁板缝隙的消毒

许多产房和保育舍，采用铸铁漏缝地板，这种方式有一个缺点，是板与板之间的缝隙很难冲洗干净，普通的冲洗不彻底，需要将板掀起来，冲洗干净后再放好。但这样做，一者加大员工工作量；二者，如果工作时不注意，很容易把人从床上掉下来，使操作人员望而生畏。笔者认为，尽管会增加工作量，也可能会使员工受伤，但如果不坚决执行，也就相当于消毒不彻底。消毒不彻底与不消毒的差别只是量的问题，而性质是一样的。针对这个问题，可以采用提高工资待遇的办法来刺激员工积极性，也可以在猪场专门安排清理冲洗人员。

3.进场人员的消毒

进场人员的消毒是防止疾病入场的重要手段，特别是从其他场返回的人员、与其他猪场人员接触过的人员、外来的参观学习人员、新招来的职工等，这些人因与其他猪场人员接触，难免身上带有其他场的病原。平时的消毒措施，不管是紫外线灯照射，还是身上喷雾，都不可能把衣服里边的病原杀死。所以针对进场人员，最好的办法是更换衣服，并洗澡。需要在场里工作的人员，则要将衣物进行熏蒸消毒，这样的消毒才是最彻底的。

4.售猪人员的消毒

售猪人员在售猪过程中，难免与拉猪车接触，如果售猪结束后直接进猪舍工作，就有将病原带进猪舍的可能，冬季大面积的口蹄疫和传染性胃肠炎的发生，与售猪车有直接关系，不能不引起重视。以下措施可供参考：一是把磅秤作为隔离带，场内人员把猪赶上磅秤，称好后，交给收猪人员负责赶上车，这一措施已在多数猪场采用，收猪人员已经接受；二是明确分工，在磅秤附近赶猪或过秤的人员固定，只在该区域活动，其他人员只负责从猪舍赶到磅秤，不与收猪人员接触；三是有专用售猪衣服和鞋，售猪时，参与售猪的每个饲养员都更换售猪用衣服和鞋，售猪结束后清洗消毒后待用，饲养人员仍穿原工作服和鞋进舍工作；四是售猪结束后，马上派专人对售猪场地进行彻底清洗消毒；五是平时将售猪区域变成隔离区，一般人员不得进入；六是严格执行上述规定，任何人不得违犯，否则严肃处理。

5. 玉米的消毒

秋冬季玉米在大路上晾晒，各种车辆从旁边过，如果有拉猪车甚至是拉死猪的车，车上不慎掉下一些东西，这些东西里面可能含有病原。猪场收购的玉米往往不去杂，现购现用，可能里面会含有病原，不进行消毒，病原直接让猪吃进肚子里而引发疫病。所以，要对玉米进行消毒。玉米消毒处理的方法：一是将购进的玉米进行过风或过筛去杂，因即使有病原一般也是在杂质里面；二是把玉米存放一阶段后使用，病原脱离了生存条件后，也会很快死亡。这两种措施并不复杂，大多猪场都可以采用。

6. 蚊子的消毒

蚊子的危害大家都清楚，夏季常发病如附红细胞体病和乙型脑炎，主要是蚊子传播的。蚊子传播疾病是用它的针头，在强调一猪一个针头的时候，却无法对蚊子的针头消毒，唯一的办法是使场内没有蚊子，消灭蚊子是最好的消毒。

二十二、用药的细节管理

药物使用关系到疾病控制和产品安全，使用药物必须慎重。生产中用药方面存在一些细节问题影响用药效果。

如对抗生素过分依赖。很多养殖户误以为抗生素“包治百病”，还能作为预防性用药，在饲养过程中经常使用抗生素和激

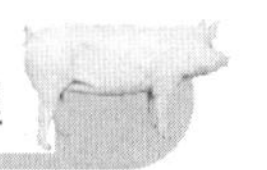

素，以达到增强猪抗病能力、提高增重率的目的。有些猪场不敢停药，怕一停药猪就会闹病，殊不知是药三分毒，用多了也会有副作用，应该有规律地定期投药。

盲目认为抗生素越新越好、越贵越好、越高级越好。殊不知各种抗生素都有各自的特点，优势也各不相同。其实抗生素并无高级与低级、新和旧之分，要做到正确诊断畜禽的疾病，对症下药，就要从思想上彻底否定“以价格判断药物的好坏、高级与低级”的错误想法。

未用够疗程就换药。不管用什么药物，不论见效或不见效，通通用两天就停药，这对治疗猪病极为不利。

不适时更换新药。许多饲养户用某种药物治愈了疾病后，就对这种药物反复使用，而忽略了病原对药物的敏感性。此外一种药物的预防量和治疗量是有区别的，不能某种用量一用到底。

药量不足或加大用量。现在许多兽药厂生产的兽药，其说明书上的用量用法大部分是按每袋拌多少千克料或兑多少水设置的。有些饲养户忽视了猪发病后采食量、饮水量要下降，如果不按下降后的日采食量计算药量，就会人为造成用药量不足，不仅达不到治疗效果，而且容易导致病原的耐药性增强。另一种错误做法是无论什么药物，按照厂家产品说明书，通通加倍用药。

盲目搭配用药。不论什么疾病，不清楚药理药效，多种药物胡乱搭配使用。

盲目使用原粉。每一种成品药都经过了科学的加工，大部分由主药、增效剂、助溶剂、稳定剂组成，使用效果较好。而现在五花八门的原粉摆上了商家的柜台，并误导饲养户说“原粉纯度高，效果好”。原粉多无使用说明，饲养户对其用途不很明确，这样会造成原粉滥用现象。另外现在一些兽药厂家为了赶潮流，其产品主要成分的说明中不用中文而仅用英文，饲养户懂英文者甚少，常常造成同类药物重复使用，这样不仅用药浪费，而且常出现药物中毒。

益生素和抗生素一同使用。益生素是活菌，会被抗生素杀死，造成两种药效果都不好。

二十三、疫苗使用混乱

疫苗需求量统计不准确，进货过多，超过有效期；保存温度高，虽在有效期内，但已失效，仍不丢弃；供电不正常，无应急措施，疫苗反复冻融；管理混乱，疫苗保存不归类，活苗与灭活苗放一块，该保鲜的却冰冻；运输过程中无冰块保温，在高温下时间过长，有的运输时未包好，受紫外线照射；用河水、开水或凉开水稀释疫苗；殊不知它们都直接影响疫苗的活性，最好用稀释液或蒸馏水、生理盐水等稀释疫苗；疫苗稀释后放置的时间过长，导致疫苗滴度低；使用剂量不准确，剂量不足或剂量过大造成免疫麻痹；使用活苗的同时，又在饲料中添加抗菌药。

二十四、猪场的环保工作

我国大部分省市都出台了养殖业排放标准和要求，要达到这一要求必须采用干清粪工艺，并实现雨水与污水的分流。也就是说，发酵床养猪、水冲粪养猪、水泡粪模式等都不能出现在新的猪场，环保只能靠干清粪。

干清粪猪舍的舍内地面和水泡粪建筑一样，只是漏缝板下1米左右另铺水泥地面，猪粪尿漏在地板下面的水泥地面上，3～7天人工清理、运走一次。优点是猪舍干燥、用水量减少、人工减少；缺点是建设成本增加1倍左右。

清粪后，猪舍1周左右一次冲洗出来的粪水，先经沉淀池进行固态粪渣与水分离，固态粪渣经过发酵后用于绿化苗木的种植或直接销售给种植水果、蔬菜的农户，废水进入沼气池发酵。沼气池出来的沼液有很高的肥效，可将大部分沼液引到山上浇灌绿化苗木，既能减轻处理压力，又能变废为宝，创造良好的生态效益。

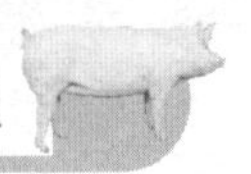

二十五、经营管理的细节

（一）树立科学的观念

树立科学的观念至关重要。只有树立科学观念，才能注重自身的学习和提高，才能乐于接受新事物、新知识和新技术。传统庭院小规模生产对知识和技术要求较低，而规模化生产对知识和技术要求更高（如场址选择、规划布局、隔离卫生、环境控制、废弃物处理以及经营管理等知识和技术）；传统庭院小规模生产和规模化生产疾病防治策略不同（传统疾病防治方法是免疫、药物防治，现代疾病防治方法是生物安全措施）。所以，规模化养猪场仍然固守传统的观念，不能树立科学观念，必然会严重影响养殖场的发展和效益提高。

（二）正确决策

猪场需要决策的事情很多，大的方面如猪场性质、规模大小、类型用途、产品档次以及品种选择，小的方面如饲料选择、人员安排、制度执行、工作程序等，如果关键的事情能够进行正确的决策就可能带来较大效益。否则，就可能带来巨大损失，甚至倒闭。但正确决策需要对市场进行大量调查。

（三）增强饲养管理人员的责任心

责任心是干好任何事的前提，有了责任心才会想到该想到的，做到该做到的。责任心的增强来源于爱。有了责任心才能用心，才能想到各个细节。饲养员的责任心体现应是爱动物，应是保质保量地完成各项任务，尽到自己应尽的责任。管理人员和领导的责任心的体现：一是爱护饲养员，给职工提供舒心的工作空间，并注意加强人文关怀（你敬人一尺，人敬你一仗）；二是给动物提供舒适的生存场所。

（四）员工的培训为成功插上翅膀

员工的素质和技能水平直接关系到养殖场的生产水平。猪场职工并不是清一色的优秀员工，体力不足的有，智力不足的有，责任心不足的也有，技术不足更是养殖场职工的通病，这些人的生产成绩将整个养殖场拉了下来，这一部分员工就要培训或按其所能放到合适的岗位。养殖场不注重培训的原因：一是有些养殖场认识不到提高素质和技能的重要性，不注重培训；二是有的养殖场怕为人家做嫁衣裳，培训好的员工被其他养殖场挖走；三是有的养殖场舍不得增加培训投入。

（五）舍得淘汰

生产过程中，畜禽群体内总会出现一些没有生产价值的个体或一些老弱病残的个体，这些个体不能创造效益，要及时淘汰，减少饲料、人力和设备等消耗，降低生产成本，提高养殖效益。生产中有的养殖场舍不得淘汰或管理不到位而忽视淘汰，虽然存栏数量不少，但养殖效益不仅不高，反而降低。

第八招 注重常见问题处理

【提示】

生产中的问题直接影响猪群的生产性能，时刻注意发现问题并及时解决，有利于提高养殖水平和生产效益。

一、猪种生产、选择和引进时常见问题及处理

（一）胡乱杂交

养猪生产中，通过杂交利用可获得较好的生产性能和最大的产出率，但杂交不是胡杂乱配，也不是任何情况下、任何的品种都可以杂交。杂种是否有优势，有多大优势，在哪些性状方面表现优势，杂种群中每个个体是否都能表现出相同的优势，这些主要取决于杂交用的亲本群体的遗传性能及其相互配合情况和饲养管理条件等。如果亲本群体缺乏优良基因，或亲本纯度很差，或两亲本群体在主要经济性状上基因频率无多大差异，或在主要性

状上两亲本群体所具有的基因其显性效应与上位效应都很小，或杂种缺乏充分发挥杂种优势的饲养管理条件，都不能表现出理想的杂种优势。因此，随意进行不同品种或种群间的杂交，其结果往往不理想。如有人用貌似纯种的杂种公猪配良种母猪，造成了种猪质量的下降或品种优势的丧失。事实上，表现型再好的杂种猪始终都是杂种，杂种的基因型是杂合子，无法将其亲本的优良性状稳定地遗传给后代。处理措施如下。

1. 掌握杂交的基本知识

杂交是指遗传类型不同的生物体互相交配或结合而产生杂种的过程。就某一特定性状而言，两个基因型不同的个体之间交配或组合就叫作杂交。杂交也是指一定概率的异质交配。不同品种间的交配通常叫作杂交，不同品系间的交配叫作系间杂交，不同种或不同属间的交配叫作远缘杂交。杂交可促使基因杂合，使原来不在一个种群中的基因集中到一个群体中来，通过基因的重新组合和重新组合基因之间的相互作用，使某一个或几个性状得到提高和改进，出现新的高产稳产类型。杂交可以产生杂种优势，不仅可使后代性状表现趋于一致，群体均值提高，生产性能表现更好，同时，可使有些基因被掩盖起来，使杂种的生活力更强。但两个亲本缺乏优良基因，或亲本群体纯度很差，或两亲本群体在主要性状上基因无多大差异，或缺乏充分发挥杂种优势的饲养条件，都不能表现出理想的杂种优势，也就不可能有好的生产性能表现，甚至出现不良表现。

2. 必须进行杂交用品种的配合力测定

配合力测定是指不同品种和品系间配合效果的测定。生产实践和科学研究证明，一个品种（品系）在某一组合中表现得不理想，而在另一组合中的表现可能比较理想。因此，不是任意两个品种（或品系）的杂交都能获得杂种优势。配合力表现的程度受多方面因素影响：不同组合（品系）相互配合的效果不同，同一

组合里不同个体间配合的效果也不一样，不同组合在相同环境里表现不同，同一组合在不同环境里表现不同。因此，在开展经济杂交前，必须进行杂交用品种的配合力测定，找出适合于本地区的优秀杂交组合。并在测定的基础上建立和健全杂交体系，使杂交用品种各自的优点在杂交后代身上很好结合。

（二）忽视种猪的选育

种猪生产中，人们重视饲养管理和疾病防控，忽视种猪选育，具体表现如下。一是“种”的概念不清晰，不少生产中使用的种猪，其血统来源、系谱信息、生产性能和种用价值说不清道不明。二是种猪性能测定工作欠缺，少有系统进行规范性能测定的种猪场，无法开展种用价值评定。种猪遗传评定或未开展，或层次较低，一些实用新型育种技术未得到应有的应用，种猪的遗传性能难以保障，制约了猪群生产性能的提高。三是不少种猪场种猪的选种选配基本上凭借技术人员的经验和感觉进行，种猪的质量很难保障，猪群的性能也很难有效保持和提高。四是区域性繁育体系混乱、不健全，杂交父本和母本多元，杂交利用不规范，难形成规格、标准、竞争力强的养猪产品和品牌。由于没有开展必要的育种工作，导致引进的种猪群体性能难以持续保证，不少猪场只有通过频繁引种以解决猪群近交程度严重、猪群性能下降的问题。种猪“引种—退化—再引种”的恶性循环年复一年地重演，不仅制约了养猪业的发展，也增加了疾病传播的风险，给养猪生产的健康和安全造成了严重影响。处理措施如下。

1.加强种猪的规范化管理

强化“种”的意识，把好引种关，坚持做好种猪的系谱记录与管理，做到种猪系谱等基本档案健全、清晰。

2.加强种猪性能测定及结果的记录与管理

为生产中开展猪群生产水平评价、种猪遗传评定、杂交组合筛选等提供基础和依据。

3.加大遗传评定和先进育种技术的应用

大力推进种猪的遗传评定，切实保障生产中所用种猪的遗传性能。结合实际，及时应用先进的育种技术和手段，不断提高种猪的选育水平和性能。

4.科学选种选配

在规范性能测定和遗传评定的基础上，开展科学的选种选配，保持并提高猪群生产性能。

（三）忽视种猪健康状况

有的养殖者在引种时只考虑价格、体型，而忽略了健康这个关键要素，引进种猪时同时把疾病引了回来。或从多家种猪场引种，增加了疾病风险。因各个种猪场的细菌、病毒差异很大，而且现在疾病多数都呈隐性感染，不同猪场的猪混群后暴发疾病的可能性增大。

处理措施：种猪健康状况是在引种时应首先考虑的重要问题。在引种时应首先注意猪场的防疫制度是否完善，执行是否严格，所在地区是否为疫区，所处的环境位置是否有利于防疫。选择隔离条件好、种猪来源渠道正规、检疫严格、建立严格的综合防疫制度、信誉度高的种猪企业引种。引进种猪时要尽量从一家种猪场引进。

（四）过分强调猪的体型或引进过大的种猪

生产中，有些猪场在引进种猪时过分强调种猪的体型，只要是臀部肥大的猪，不管它的生产性能、产仔数、料肉比、瘦肉率等各项指标如何就盲目引进，殊不知，臀部过于肥大的母猪容易发生难产，给猪场造成不应有的损失。在引进种猪时，很多猪场喜欢引进体重大的猪。体重过大的母猪往往是在60千克以后没有给其饲喂后备母猪料，仍然用含有促生长剂的育肥猪饲料喂猪，

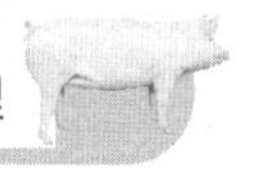

而这些促生长剂会损害母猪生殖系统的发育，降低后备母猪的发情率以及配种受胎率，造成很大的损失。处理措施如下。

1.注重品质选择

引进种猪时，公猪要侧重于瘦肉率、胴体品质、肢蹄健壮状况、生长速度、饲料报酬等性状，后备母猪则应侧重于产仔数、泌乳力及母性品质等方面指标。

2.引进体重和月龄较小的种猪

这样猪场自己培育可以保证育成猪的质量。

（五）盲目引种

有的猪场在引种时不注重细致了解检查，盲目性大，结果造成疾病风险和经济损失。

处理措施：引种时要做到三查。一是查“二证一谱”。即种畜种禽合格证、动物防疫合格证和种猪系谱必须齐全。二是查种猪场近年来品种更新和种猪的健康情况。查种猪的来源、纯度、时间、代次和性能表现等。三是查种猪场种猪血液中带菌带毒情况。通过化验室检测结果证明，无蓝耳病、圆环病毒病、伪狂犬病、细小病毒病和猪瘟等疫病方可选为引种场。若对引进种猪的健康状况了解不清，将带来疫病风险。

二、人工授精时存在的问题及处理

（一）把公猪与母猪饲养在同一栏舍内或一个区域内

许多猪场出于方便同时也认为可以促进母猪发情，把公猪与母猪饲养在同一栏舍内或一个区域内，或者在配种舍饲养有专门用于诱情的公猪。这样其实适得其反。结果是母猪的发情状况不见得比分开饲养好，但是公猪的自淫增加，性欲减退，非正常淘汰率升高。实践证明，公猪也有“审美疲劳”，不宜长期与母猪饲养在一起。

处理措施：公母猪分开饲养。

（二）采精只取射精过程中较浓的部分

有的猪场采精只取射精过程中较浓的部分，认为精子多，受精率高，其实是不对的。公猪射出的精液一般是先稀后浓，最后又转成稀，差别是前者多副性腺分泌液，而浓者精子多副性腺分泌液少。

处理措施：除最先一些精液不采外其余的应全采。最先一些精液不采可防尿道中不洁物污染精液，但其后应尽量全采，因为性腺液有缓冲和营养精子的作用，仅采浓者，精子存活时间较短，而且必须在30分钟内完成稀释和输精。

（三）忽视输精瓶的选择

忽视输精瓶的选择，瓶壁过厚，挤瓶输精影响精子的活力，且容易造成精液倒流，影响授精效果。

处理措施：最好采用瓶壁比较薄的自流瓶，输精的时候，输精管微微向上倾斜，母猪的自然收缩功能会把精液吸进子宫里，一般自动吸进时间需要5～6分钟。

（四）忽视公猪更新

为降低种猪成本，忽视公猪更新，公猪老龄化现象比较突出。老龄公猪的精子质量存在“低能”的现象，受胎率、产仔数和优秀性能的遗传力不尽如人意。

处理措施：增加公猪更新速度。2岁以上公猪就不应再使用，一般的做法是每年更新（含病损淘汰）50%～70%。

（五）采精时戴胶手套

采精时戴上胶手套感到卫生。由于大部分胶手套存在化学物质的污染，如许多手套均有滑石粉等物质，对精子具有杀伤作用。

纠正措施：采精时不要戴胶手套。

（六）投料后马上进行输精操作

有的猪场投料后马上进行输精操作，结果是食余热（HI）的

产生造成输精后精子死亡，母猪吃料后血液循环主要集中在胃肠部，母猪不愿运动，性欲低，容易导致返情。

处理措施：配种前1小时内不应投料。

（七）稀释液混合好之后立即用来处理精液

有的猪场准备不足，稀释液混合好后立即用来处理精液，结果缓冲剂化学反应影响精液质量。

处理措施：稀释液混合好之后60分钟内不可使用，必须在采精前至少1小时把稀释液准备好。

（八）精液输完输精过程就完成

精液输完输精过程就完成，不注意对母猪进行刺激，导致精液倒流。

处理措施：一般要求输精刺激应从输精前8分钟开始到完成后15分钟停止，并防止母猪立即躺下，以免精液倒流。

三、饲料选择中的问题处理

（一）饲料原料差的问题处理

饲料原料质量直接关系到配制的全价饲料质量，同样一种饲料原料的质量可能有很大差异，配制出的全价饲料饲养效果就很不同。有的养殖户在选择饲料原料时存在注重饲料原料的数量而忽视质量的误区，甚至有的为图便宜或害怕浪费，将发霉变质、污染严重或掺杂使假的饲料原料配制成全价饲料，结果是严重影响全价饲料的质量，危害猪的繁殖和生长发育，甚至引起发病和死亡。处理措施如下。

1.选择优质饲料原料

在配制全价饲料选择饲料原料时，必须注意不仅要考虑各种饲料原料的数量，更应注重质量，要选择优质的、不掺杂使假、没有发霉变质的饲料原料。

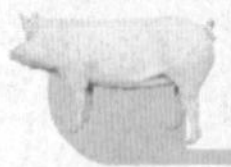

2. 不同饲料原料在猪日粮中要有适宜的比例

常用饲料在不同饲料配合中的适宜用量见表8-1。

表 8-1　不同饲料在配合饲料中的适宜参考用量　　单位：%

饲料	妊娠料	哺乳料	开口料	生长育肥料	浓缩料
动物脂（稳定化）	0	0	0～4	0	0
大麦	0～80	0～80	0～25	0～85	0
血粉	0～3	0～3	0～4	0～3	0～10
玉米	0～80	0～80	0～40	0～85	0
棉籽饼	0～5	0～5	0	0～5	0～20
菜籽饼	0～5	0～5	0～5	0～5	0～5
鱼粉	0～5	0～5	0～5	0～12	0～40
亚麻饼	0～5	0～5	0～5	0～5	0～20
骨肉粉	0～10	0～5	0～5	0～5	0～30
高粱	0～80	0～80	0～30	0～85	0
糖蜜	0～5	0～5	0～5	0～5	0～5
燕麦	0～40	0～15	0～15	0～20	0
燕麦（脱壳）	0	0	0～20	0	0
脱脂奶	0	0	0～20	0	0
大豆饼	0～20	0～20	0～25	0～20	0～85
小麦	0～80	0～80	0～30	0～85	0
麦麸	0～30	0～10	0～10	0～20	0～20
酵母	0～3	0～3	0～3	0～3	0～5
稻谷	0～50	0～50	0～20	0～50	0

（二）猪添加维生素的问题处理

维生素是一组化学结构不同，营养作用、生理功能各异的低分子有机化合物，是维持机体生命活动过程中不可缺少的一类有机物质，包括脂溶性维生素（如维生素A、维生素D、维生素E及维生素K等）和水溶性维生素（如B族维生素和维生素C等），它的主要生理功能是调节机体的物质和能量代谢，参与氧化还原反应。另外，许多维生素是酶和辅酶的主要成分。青饲料中含有大量维生素，散放饲养条件下，猪可以自由采食青菜、树叶、青草等青饲料，一般不易缺乏。规模化舍内饲养，青饲料供应成为问题，人们多以添加人工合成的多种维生素来满足猪的需要。但在

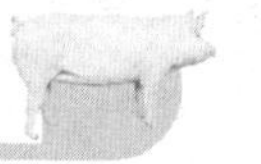

添加使用中存在如下一些问题。一是选购不当。市场上维生素品种繁多，质量参差不齐，价格也有高有低。饲养者缺乏相关知识，不了解生产厂家状况和产品质量，选择了质量差或含量低的多种维生素制品，影响了饲养的效果。二是使用不当。添加剂量不适宜。有的过量添加，增加饲养成本，有的添加剂量不足，影响饲养效果，有的不了解使用对象或不按照维生素生产厂家的添加要求盲目添加等。与饲料混合不均匀。维生素添加量很少，都是比较细的物质，有的饲养者不能按照逐渐混合的混合方法混合饲料，结果混合不均匀。不注意配伍禁忌。在猪发病时经常会使用几种药物和维生素混合饮水使用。添加维生素时不注意维生素之间及与其他药物或矿物质间的拮抗作用，如B族维生素与氨丙啉不能混用，链霉素与维生素C不能混用等，否则影响使用效果。不能按照不同阶段猪的特点和不同维生素特性正确合理的添加。

处理措施如下。

1.选择适当的维生素制剂

不同的维生素制剂产品其剂型、质量、效价、价格等均有差异，在选择产品的时候要特别注意和区分。对于维生素单体要选择较稳定的制剂和剂型；对于复合多维产品，由于检测成本的关系，很难在使用前对每种单体维生素含量进行检测，因此在选择时应选择有质量保证和信誉好的产品。同时还应注意产品的出厂日期，以近期内出厂的产品为佳。

2.正确把握猪对维生素的需要量

猪的种类、性质、品种以及饲养阶段不同，对各类维生素的需要量就不同。饲料中多种维生素的添加量可按生产厂家要求的添加量在其基础上增加10%～15%的安全裕量（在使用和生产维生素添加剂时，考虑到加工、贮藏过程中所造成的损失以及其他各种影响维生素效价的因素，应当在猪需要量的基础上，适当超量应用维生素，以确保猪生产的最佳效果）。另外，猪的健康状况及各种环境因素的刺激也会影响猪对维生素的需要量。一般在应激情况下，猪对某些维生素的需要量将会提高。如在接种疫苗、感染球虫病以及发生疾病时，各种维生素的补充均显得十分重要。在高温季节，要适当增加脂溶性维生素和B族维生素的用量，尤其要注意对维生素C的补充。如刚断奶仔猪抵抗力弱，外界环境任何微小的变化都可能使其产生应激反应，同时也极容易受到外界各种有害生物的侵袭而感染疾病。所以在断奶前后在饮水中添加维生素C对仔猪而言是极为有益的。当猪群发生疾病时，添加维生素作为治疗的辅助措施具有十分重要的作用，特别是添加维生素A、维生素C、维生素K。有研究表明，维生素E、维生素C能增强机体的免疫功能，提高猪体对各种应激的耐受力，促进病后恢复和生长发育。维生素K能缩短凝血时间，减少失血，因此对一些有出血症状的疾病能起到减轻症状、减少死亡的作用。

3.注意维生素的理化特性，防止配伍禁忌

使用维生素添加剂时，应注意了解各种维生素的理化特性，重视饲料原料的搭配，防止各饲料成分间的相互拮抗，如有机酸防霉剂与多种维生素、氯化胆碱与其他维生素等之间均应避免配伍禁忌。氯化胆碱有极强的吸湿性，特别是与微量元素铁、铜、锰共存时，会大大影响维生素的生理效价。所以在生产维生素预混料时，如加氯化胆碱则须单独分装。

4.正确使用与贮藏

维生素添加剂要与饲料充分混匀，浓缩制剂不宜直接加入配合饲料中，而应先扩大预混后再添加。市售的一些维生素添加剂一般都已经加有载体而进行了预配稀释。选用复合维生素制剂时，要十分注意其含有的维生素种类，千万不要盲目使用。购进的维生素制剂应尽快用完，不宜贮藏太久。一般添加剂预混料要求在

1～2个月内用完，最长不得超过6个月。贮藏维生素添加剂应在干燥、密闭、避光、低温的环境中。

5.采用适当的措施防止霉菌污染

在高温高湿地区，霉菌及其毒素的侵害是普遍问题。饲料中霉菌及其毒素不仅危害畜禽健康，而且破坏饲料中的维生素。但如果为了控制霉菌而在饲料中使用一些有机酸类饲料防霉剂，则将导致天然维生素含量大幅度降低。

（三）选用饲料添加剂时的问题处理

饲料添加剂可以完善日粮的全价性，提高饲料利用率，促进猪的生长发育，防治某些疾病，减少饲料贮藏期间营养物质的损失或改进产品品质等。添加剂可以分为营养性添加剂和非营养性添加剂。营养性添加剂除维生素、微量元素添加剂外，还有氨基酸添加剂；非营养性添加剂有抗生素、草药添加剂、酶制剂、微生态制剂、酸制剂、寡聚糖、驱虫剂、防霉剂、保鲜剂以及调味剂等。但在使用饲料添加剂时，也存在一些误区：一是不了解饲料添加剂的性质特点盲目选择和使用；二是不按照使用规范使用；三是搅拌不匀；四是不注意配伍禁忌，影响使用效果。处理措施如下。

1.正确选择

目前饲料添加剂的种类很多，每种添加剂都有自己的用途和特点。因此，使用前应充分了解它们的性能，然后结合饲养目的、饲养条件、猪的品种及健康状况等选择使用。选择国家允许使用的添加剂。

2.用量适当

用量少，达不到目的，用量过多会引起中毒，增加饲养成本。用量多少应严格遵照生产厂家在包装上所注的说明或实际情况确定。

3.搅拌均匀

搅拌均匀程度与饲喂效果直接相关。具体做法是先确定用量，将所需添加剂加入少量的饲料中，拌和均匀，即为第一层次预混料；然后再把第一层次预混料掺到一定量的（饲料总量的1/5 ～ 1/3）饲料上，再充分搅拌均匀，即为第二层次预混料；最后再把第二层次预混料掺到剩余的饲料上，拌均匀即可。这种方法称为饲料三层次分级拌和法。由于添加剂的用量很少，只有多层分级搅拌才能混均。如果搅拌不均匀，即使是按规定的量饲用，也往往起不到作用，甚至会出现中毒现象。

4.混于干饲料中

饲料添加剂只能混于干饲料（粉料）中，短时间贮存待用才能发挥它的作用。不能混于加水的饲料和发酵的饲料中，更不能与饲料一起加工或煮沸使用。

5.注意配伍禁忌

多种维生素最好不要直接接触微量元素和氯化胆碱，以免降低药效。在同时饲用两种以上的添加剂时，应考虑有无拮抗、抑制作用，是否会产生化学反应等。

6.贮存时间不宜过长

大部分添加剂不宜久放，特别是营养添加剂、特效添加剂，久放后易受潮发霉变质或氧化还原而失去作用，如维生素添加剂、抗生素添加剂等。

（四）预混料选用的问题处理

预混料是由一种或多种营养物质补充料（如氨基酸、维生素、微量元素）和添加剂（如促生长剂、驱虫剂、抗氧化剂、防腐剂、

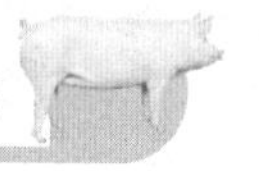

着色剂等）与某种载体或稀释剂，按配方要求比例均匀配制的混合料。添加剂预混料是一种半成品，可供配饲料工厂生产全价配合饲料或浓缩料，也可供有条件的养猪户配料使用。可根据预混料厂家提供的参考配方，利用能量饲料、蛋白质补充料与预混料配合成全价饲料，饲料成本比使用全价成品料和浓缩料都低一些。

预混料是猪饲料的核心，用量小，作用大，直接影响饲料的全价性和饲养效果。但在选择和使用预混料时存在一些误区。一是缺乏相关知识，盲目选择。目前市场上的预混料生产厂家多，品牌多，品种繁多，质量参差不齐，由于缺乏相关知识，盲目选择，结果选择的预混料质量差，影响饲养效果。二是过分贪图便宜购买质量不符合要求的产品。俗话说“一分价钱一分货”，这是有一定道理的。产品质量好的饲料，由于货真价实，往往价钱高，价钱低的产品也往往质量低。三是过分注重外在质量而忽视内在品质。产品质量是产品内在质量和外在质量的综合反映。产品的内在质量是指产品的营养指标，如产品的可靠性、经济性等；产品的外在质量是指产品的外形、颜色、气味等。有部分养殖户在选择预混料产品时，往往偏重于看预混料的外观、包装如何，其次是看色、香、味。由于预混料市场竞争激烈，部分商家想方设法在外包装和产品的色、香、味上下功夫，但产品内在质量却未能提高，养殖户不了解，往往上当。四是不能按照预混料的配方要求来配制饲料，随意改变配方。各类预混料都有各自经过测算的推荐配方，这些配方一般都是科学合理的，不能随意改变。例如，豆粕不能换成菜籽粕或者棉粕，玉米也不能换成小麦，更不能随意增减豆粕的用量，造成蛋白质含量过高或不足，影响生长发育，降低经济效益。五是混合均匀度差。目前，农村大部分养殖户在配制饲料时都是采用人工搅拌。人工搅拌，均匀度达不到要求，严重影响了预混料的使用效果。六是使用方式和方法欠妥。如不按照生产厂家的要求添加，要么添加多，要么添加少，有的不看适用对象，随意使用，或其他饲料原料粒度过大等，影响使用效果。七是使用1%的预混料与使用4%的预混料比可以降低生产成本。处理措施如下。

1. 正确选择

根据不同的使用对象，如不同类型的猪或不同阶段的猪选用不同的预混料品种。选择质量合格产品。根据国家对饲料产品质量监督管理的要求，凡质量合格的产品应符合如下条件：①要有产品标签，标签内容包括产品名称、饲用对象、批准文号、营养成分保证值、用法、用量、净重、生产日期、厂名、厂址；②要有产品说明书；③要有产品合格证；④要有注册商标。

2. 选择规模大、信誉度高的厂家生产的质量合格、价格适中的产品

不要一味考虑价格，更要注重品质。长期饲喂营养含量不足或质量低劣的预混料，畜禽会出现拉稀、腹泻现象，这样既阻碍畜禽的正常生长，又要花费医药费，反而增加了养殖成本，捡了“芝麻”，丢了“西瓜”，得不偿失。

3. 正确使用

按照要求的比例准确添加，按照预混料生产厂家提供的配方配制饲料，不要有过大改变。用量小起不到应有作用，用量大饲料成本提高，甚至可能引起中毒。饲料粒度粉碎合适。

4. 搅拌均匀

预混料用量微小，在没有高效搅拌机的情况下，应采取多次稀释的方法，使之与其他饲料充分混匀。如1千克预混料加入100千克配合饲料时，应将1千克预混料先与1～2千克饲料充分拌匀后，再加2～4千克饲料拌匀，这样少量多次混合，直到全部拌匀为止。

5.妥善保管

添加剂预混料应存放于低温、干燥和避光处，与耐酸、碱性物质放在一起。包装要密封，启封后要尽快用完，注意有效期，以免失效。贮放时间不宜过长，时间一长，预混料就会分解变质，色味全变。一般有效期为夏季最多 3 天，其他季节不得超过6天。

6.猪场最好使用4%以上的预混料配制日粮

因为4%以下的预混料需要另外采购石粉、磷酸氢钙、食盐、氯化胆碱等其他添加剂才能配制全价料。猪场对这些原料一般没有化验设备，质量没办法控制，同时猪场的搅拌机对这些预混料很难搅拌均匀。猪天天关在猪圈中，饲料中缺什么都会影响猪的生产，甚至引发疾病。特别像现在高密度、集约化养猪，猪对饲料中维生素等含量要求更高。许多猪场都有这样的经历，将1%的预混料换成4%的预混料后，饲料的稳定性和经济效益都有较大提高。

四、饲料配制的问题处理

（一）饲料中盲目补硒

硒是重要的微量元素，具有重要功能。缺硒的饲料喂猪，容易发生缺硒症，但过量也可引起中毒。饲料中一般不会缺硒，预混料更不会缺硒，用预混料时不需要添加其他添加剂。但有的人会认为中国存在缺硒地带，所以就认为饲料中一定缺硒，盲目在饲料中补硒。

处理措施：使用了含有微量元素的预混料，不要再在饲料中额外补硒。因为缺硒地带的玉米、大豆等植物中虽然硒含量少，但多少都有点，在设计预混料时是不考虑饲料原料中的硒含量的，

预混料中的硒已足够猪生长需要，更何况大多数厂家硒的添加量一般会加倍。猪对硒的需要量一般为0.2～0.3毫克/千克饲料，许多饲料公司提供的预混料配成全价料后硒的含量可以达到0.6～0.7毫克/千克。

（二）瘦肉型良种猪饲料中大量使用加粗稻糠

有些中小型猪场在瘦肉型良种猪饲料中大量使用粗稻糠，认为这样不仅可以节约成本，而且可以防止便秘。实际上，不仅增加了饲料成本（如怀孕母猪每天饲喂含稻糠的饲料，需要采食5～6千克饲料，每千克2.0元，则需要投入10元以上；而饲喂正规饲料，只需要2.5千克，每千克饲料3.0元，只需要投入7.5元），而且影响生产性能。

处理措施：猪饲料中尽量不用或少用粗稻糠。为了保证饲料中粗纤维含量，防止猪的便秘，在保证充足饮水的情况下，怀孕母猪饲料和种公猪饲料中添加18%～24%的麦麸，肥育猪饲料中添加8%～10%的麦麸。实在没有麦麸，可在怀孕母猪饲料和种公猪饲料中添加10%～12%的粗稻糠，肥育猪饲料中添加5%的粗稻糠。为预防便秘，种公猪、怀孕母猪、肥育猪的饲料中按1%～2%的比例添加，哺乳母猪按0.5%的比例添加快乐猪宝。快乐猪宝是复方中药经过超微粉碎发酵后，添加高浓度活菌制成的微生态制剂，解决便秘是其功效之一，快乐猪宝的价格也很低廉。

（三）饲料中盲目添加豆腐渣、啤酒糟、白酒糟、油糠、菊花粉等

饲料多种多样，可以利用饲料的多样性来降低饲料成本，提高饲料资源利用率。但生产中，有的猪场（户）为降低饲料成本，盲目地在饲料中大量使用豆腐渣、啤酒糟、白酒糟、油糠、菊花粉等来替代玉米、豆粕等饲料原料，导致饲料营养平衡破坏，营养含量降低，饲料使用效果差。

处理措施：科学合理地利用豆腐渣、啤酒糟、白酒糟、油

糠、菊花粉等非常规饲料原料。如怀孕母猪料的正规配方为：玉米64%、豆粕14%、麦麸18%、预混料4%。如果豆腐渣便宜又充足，可以添加湿豆腐渣24%（3千克湿豆腐渣折算为1千克干料），将玉米降到56%，这样既省钱又不影响饲喂效果，但喂料量应进行适当的调整。如果酒糟、油糠充足廉价，可以替代麦麸，其配方为：玉米64%、豆粕14%、油糠10%、湿酒糟24%、预混料4%。配制饲料时，将干饲料配好，喂猪时将湿的酒糟或豆腐渣拌匀后饲喂。使用时必须注意，配方的调整中湿豆腐渣、啤酒糟、白酒糟等只能代替部分麦麸和玉米，不能代替豆粕等蛋白原料，不能减少豆粕和浓缩料的使用量。

（四）用生黄豆代替豆粕喂猪

有的猪场认为生黄豆营养价值高，不易掺假，使用更经济方便，代替豆粕喂猪更好。

处理措施：生黄豆虽然营养价值高，但含有许多抗营养因子。用生黄豆代替豆粕，只能用于母猪妊娠期，其他猪不能代替。生黄豆代替豆粕喂妊娠母猪，具体做法是：将生黄豆粉碎后用清水浸泡12～24小时，然后倒掉清水，将泡好的生黄豆粉拌入饲料饲喂。如果将泡好的生黄豆和玉米放入锅内煮熟后加入乳猪、仔猪预混料，则可以饲喂乳猪和仔猪。母猪哺乳期最好用豆粕或豆饼。

五、全价饲料选择的问题处理

（一）注重饲料颜色而忽视质量

配合饲料注重其营养成分的全面与平衡，而饲料颜色的深浅与饲料本身的营养价值高低并没有直接的关系，如在植物类蛋白质饲料中，豆饼（粕）的颜色浅黄，其营养价值及适口性相对较好，人们就认为饲料颜色浅黄，质量就好。这其实不完全正确，实际上只要能科学地合理搭配，照样能配合出营养全面平衡的饲料。有些饲料生产厂家为了追求高额利润，利用群众追求饲料颜色的心理，在生产中加入化学颜料，以次充好，来扩大销售量，坑害消费者，饲养者不可不防。

（二）选择饲料香味浓的饲料

配合饲料的气味应以饲料本身固有的气味为主，在配合饲料中适量加入调味剂，能提高饲料适口性，刺激食欲，增加饲料转化率，促进畜禽生长。但它们只是改变了饲料的物理性状，对饲料本身营养价值影响不大，若片面追求感观效果，过量添加有可能产生某些毒副作用（如食盐中毒等）。

（三）饲料腥味大鱼粉含量不差

优质鱼粉在动物性蛋白质饲料中其营养价值是相对较高的，但因其产量有限，价格相对较高，饲料厂一般配合用量不会太高，而是添加鱼香素等有鱼腥香味的诱食剂，来增加饲料的鱼香味，也就是说饲料的鱼香味的大小并不完全证明该饲料所含鱼粉的多少，用户对此应有清醒的认识。

（四）蛋白质含量高饲料就好

虽然蛋白质是猪生长发育不可缺少的营养素，但并不是饲料中蛋白质含量越高越好，只有蛋白质含量与能量等营养素达到平衡，才能发挥其应有的作用。片面提高饲料中蛋白质含量，而不注重能量和氨基酸的合理搭配，多余的蛋白质会首先转化为能量而造成浪费；多余蛋白质代谢会使猪的体热增高，猪舍中氨气含量升高，给猪的生长造成不良影响。另外，如果饲料中蛋白质来源于羽毛粉、皮革粉、非蛋白氮以及蛋白精等原料，蛋白质含量高不仅不能提高猪的生长效果，并且还会引起小动物拉稀、痛风等，这也是饲料中蛋白质水平相同、价格不同的原因之一。因此，并不是饲料中蛋白质含量越高越好。

（五）猪皮红毛亮饲料的效果就好

猪的皮肤颜色是由猪的品种决定的，饲料对猪的皮肤颜色影响主要是因为添加有机砷制剂，增加血管扩张，促进了血液循环

而使肤色变红，此物质会造成水源、土壤污染，在肉中残留后会对人健康造成影响。养猪户养猪的目的是为了赚钱，而不是把猪当成观赏动物。所以，不要追求可以使猪皮红毛亮的饲料。

（六）猪粪越黑不能说明饲料越好

许多养猪者认为猪的粪便越黑越好，粪黑饲料消化吸收得好，粪黄消化吸收得差。其实这也是误区。衡量饲料消化率的标志不在于粪的颜色，而在于饲料转化率（料重比）。有些饲料猪吃后拉的粪便颜色非常黑，是因为饲料中添加了高剂量的硫酸铜，消化吸收不了的硫酸铜在猪体内经过化学变化后，变成黑色的氧化铜，从而使粪便颜色变黑，并不是饲料消化吸收得好。饲料中添加高剂量铜（在一定的剂量范围内）对仔猪有促生长作用，但对生长肥育猪的效果不仅不明显，反而有害：一方面多余的铜随粪便排出造成水土环境污染；另一方面猪肉中残留的铜对人体健康有害。因此不提倡使用高铜日粮。如果硫酸铜的添加量较高，会导致猪吃了吐，吐了还吃，严重影响生长和健康。

（七）霉菌毒素的危害严重

霉菌毒素对猪可产生巨大危害，影响采食、增重，母猪繁殖障碍和无奶，破坏免疫系统，降低猪的抵抗力，诱发多种疾病。生产中，猪场技术人员和管理人员对霉菌毒素的认识不足，导致霉菌毒素危害严重。一是猪场认为购买的饲料肉眼观察很好，质量就没有问题。其实，饲料中都含有一定量的霉菌毒素，一般肉眼观察不到，当贮存时饲料水分大或环境湿度高时都会导致霉变加剧，当肉眼觉察时其霉变程度已非常严重。二是认为使用颗粒料安全。虽然在制粒过程中高温处理已杀灭霉菌，但霉菌毒素仍然不能被破坏。三是有的猪场用小麦代替玉米，认为可以避免霉菌毒素的危害。其实小麦在生长过程中极易感染赤霉病而产生呕吐毒素，对猪的危害也非常严重。处理措施如下。

1.选择卫生安全的饲料

饲料厂和养殖场应严格控制使用霉菌毒素污染的饲料原料，严禁使用发霉变质的饲料喂猪。

2.进行必要的处理

对轻微发霉的玉米，用1.5％的氢氧化钠和草木灰水浸泡处理，再用清水清洗多次，直至泡洗液澄清。但处理后仍含有一定量的毒性物质，须限量饲喂。辐射、暴晒能摧毁50％～90％的黄曲霉毒素。每吨饲料添加200～250克大蒜素，可减轻霉菌毒素的毒害。

3.选择有效的防霉剂及毒素吸附剂

目前市场上的毒素吸附剂效果比较好的有百安明、霉可脱、脱霉素、霉可吸等，添加量视饲料霉变情况控制在0.05％～0.2％。

六、猪场场址选择、规划布局中存在的问题处理

（一）猪场场址选择不当

场地状况直接关系到猪场隔离、卫生、安全和周边关系。生产中有的养殖场场址不当，导致一些问题，严重影响生产。如有的场地距离居民点过近，甚至有的养殖户在村庄内养猪，结果产生的粪污和臭气影响居民的生活质量，引起居民的反感，出现纠纷，不仅影响生产，甚至收到环境部门的叫停通知，造成较大损失。选择场地时不注意水源选择，选择的场地水源质量差或水量不足，投产后给生产带来不便或增加生产成本。选择的场地低洼积水，常年潮湿污浊，或距噪声大的企业、厂矿过近，猪群经常遭受应激，或靠近污染源，疫病不断发生。处理措施如下。

1. 提高认识

必须充分认识到场址对安全高效养猪生产的重大影响。

2. 科学选择场址

地势要高燥，背风向阳，朝南或朝东南，最好有一定的坡度，以利于光照、通风和排水。猪场用水要考虑水量和水质，水源最好是地下水，水质清洁，符合饮水卫生要求。与居民点、村庄保持500～1000米距离，远离兽医站、医院、屠宰场、养殖场等污染源和交通干道、工矿企业等。

（二）规划布局不合理，场内各类区域或建筑物混杂在一起

规划布局合理与否直接影响场区的隔离和疫病控制。有的养殖场（户）不重视或不知道规划布局，不分生产区、管理区、隔离区，或生产区、管理区、隔离区没有隔离设施，人员相互乱串，设备不经处理随意共用。猪舍之间间距过小，影响通风、采光和卫生。贮粪场靠近猪舍，甚至设在生产区内，没有隔离卫生设施等。有的养殖小区缺乏科学规划，区内不同建筑物不合理，养殖户各自为政等，使养殖场或小区不能进行有效隔离，病原相互传播，疫病频繁发生。

处理措施：了解掌握有关知识，进行科学规划布局。规划布局时注意：一是猪场、饲料厂等要严格地分区设立；二是要实行-全进全出-制的饲养方式；三是生产区的布置必须严格按照卫生防疫要求进行；四是生产区应在隔离区的上风处或地势较高地段；五是生产区内净道与污道不应交叉或共用；六是生产区内猪舍间的距离应是猪舍高度的3倍以上；七是生产区应远离畜禽屠宰加工厂、畜禽产品加工厂、化工厂等易造成环境污染的企业。

（三）猪场绿化差

由于对绿化的重要性缺乏认识，许多猪场认为绿化只是美化

一下环境，没有什么实际意义，还需要增加投入，占用场地等，设计时缺乏绿化设计的内容，或即便有设计为减少投入也不进行绿化，或场地小没有绿化的空间等，导致猪场光秃秃，夏季太阳辐射强度大，冬季风沙大，场区小气候环境差。处理措施如下。

1.高度认识绿化的作用

绿化不仅能够改变自然面貌，改善和美化环境，还可以减少污染，保护环境，为饲养管理人员创造一个良好的工作环境，为畜禽创造一个适宜的生产环境。

良好的绿化可以明显改善猪场的温热、湿度和气流等状况。夏季能够降低环境温度，原因如下。①植物的叶面面积较大，如草地上草叶面积大约是草地面积的25～35倍，树林的树叶面积是树林的种植面积的75倍，这些比绿化面积大几十倍的叶面面积通过蒸腾作用和光合作用可吸收大量的太阳辐射热，从而显著降低空气温度。②植物的根部能保持大量的水分，也可从地面吸收大量热能。③绿化可以遮阳，减少太阳的辐射热。茂盛的树木能挡住50%～90%太阳辐射热。在猪舍的西侧和南侧搭架种植爬蔓植物，在南墙窗口和屋顶上形成绿荫棚，可以挡住阳光进入舍内。一般绿地夏季气温比非绿地低3～5℃，草地的地温比空旷裸露地表温度低得多。冬季可以降低冬季严寒时的温度日较差，昼夜气温变化小。另外，绿化林带对风速有明显的减弱作用，因气流在穿过树木时被阻截、摩擦和过筛等，被分成许多小涡流，这些小涡流方向不一，彼此摩擦可消耗气流的能量，故可降低风速，冬季能降低风速20%，其他季节可达50%～80%。场区北侧的绿化可以降低寒风的风力，减少寒风的侵袭，这些都有利于猪场温热环境的稳定。

良好的绿化可以净化空气。绿色植物等进行光合作用，吸收大量的二氧化碳，同时又放出氧气，如每公顷阔叶林，在生长季节，每天可以吸收约1000千克的二氧化碳，生产约730千克的氧；许多植物如玉米、大豆、棉花或向日葵等能从大气中吸收氨

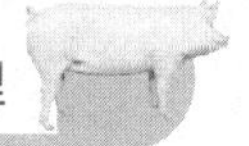

而促其生长，这些被吸收的氨，占生长中的植物所需总氮量的10%～20%，可以有效地降低大气中的氨浓度，减少对植物的施肥量；有些植物尚能吸收空气中的二氧化硫、氟化氢等，这些都可使空气中的有害气体大量减少，使场区和畜舍的空气新鲜洁净。另外，植物叶子表面粗糙不平，多绒毛，有些植物的叶子还能分泌油脂或黏液，能滞留或吸附空气中的大量的微粒。当含微粒量很大的气流通过林带时，由于风速的降低，可使较大的微粒下降，其余的粉尘和飘尘可被树木的枝叶滞留或被黏液物质及树脂吸附，使大气中的微粒量减少，使细菌因失去附着物也相应减少。在夏季，空气穿过林带，微粒量下降35.2%～66.5%，微生物减少21.7%～79.3%。树木总叶面积大，吸滞烟尘的能力很大，好像是空气的天然滤尘器。草地除可吸附空气中的微粒外，还能固定地面的尘土，不使其飞扬。同时，某些植物的花和叶能分泌一种芳香物质，可杀死细菌和真菌等。含有大肠杆菌的污水经30～40米的林带流过，细菌数量可减少为原有的1/18。场区周围的绿化还可以起到隔离卫生作用。

2. 留有充足的绿化空间

在保证生产用地的情况下要适当留下绿化隔离用地。

3. 科学绿化

① 场界林带设置。在场界周边种植乔木和灌木混合林带，乔木如杨树、柳树、松树等，灌木如刺槐、榆叶梅等。特别是场界的西侧和北侧，种植混合林带宽度应在10米以上，以起到防风阻沙的作用。树种选择应适应北方寒冷特点。②场区隔离林带设置。主要用以分隔场区和防火。常用杨树、槐树、柳树等，两侧种以灌木，总宽度为3～5米。③场内外道路两旁的绿化。常用树冠整齐的乔木和亚乔木以及某些树冠呈锥形、枝条开阔、整齐的树种。需根据道路宽度选择树种的高矮。在建筑物的采光地段，不应种植枝叶过密、过于高大的树种，以免影响自然采光。④猪舍

之间或空闲区域绿化。每幢猪舍之间都要栽种速生、高大的落叶树（如水杉、白杨树等），场区内的空闲地都要遍种蔬菜、花草和灌木。⑤遮阴林的设置。在猪舍的南侧和西侧，应设1～2行遮阴林。多选枝叶开阔，生长势强，冬季落叶后枝条稀疏的树种，如杨树、槐树、枫树等。

（四）流水式生产布局

有些猪场仍采用流水式生产布局，结果不能彻底空舍进行清洁卫生和消毒，环境污染严重，疫病容易爆发。

处理措施：采用单元式布局方式，使猪舍能够空舍1～2周，以进行彻底清洁消毒，为下一批猪入舍创造良好的卫生条件。

七、猪舍建设存在的问题处理

（一）猪舍过于简陋

目前猪饲养多采用舍内高密度饲养，舍内环境成为制约猪生长发育和健康的最重要条件，舍内环境优劣与猪舍有密切关系。由于观念、资金等条件的制约，人们没有充分认识到猪舍的作用，忽视猪舍建设，不舍得在猪舍建设中多投入，猪舍过于简陋（如有些猪场猪舍的屋顶只有一层石棉瓦），保温隔热性能差，舍内温度不易维持，猪遭受的应激多。冬天舍内热量容易散失，舍内温度低，猪采食量多，饲料报酬差。要维持较高的温度，采暖的成本将极大增加。夏天外界太阳辐射热容易通过屋顶进入舍内，舍内温度高，猪采食量少，生长慢。要降低温度，需要较多的能源消耗，也增加了生产成本。处理措施如下。

1. 科学设计猪舍

根据不同地区的气候特点选择不同材料和不同结构，设计符合保温隔热要求的猪舍。现以东北寒冷地区猪舍设计为例说明猪舍的保温隔热设计。

采用砖墙[热导率为0.81瓦特/（米·开）]，白灰水泥砂浆

内粉刷[厚度20毫米，热导率为0.7瓦特/（米·开）]，屋顶为石棉瓦顶[热导率为0.52瓦特/（米·开）]，厚度为10毫米，瓦下设容重100千克/米3的聚乙烯泡沫塑料[热导率为0.047瓦特/（米·开）]保温层，保温层下贴10毫米厚石膏板[热导率为0.33瓦特/（米·开）]。设计墙体和屋顶保温层的厚度。如果砖墙厚度大于0.37米时，可考虑设保温层。

第一步：绘墙和屋顶的简图（图8-1），查出各层材料的热导率λ并列出其厚度δ。

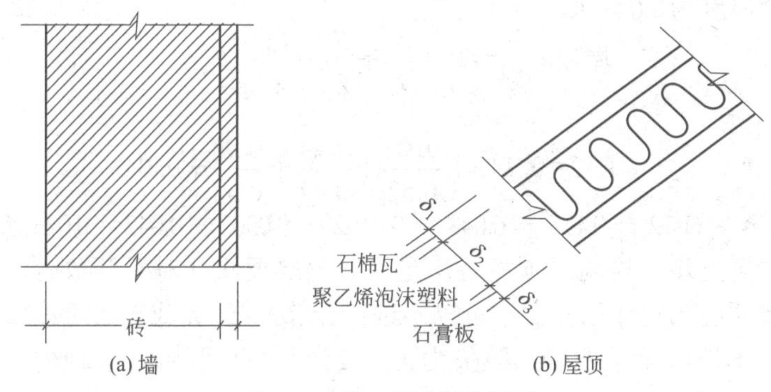

图8-1　墙和屋顶结构简图

第二步：计算或查表得出东北地区墙和屋顶的冬季低限热阻值（$R_{0\cdot\min}$值）。如哈尔滨地区的墙体为0.76米²·℃/瓦特；屋顶为1.12米²·℃/瓦特。

第三步：设计墙的砖砌厚度δ_2。以求得的墙的$R_{0\cdot\min}$值作为墙的总热阻值，查表知道墙的冬季内、外表面换热阻$R_n=0.115$和$R_w=0.043$，将其与图8-1的有关值代入下式，得：

$$墙R_{0\cdot\min}=R_n+\frac{\delta_1}{\lambda_1}+\frac{\delta_2}{\lambda_2}+R_W$$

$$0.76=0.115+\frac{0.02}{0.7}+\frac{\delta_2}{0.81}+0.043$$

$$\delta_2=(0.76-0.115-0.043-0.029)\times0.81=0.465米$$

砖墙计算的厚度已超过0.37米，可采用0.24米墙，内表面加聚乙烯泡沫塑料、钢丝网抹灰的构造方案。0.24米砖墙的热阻值为0.24÷0.81＝0.2963米^2·℃/瓦特，则聚乙烯泡沫塑料[λ＝0.047瓦特/（米·开）]层厚度应为（0.76－0.115－0.043－0.2963）×0.047≈0.014米。

第四步：确定屋顶保温层厚度λ_2。以求得的屋顶的$R_{0 \cdot min}$值作为屋顶的总热阻值，查表知屋顶的冬季内、外表面换热阻R_n＝0.115和R_w＝0.043，将其与图8-1的有关值代入下式，得屋顶保温层的厚度为0.043米。

$$屋顶R_{0 \cdot min}=R_n+\frac{\delta_1}{\lambda_1}+\frac{\delta_2}{\lambda_2}+\frac{\delta_3}{\lambda_3}+R_w$$

$$1.12=0.115+\frac{0.01}{0.52}+\frac{\delta_2}{0.47}+\frac{0.01}{0.33}+0.043$$

$$\delta_2=(1.12-0.115-0.043-0.0192-0.0303)\times 0.047=0.043米$$

第五步：检验屋顶能否满足夏季隔热要求（对于开放舍，夏季墙体的隔热作用较弱，可以不进行计算）。计算或查表可以知道哈尔滨地区夏季低限热阻值为0.7272米^2·℃/瓦特，屋顶内、外表面夏季换热阻分别为0.143米^2·℃/瓦特和0.054米^2·℃/瓦特。根据设计的冬季保温屋顶结构，按照下列公式可以得出屋顶的夏季总热阻为1.161米^2·℃/瓦特，远远大于夏季低限热阻值，可以保证夏季的隔热要求。

$$\begin{aligned}R_0&=R_n+R_1+R_2+R_3+R_w\\&=0.143+\frac{0.01}{0.52}+\frac{0.043}{0.047}+\frac{0.01}{0.33}+0.054\\&=1.161米^2·℃/瓦特\end{aligned}$$

2.严格施工

设计良好的猪舍如果施工不好也会严重影响其设计目标。严格选用设计所选的材料，按照设计的构造进行建设，不可偷工减料；猪舍的各部分或各结构之间不留缝隙，屋顶要严密，墙体的灰缝要饱满。

（二）猪舍通风换气系统设计不合理

舍内空气质量直接影响猪的健康和生长，生产中许多猪舍不注重通风换气系统的设计，如没有专门通风系统，只是依靠门窗通风换气，为保温舍内换气不足，空气污浊，或通风过度造成温度下降，或出现“贼风”，冷风直吹猪体引起伤风感冒等；夏季通风不足，舍内气流速度低，猪热应激严重等。处理措施如下。

1. 科学设计通风换气系统

冬季由于内外温差大，可以利用自然通风换气系统。设计自然通风换气系统时需注意进风口设置在窗户上面，排气口设置在屋顶，这样冷空气进入舍内下沉温暖后再通过屋顶再排气口排出，可以保证换气充分，避免冷风直吹猪体。排风口面积要能够满足冬季通风量的需要。夏季由于内外温差小，完全依赖自然通风效果较差，最好设置湿帘-通风换气系统，安装湿帘和风机进行强制通风。

2. 加强通风换气系统的管理

保证换气系统正常运行，保证设备、设施清洁卫生。最好能够在进风口安装过滤清洁设备，以使进入舍内的空气更加洁净。安装风机时，每个风机上都要安装控制装置，根据不同的季节或不同的环境温度开启不同数量的风机。如夏季可以开启所有的风机，其他季节可以开启部分风机，温度适宜时可以不开风机（能够进行自然通风的猪舍）。负压通风猪舍要保证猪舍具有较好的密闭性。

（三）舍内湿度过高

湿度常与温度、气流等综合作用对猪产生影响。低温高湿加剧猪的冷应激，高温高湿加剧猪的热应激。生产中人们较多关注温度，而忽视舍内的湿度对猪的影响。不注重猪舍的防潮设计和防潮管理，舍内排水系统不畅通，特别是冬季猪舍封闭严密，导致舍内湿度过高，影响猪的健康和生长。

处理措施：一是充分认识湿度，特别是高湿度对猪的影响；二是加强猪舍的防潮设计，如选择高燥的地方建设猪舍，设置基础防潮层以及其他部位的防潮处理等，舍内排水系统畅通等；三是加强防潮管理；四是保持适量通风等。

（四）猪舍内表面粗糙不光滑

猪生长速度快，饲养密度高，疫病容易发生，猪舍的卫生管理就显得尤为重要。猪饲养中，要不断对猪舍进行清洁消毒，猪出售后的间歇时间，更要对猪舍进行清扫、冲洗和消毒，所以，建设猪舍时，舍内表面结构要简单、平整光滑、具有一定耐水性，这样容易冲洗和清洁消毒。生产中，有的猪场的猪舍，为了降低建设投入，对猪舍不进行必要处理，如内墙面不抹面，裸露的砖墙粗糙、凸凹不平，屋顶内层使用苇笆或秸秆，地面不进行硬化等，一方面影响舍内的清洁消毒，另一方面也影响猪舍的防潮和保温隔热。处理措施如下。

1. 屋顶处理

根据屋顶形式和材料结构进行处理。如混凝土、砖结构平顶、拱形屋顶或人字形屋顶，使用水泥砂浆将内表面抹光滑即可。如果屋顶是苇笆、秸秆、泡沫塑料等不耐水的材料，可以使用石膏板、彩条布等作为内衬，又光滑平整，又有利于冲洗和清洁消毒。

2. 墙体处理

墙体的内表面要用防水材料（如混凝土）抹面。

3. 地面处理

地面要硬化。

（五）猪舍湿度过小

湿度过大当然会使猪产生高温闷热或阴冷潮湿的感觉，但过于干燥，空气中粉尘含量增加，大量的细菌等病原微生物附着在粉尘上，同时，过于干燥会使猪呼吸道黏膜皴裂等，破坏猪体第一道屏障，让猪感觉不适，有利于病原侵袭，加大猪呼吸道疾病发生的可能，从而影响生长和健康。

处理措施：其实猪栏要求干净、干燥，但也不是越干燥越好。猪舍适宜的相对湿度范围为65%～68%，所以每栋猪舍需要挂干湿温度计而不单单是温度计。传统的干湿温度计需要经常加水以保持布条的湿润，现在有一种湿度-温度计是表盘式的不需要加水，使用起来更方便。各阶段猪适宜的湿度、空气流动速度大致要求如表8-2所示。

表 8-2　各阶段猪舍适宜的湿度和空气流动速度

猪舍	相对湿度 /%	风速 /（米 / 秒）
空怀、初孕期猪舍	75	0.3
孕后期猪舍	70	0.2
哺乳母猪舍	70	0.15
断奶仔猪舍	70	0.2
育肥猪舍	75	0.2

（六）猪舍面积过小，饲养密度过高

猪舍建筑费用在猪场建设中占有很高的比例，由于资金受到限制而又想增加养殖数量，获得更多收入，建筑的猪舍面积过小，饲养的猪数量多，饲养密度高，采食空间严重不足，舍内环境质量差，猪生长发育不良。虽然养殖数量增加了，结果养殖效益降低了，适得其反。处理措施如下。

1.科学计算猪舍面积

猪日龄不同、饲养方式不同，饲养密度不同，占用猪舍的面积也不同。养殖数量确定后，根据选定的饲养方式确定适宜的饲养密度（出栏时的密度要求），然后可以确定猪舍面积。

2. 合理安排猪的数量

如果猪舍面积是确定的，应根据不同饲养方式要求的饲养密度安排猪的数量。

3. 保证充足的采食和饮水位置

不要随意扩大饲养数量和缩小猪舍面积，同时，要保证充足的采食和饮水位置，否则，饲养密度过大或采食、饮水位置不足必然会影响猪的生长发育和群体均匀。

（七）舍内有害气体含量高

现代规模化养猪，猪舍内猪群密集，饲养密度高，单位面积废弃物产量多，有害气体（氨、硫化氢、二氧化碳、一氧化碳）容易超标。但生产中存在重视温度而忽视空气质量的误区，冬季为保温而忽视通风，导致有害气体、微粒和微生物含量高或舍内空气不新鲜，危害猪的健康。处理措施如下。

1. 明确猪舍内空气质量要求

见表8-3。

表8-3　不同类型猪舍的空气质量指标

猪群类型	氨/（毫克/米³）	硫化氢/（毫克/米³）	二氧化碳/%	细菌总数/（万个/米³）	粉尘/（毫克/米³）
公猪	26	10	0.2	6	1.5
成年母猪	26	10	0.2	10	1.5
哺乳母猪	15	10	0.2	5	1.5
哺乳仔猪	15	10	0.2	5	1.5
培育仔猪	26	10	0.2	5	1.5
育肥猪	26	10	0.2	5	1.5

2. 正确处理保温与通风的关系

在中午温暖的时候将所有门窗打开3～5分钟后再全部关上

（在这短时间内猪是不会感到冷的）。

3.注重卫生和消毒

及时清理粪便和污物，保持舍内清洁卫生。带猪消毒时不要选择刺激气味大的消毒剂，否则容易诱发呼吸道疾病。

（八）猪舍的大通间设计，不能进行彻底的卫生消毒

由于采用流水式作业和大通间式的猪舍，无法实行全进全出和彻底的空栏，影响清洁卫生。

处理措施：实行单元式生产工艺，保证每个单元可以有空舍时间，以进行彻底清洁消毒。

八、废弃物处理的误区及处理措施

（一）废弃物随处堆放和不进行无害化处理

猪场的废弃物主要有粪便和死猪。废弃物内含有大量的病原微生物，是最大的污染源，但生产中许多养殖场不重视废弃物的贮放和处理。如没有合理规划和设置粪污存放区和处理区，废弃物随便堆放，也不进行无害化处理，结果是场区空气质量差，有害气体含量高，尘埃飞扬，污水横流，蛆爬蝇叮，臭不可闻，土壤、水源严重污染，细菌、病毒、寄生虫卵和媒介虫类大量滋生传播，猪场和周边相互污染。病死猪随处乱扔，有的在猪舍内，有的在猪舍外，有的在道路旁，没有集中的堆放区。病死猪不进行无害化处理，有的卖给猪贩子，有的甚至猪场人员自己食用等，导致病死猪的病原到处散播。处理措施如下。

1.树立正确的观念，高度重视废弃物的处理

有的人认为废弃物处理需要投入，是增加自己的负担，病死猪直接出售还有部分收入等，这是极其错误的。粪便和病死猪是最大污染源，处理不善不仅会严重污染周边环境和危害公共安全，更关系到自己猪场的兴衰，同时病死猪不进行无害化处理而出售也是违法的。

2.进行有效的处理利用

科学规划废弃物存放和处理区，设置处理设施并进行处理。

（二）污水随处排放

有的猪场认为污水不处理无关紧要，或污水处理投入大，建场时，不考虑污水的处理问题，有的场只是随便在排水沟的下游挖个大坑，谈不上几级过滤沉淀，有时遇到连续雨天，沟满坑溢，污水四处流淌，或直接排放到猪场周围的小渠、河流或湖泊内，严重污染水源和场区及周边环境，也影响本场猪群的健康。处理措施如下。

1.建立两套排水系统

猪场要建立各自独立的雨水和污水排水系统，雨水可以直接排放，污水要进入污水处理系统。

2.采用干清粪工艺

干清粪工艺可以减少污水的排放量。

3.加强污水的处理

要建立污水处理系统，污水处理设施要远离猪场的水源，进入污水池中的污水经处理达标后才能排放。如按污水收集沉淀池→多级化粪池或沼气池→处理后的污水或沼液→外排或排入鱼塘的途径设计，以达到既可利用变废为宝的资源——沼气、沼液（渣），又能实现立体养殖增效的目的。

九、猪饲养方面的问题处理

（一）后备母猪的营养供给不足和饲养不良

后备母猪饲养的好坏直接关系到以后的繁殖性能，表8-4显示不同给饲水平对后备母猪繁殖性能的影响显著。但生产中往往忽

视后备母猪饲料营养，导致后备母猪发情晚（有的9～10月龄仍不发情）、产仔数少等不良后果。处理措施如下。

表 8-4　不同给饲水平对后备母猪繁殖性能的影响

项目	低水平	中水平	高水平
窝产活仔数	9.1	10.1	9.9
窝断奶仔猪数	8.6	9.4	9.3
初生窝重 / 千克	15.4	17.3	16.6
断奶窝重 / 千克	72.2	75.6	75.8

1. 合理确定饲料营养

在配后备母猪饲料时，预混料可以使用中猪阶段的、怀孕母猪的，但其他饲料原料必须按照后备猪营养需要合理搭配，一般豆粕20%左右，麦麸12%左右。

2. 合理饲养

后备母猪前期要自由采食，使其获得充足营养快速生长，90千克以后至初情期以及进入初情期后，要进行限制采食，防制配种前过肥。

（二）妊娠母猪早期营养过剩

有人认为母猪配种后需要的营养增加，应该多饲喂饲料，增加营养，忽视限制饲养。妊娠期饲料采食量过高会降低哺乳期采食量，影响产奶，同时由于母猪过肥，会减少窝产仔数。青年母猪在配种前后的2～3天，以每天饲喂2千克饲料为宜。妊娠早期，特别是配种后24～48小时营养过剩，血浆中孕酮浓度降低会引起胚胎死亡。

处理措施：母猪妊娠期适当限饲，可以增加胚胎的成活率，减轻母猪分娩困难，减少母猪压死初生仔猪和母猪在哺乳期的体重损耗，减少乳房炎的发生率，延长繁殖寿命，同时降低饲养成本。经产母猪早期妊娠时的饲喂水平，应该根据它的体况和上一次泌乳的减重而定。在没有严重寄生虫感染和适宜环境条件下，

依据体况每天饲喂1.8～2.7千克，不能低于1.5千克。

（三）母猪限制饲喂不当

在母猪后备阶段及妊娠阶段限饲，是现代高产母猪实现高生产性能的关键技术之一。限饲的目的是给后备母猪以足够的时间发育、提高胚胎着床率、控制体况、预防难产和提高哺乳期采食量。但生产中存在误区：一是认为限饲就是减少喂料量，结果营养供给不足，影响繁殖能力；二是认为限饲就不须考虑母猪饥饿感受，限制喂料量过度母猪感到饥饿，出现应激，导致流产、死胎等。处理措施如下。

1.正确理解限制饲养

实际上，后备母猪75千克时开始限饲，主要是限制能量，防止生长过快或过肥导致发情障碍；妊娠0～30天的限饲也主要是对能量的限饲，防止能量过高和胰岛素分泌过多而出现孕酮分泌不足导致子宫环境恶化、子宫液分泌受阻而出现胚胎早期过早死亡；30～90天的限饲主要目的是防止母猪体况过肥以预防难产和提高哺乳期采食量，降低对热应激的敏感性。这几种情况对于生殖相关的生殖营养如维生素、矿物质、氨基酸则不能限饲。如果在后备阶段仅仅是不改变配方的情况下，减少采食量，就会导致生殖营养如钙、磷、生物素不足而出现肢蹄病，因叶酸、生物素、维生素E等缺乏而出现到了适龄不发情的现象。胚胎早期（0～30天）因限饲（仅仅是不改变配方的情况下，减少采食量）会导致生物素、叶酸、维生素A、维生素E等生殖营养缺乏而导致子宫环境恶化，尤其是影响子宫液的分泌而导致早期胚胎过早夭折，使产仔数下降。

2.正确进行限制饲养

后备母猪75千克前自由采食，分阶段饲喂小猪料和中猪料。至75千克时，适当限料，维持生长速度在600～700克/天，保证母猪有充足的发育时间，使得体成熟与性成熟基本同步，在配种

前2周短期优饲，保证有更多的排卵。妊娠母猪妊娠早期（0～30天），限饲1.8千克左右，能量过高，影响孕酮分泌。此期主要目标是关注胚胎早期成活率，因为有20%～30%的胚胎在这个时期会死亡，占整个妊娠期死亡率80%，母猪配种后高采食量与胚胎死亡率有关。妊娠中期（30～95天），限饲2～2.5千克，此期主要目标是关注母猪体况，严防母猪过肥。妊娠后期（95～112天），优饲3～3.5千克，补喂生殖营养，以壮仔，饲料营养主要供给胎儿，不会导致母猪过肥。此期主要目标是关注胎儿生长和母猪体质（母源免疫力），要增加饲喂量并采取提高母源免疫力的一系列措施。妊娠后期（112～114天）减料至2千克，现在研究已经表明，产前1～2天减料主要目的是让体储提前被活化，增强哺乳期母猪动员体储的能力。这对减少难产，尽快恢复产后食欲有帮助。

3.采用“阶段日粮”

最理想的限制饲喂策略应该是采用“阶段日粮”，而不是通过严重限制采食量来控制妊娠母猪体的增重。这种“阶段日粮”饲喂策略就是不改变饲喂量的情况下限制某些营养（主要是能量）的摄入，基本方法就是添加纤维素。这种方法最大的好处就是在限饲的情况下维持了正常的肠道容积，对于促进肠道发育，预防便秘，促进哺乳期采食量都有很多好处，不仅仅是提高了母猪福利，而且在提高生产性能方面有了更多优势。

（四）猪的饮水不足

猪每采食1千克干饲料，需要饮水2～5千克。冬季猪的饮水量稍低，每采食1千克干饲料，需水2～4千克；春秋两季，猪每采食1千克干饲料，需水8千克；夏季，猪每采食1千克干饲料，需水10千克。哺乳期的母猪需水量则更大。生产中，由于主观（有的认为水没有饲料重要）或客观原因（有的供水系统有问题，有的饮水器水流量太小，有的饮水器过低，有的水质不好）而忽视猪的饮水。饮水不足导致严重不良后果：一是增加猪的肠道发病率，家庭养猪多数采用传统的水料一次性供给的饲喂方式，

猪由于饮水不足口渴后，出现喝脏水等现象，这种现象直接导致猪患多种肠道疾病；二是消化率降低，饲养成本提高。处理措施如下。

1.有良好的供水系统

自建水塔要达到十几米高，保证充足的压力。无塔供水设施根据供水面积大小中间可以适当安装增压泵。每栋猪舍最好都有水箱，建议水箱能升多高尽量升高（冬天不结冰），同时设置进水的浮力自动水阀（与抽水马桶的水阀原理一样，可以自己设计），可长期保证供水充足。

2.保证饮水器的高度适宜

一般与猪的肩膀平齐。

育肥猪舍的饮水器应随着猪的生长将饮水器不断往上提，或者安装一高一低两个饮水器，这样比较便利。

3.加强饮水管理

保证水质良好和卫生，经常检查饮水系统是否畅通等。

（五）母猪产前产后或母猪断奶前减料

为了避免母猪产前产后消化不良、便秘等，生产中许多猪场都采用母猪产前产后减料；为了减少断奶母猪乳房炎等病的发生，生产中许多猪场都采用母猪断奶前后减料。实际上这是两大误区，导致哺乳母猪在整个哺乳期至少有一周左右的时间是吃不饱的，满足不了哺乳期的营养需要。

处理措施：试验表明母猪产前产后减料与否与上述情况无关。至于母猪产仔当日不喂料或少喂料更无意义，因为母猪产仔当日喂猪饲料也不吃或吃得很少。母猪断奶前后减料也是错误的。断奶后，母仔分离，母猪自然就停止产奶了，多吃点料对是否发生乳房炎也无明显关系。母猪断奶后喂料标准减到每日3～4千克是

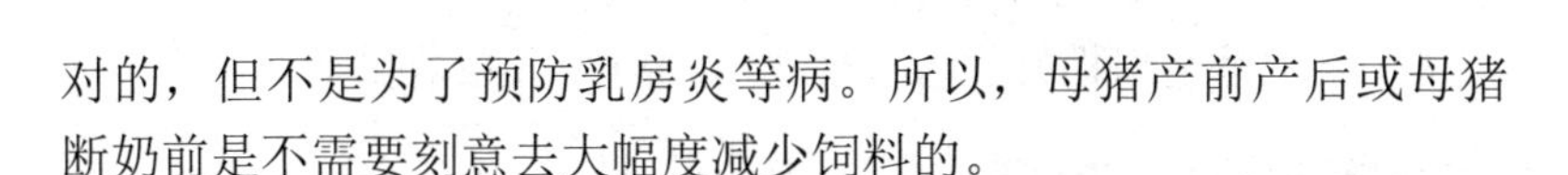

对的，但不是为了预防乳房炎等病。所以，母猪产前产后或母猪断奶前是不需要刻意去大幅度减少饲料的。

（六）饲料营养不足

母猪要满足仔猪最大限度的生长，每天需要采食饲料8千克以上。而现在母猪的采食量远达不到8千克，要增加母猪营养，提高营养浓度是唯一的途径。现在许多猪场在选用饲料时，并没能从能量蛋白的平衡方面或是能量与氨基酸比例及氨基酸之间的平衡上采取措施，仅增加粗蛋白质的含量，其结果并没有提高母猪泌乳的效果，却由于蛋白质含量过高增加了体内代谢负担。

处理措施：通过添加动植物油脂提高能量浓度，添加单项氨基酸来提高几种限制性氨基酸的含量，注意保持日粮的能量和氨基酸比例适宜。

（七）母猪的奶水好哺乳期就可以少给乳猪补料

有的养猪者认为母猪奶水好，哺乳期就可以少给乳猪补料或断奶前几天奶水不足时补料，结果严重影响仔猪生长和健康。处理措施如下。

1. 充分认识补料的作用

乳猪补料具有十分重要的作用，不只是乳猪吃掉1千克的饲料可以增加1千克的体重，而是让肠道提前适应饲料，提高断奶后的采食量，以提高断奶成活率。所以，不管母猪奶水如何，都要给乳猪补料，而且最好能够让乳猪在28日龄断奶前每头吃进1千克的饲料。

2. 正确补料

乳猪一般自7日龄开始补料，每天要勤添。补料槽上缘高度离地面最好为5～8厘米，要保证乳猪吃到料而母猪吃不到料。如果仔猪12日龄后仍不吃料，喂完奶后可以将乳猪赶到保温箱内关闭40分钟，保温箱内放置乳猪料。所用饲料为颗粒料或自配的粉状饲料，要求是适口性好、营养性过敏物质少、易消化等。

3.断奶前几天不要紧急补料

如果乳猪在断奶前几天才紧急补料，还不如等断奶后直接喂料。因为断奶前几天才补料，断奶后仔猪会严重腹泻，用抗菌药物基本无效。引起腹泻的原因主要是植物性蛋白质过敏，豆粕过敏一般3～5天才表现，3～5天后刚好断奶，于是雪上加霜，腹泻更加严重。断奶后直接饲喂，等3～5天后表现过敏，猪已经适应断奶后的环境，体质较好，腹泻可能不表现。

（八）育肥猪饲养粗放

应该说育肥猪在生产中，占有很重要的地位。但是人们往往对它的认识不是很充分，把猪场里老弱病残、没有知识技术和素质差的人员安排在育肥舍内饲养育肥猪，因为他们认为育肥没什么技术含量，育肥猪的饲养很简单，只要不死猪，对整体效益就没有多大影响。结果是育肥车间人员的不稳定、人员不经过严格的培训、设备简陋（冬天不能保温，夏天不能降温，环境条件不能满足各阶段猪只的要求，导致猪的应激大，死亡率也很高）、管理粗放等，导致育肥效果差、生产成本高、经济效益差。处理措施如下。

1.正确认识

育肥猪在猪群中比例最大，各阶段猪中，育肥猪约占到60%。行情越好，育肥猪出栏体重越大，压栏现象越明显，所占比例也越大。一般情况下，育肥猪用料量占整个猪场的70%～75%。所以，育肥猪的饲养管理至关重要。必须选派有技术、有能力、有体力的人员从事育肥猪的管理。

2.加强饲养管理

实行全进全出的生产模式，做好入栏前的准备，保持适宜的密度，注意分群管理，订餐喂料，保持适宜的环境条件。可以概括为：干净干燥、气温适宜、空气新鲜、合理密度、全进全出、

按时防疫、适时保健。

（九）催肥阶段饲喂蛋白质过多

在农区，有的养猪者认为肉猪在催肥阶段大量喂豆饼或花生饼，这样猪才长得快、肉结实，这是一个误区。如果催肥阶段大量喂蛋白质饲料，猪在胃肠道内必须把蛋白质含氮部分脱去，其他不含氮的部分才能转化为脂肪，但脱氮要多消耗能量。另外，豆饼或花生饼内含大量的不饱和脂肪酸，多喂后能使肉猪的脂肪变软且发黄，根本不会使肉结实，反而降低了肉的品质。而且，饼类饲料的市场售价比其他饲料高，多用会提高饲料成本，是一种浪费。

处理措施：催肥阶段肉猪生长重点是生长脂肪，而不是生长肌肉，为此不需要大量的蛋白质饲料（如豆饼或花生饼）。

（十）采用熟饲料喂猪

不少农村养猪者认为猪吃熟食易长油，至今仍采用熟饲料喂猪，这是不科学的。饲料煮熟后，维生素几乎全部被破坏，饲料中的蛋白质老化变性。据统计，饲料在煮熟的过程中有20％的营养成分损失掉了，青饲料的损失更大，如果在焖煮时久放锅内，还会出现亚硝酸盐中毒，造成猪只死亡。

处理措施：生饲料喂猪。喂生食能大大降低能耗和人工费用，还能将饲养期缩短。

（十一）稀汤灌大肚

有的养猪户以水料喂猪，料水比在1∶（8～10），甚至更稀，不另供给饮水，这样的喂法对肥育十分不利。水料喂猪的害处是：增加了体内水代谢所需的能量，增加了肾的负担；冲淡了消化液的浓度，不利于消化液的分泌；加快了饲料通过消化道的速度，必然降低了饲料的消化率，尤其在冬季更为严重；猪因所获得的干物质少，影响日增重和出栏率。

处理措施：为了增加猪的采食量，让猪吃得多，长得快，一般应提倡喂稠粥料，料水比为1∶2，也可喂湿拌料，料水比为

1∶1，另外供给充足的饮水。

（十二）经常使用营养药

有人认为经常使用营养药物，有利于猪的健康和生长。经常性的添加营养药物，结果带来副作用：一是使猪产生依赖性；二是影响维生素、微量元素等平衡，从而影响猪的生长发育。

处理措施：健康猪群不要经常使用营养药物。当猪群处于或即将处于应激状态时、病愈后的猪只、使用治疗药物后以及一些病弱猪群可以考虑使用营养药物。

（十三）饲喂次数过多

有的猪场认为饲喂次数越多，猪吃得越多，生长得越快。饲喂次数过多，结果适得其反。

纠正措施：肥育猪的饲喂次数，主要根据猪龄而定，并不是越多越好。幼猪胃肠容积小，消化能力差，而相对饲料需要又较多，每天可喂4次。体重35千克以上的中大猪，胃肠容积扩大，消化力增强，每天可喂2～3次。饲喂次数过多反而浪费人工，影响猪的休息与消化。猪的食欲傍晚最盛，早晨次之，午间最弱，所以应提倡早晚多喂，中午少喂，每次饲喂的时间间隔应保持均匀。

十、猪管理方面的问题处理

（一）仔猪保温措施不当

产房内的仔猪需要保温，如初生仔猪3日龄内的环境温度需要保持在32～35℃，3～7日龄适宜的环境温度是28～32℃。但生产中有些猪舍保温不当，如将产房内的温度升至28℃，母猪和仔猪一起保温，保温简单，不单独给仔猪保温，有时温度可以高达30℃以上，结果母猪有苦难言，导致母猪流鼻血或奶水减少。

处理措施：产房内的保温实际包含两层含义。一是产房内温度满足母猪需要。一般产房内温度不能高于20℃，超过20℃母猪采食量下降，奶水减少。二是仔猪保温区或保温箱内的温度满足

仔猪的需要。不能为了仔猪的保温而忽视母猪适宜的温度需要。

（二）种猪管理粗放

有些养猪者认为种猪抵抗力强，管理粗放或粗暴，忽视卫生管理等。如不注意打扫猪圈卫生，种猪舍内卫生很差，恶臭气体积聚严重。母猪舍空间不足，又加上不及时清洁消毒，圈舍内阴暗、潮湿。不注意调教，使母猪吃喝拉撒都在窝边，环境卫生难以控制。青粗饲料随便撒在猪圈内。料槽长时间不清洗，夏季沾满苍蝇，冬季经常结冰。有些种猪性格暴躁，经常翻拱圈底，或者是拱咬圈门，养殖人员常常不耐烦地追赶轰打种猪。由于利用不当，圈舍建筑不合理，有些公猪会养成自淫的坏毛病。不给种猪刷拭皮肤和修理肢蹄等。同时，母猪管理受市场影响大，行情好的时候，把母猪当宝贝一样供养着，一旦行情败落，母猪的饲养水平一落千丈，甚至可能被屠宰。

处理措施：种猪是生产的基础，无论行情好坏，都要按照饲养管理要求精心管理，提高种猪的繁殖能力，这样在行情差时也可保证获利，行情好时获得更多利润。

（三）种猪利用不合理

有的猪场存在种猪利用方面的误区，如因购买和饲养优良种公猪的成本大，有的猪场购买血统不纯的公猪做种用，导致后代生产力下降。有的为了提高效益，常常不顾公猪的配种承受能力，长时间过度频繁地利用，有时1天配种3次、4次，连续几天不休息，有时还不顾公猪体况和环境限制，即使公猪刚刚吃完食，或者刚刚运动完毕，也进行配种。有时为了早受益，在月龄不足、体重不达标的情况下，就提前使用种公猪进行配种。或只要看到后备母猪发情了，不管是不是已经到了合适的配种月龄，是不是有合适的配种体膘，就进行配种。结果过度利用公猪因配种强度过大，配种效果越来越差，受胎率下降，产仔数减少，公猪的性欲急剧下降，体质越来越差，还没有到达理想的利用年限，也只能忍痛淘汰掉。过早使用，造成早衰，缩短种猪利用年限，影响生产潜力发挥，提高生产成本。

处理措施：选择优良纯正的种猪，根据不同猪种适配时间和体膘配种。合理使用公猪，避免过度利用等。

（四）母猪未消毒就进产房

仔猪出生后，抗病能力差，病菌易侵入并导致仔猪生病。由于母猪上产床前对产床保温箱等都已彻底清理消毒，通过母猪带来疾病是最主要的感染渠道，清洗干净并消毒产前母猪显得更为重要。现在一些猪场仍没能做到母猪入舍前的清洗消毒工作。

处理措施：采用冲洗、2次消毒的办法，再结合随时清理母猪粪便等措施，可有效地降低初生仔猪前期患病概率。即在种猪舍将母猪身上脏物冲洗干净，然后用药液消毒1次，到上产床后再连猪带床进行1次消毒，尽可能减少从种猪舍带来的病原菌。

（五）母猪产前不检查

生产中常见到母猪乳房出现发炎肿胀或萎缩现象，从而导致母乳分泌不足，仔猪因营养不良而发育受阻，易患病，死亡率增高。产前不注意检查母猪泌乳情况，不知道有效乳头数量和泌乳量，影响仔猪吃乳。

处理措施：在妊娠时就对母猪的泌乳情况进行检查，及时发现问题并加以解决，可提高哺乳期间泌乳量，提高仔猪成活率。同时，提前检查有效乳头数量，还可对生后寄养工作提供依据，更有利于初生仔猪成活。

（六）第一、二胎母猪的带仔数过少

第一、二胎母猪产仔少或仔猪体重小，导致母猪乳房发育不好，瞎乳头普遍，降低母猪以后的哺乳性能。

处理措施：保证第一、二胎母猪带仔数在11头以上，如果产仔数少时可以将仔猪并窝寄养，以及调栏，保证母猪有效带仔数达到11头以上，保证仔猪吃乳均匀。

（七）缺乏必要的护理和保健

母猪产后，身体极度虚弱，抗病能力降低，消化能力减弱，既容易受病原感染而患病，也容易出现便秘、食欲下降等不良反应。母猪产后护理和保健是相当重要的，但许多猪场不注重产后的护理和保健，既不利于母猪的健康，也不利于仔猪的发育。

纠正措施：在产后保健方面，先后有推荐注射青霉素、长效土霉素、先锋霉素等制剂的，也有推荐在料中加药预防的方式，如使用支原净（泰妙菌素）、氟甲酚霉素等，都起到了不错的效果。可在母猪产后给饮补液盐水，以增强体力，促进排便。

（八）仔猪无保温设施或设施不适用

仔猪保温箱是专门保持仔猪温度的设施，可以给仔猪提供比较舒适的小环境，有利于仔猪的生长发育。但在实际生产中，有的猪场不设保温箱，有的光有箱无铺板，有的无加温设备，有的太大或太小，有的无法有效地消毒等，都不能起到保温箱的最佳效果。

处理措施：理想的保温箱应保温性能好，箱内外温差大；空间足够大，可容纳10多头小猪直到不需加温为止；方便温度调整，如吊烤灯可上下活动，电热板有高低挡开关；在仔猪稍大时，可打开箱口和顶盖，便于调节箱内温度，也便于随时观察仔猪；结实耐用，要经得住母猪的挤碰和仔猪的拱咬。

（九）育肥猪出栏体重过大

有的养猪者认为猪养得越大，仔猪成本越低，销售收入也越多，效益就越好，其实不一定。育肥猪有其生长规律，达到一定体重后生长变慢，饲料报酬降低，再饲养利润可能会减少。

处理措施：当育肥猪出现脊背和臀部滚圆、食量有逐渐变小的趋势、粪便直径逐渐变小和增重缓慢时，就该及时出栏，否则会浪费饲养成本，降低饲养效益。育肥猪前期增重慢，中期增重快，后期增重又变慢。猪体重在10～68千克时，日增重随体重增

加而上升，体重在68～110千克时，日增重不会随体重增加而上升，体重超过110千克，日增重开始下降。所以杂交改良的肉猪6～7月龄、体重达到90～110千克时最适宜出栏。如果市场猪肉价格很高，或有涨价趋势，可以适当延长饲养时间，增加出栏体重，以获得较好效益。

（十）育肥猪舍的温度控制不当

有的人认为育肥猪适应能力强，好饲养，对环境温度要求不高，所以不注重温度控制，夏季舍内温度高，冬季舍内温度低，结果影响生长肥育效果。

处理措施：肥育猪虽然对环境温度的适应能力强，但温度过高过低都会影响生长肥育和饲料转化率，所以也要保持适宜的舍内温度（适宜环境温度为16～23℃，前期为20～23℃，后期为16～20℃），特别要注意夏季的防暑降温和冬季的防寒保暖。

（十一）不进行分群管理

有的猪场在猪的育肥过程中不进行分群，认为分群引起猪群应激影响生长。结果大小、强弱不同的猪养在一起，弱小者往往得不到充足的食物和饮水，生长发育会受到影响。

处理措施：为便于猪群各个体均衡生长，要对肥育猪合理分群，即按猪的体重、类型分圈饲养。首次分群时间约在猪20千克体重时，以后再调整大小、强弱悬殊的猪。新合群的猪往往相互打斗，为减轻与避免这种情况，可在夜间合群，在合群的同一栏猪身上喷洒一些无毒而有气味的物质如来苏儿、白酒等。同时，在合群后要加强照看，及时隔开咬斗的猪。分群的原则是：留弱不留强，拆多不拆少，夜并昼不并。

（十二）生产及统计资料的收集和分析缺乏

良好的生产、饲料、配种及产仔、防疫和治疗、猪群变动等记录可以反映出猪场的生产经营情况，可以告诉管理者发生什么、什么时候发生，甚至发生的原因以及将要发生什么等。但许多猪

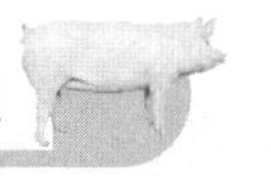

场记录不全，记录方法不一致，记录滞后，保存不善甚至丢失以及不进行分析等，影响猪场核算和效益。

处理措施：一是制订简洁方便、全面系统的记录表格；二是严格记录制度，实行日报、周报；三是加强对记录的分析处理。

十一、疾病预防方面的问题处理

（一）过度依赖疫苗和药物

规模化养猪业，饲养密度高，环境条件差，病原感染的机会极大增加，疫病成为影响养猪业效益的重要因素。生产中，人们缺乏综合防治观念，存在轻视预防、重视治疗和高度依赖免疫接种和药物防治的现象，结果导致疾病不断发生，给生产带来较大损失。

处理措施：免疫接种和药物防治是控制疾病的重要手段，但也有很大的局限性（见表8-5），单纯依靠疫苗和药物难以完全控制疾病。要控制疾病，必须树立“预防为主、防重于治”的观念，采取隔离、卫生、消毒、提供抵抗力、免疫和药物等综合手段。疫病发生需要病原、传播途径和易感动物三大环节的相互衔接，如果没有病原进入猪体就不可能发生传染病。所以要从场址选择、规划布局、防护设施（隔离墙、消毒室）设置、消毒程序、防疫制度制订和执行等环节狠下功夫，进行科学饲养管理可以提高猪体的抵抗力，辅助疫苗的免疫接种和药物防治，可从根本上减少和控制疫病发生。

（二）猪的生存条件差

猪的生存条件对猪的健康至关重要。生产中，许多猪场忽视猪的生存条件，如饲养密度过大、活动空间过小、运动不足、环境条件不适宜等，对猪的健康造成危害，甚至引发疾病。

处理措施：改善限位栏内饲养的生产方式，保持适宜饲养密度和生存空间，创造适宜的温度、湿度、通风、光照、卫生等条件，满足猪的生理和心理需求，猪只愉悦快乐，吃好睡好，就可以最大限度地生产。

表 8-5 免疫接种和药物防治的局限性

免疫接种局限性	药物局限性
①产生的抗体具有特异性，只能中和相应抗原，控制某种疾病，不可能防治所有疾病。 ②许多疾病无疫苗或无高质量疫苗或疫苗研制跟不上病原变化，不能有效免疫接种。 ③疫苗接种产生的抗体只能有效地抑制外来病原入侵，并不能完全杀死猪体内的病原，有些免疫猪向外排毒。 ④免疫副作用。如活疫苗毒力强、中等毒力疫苗造成免疫抑制或发病、疫苗干扰；免疫接种途径和方法不当，免疫接种会引起猪群应激，影响生长和生产性能。 ⑤影响免疫接种效果的因素甚多，极易造成免疫失败。如疫苗因素（疫苗内在质量差、贮运不当、选用不当）、猪群自身因素（遗传、应激、健康水平、潜在感染和免疫抑制等）、技术原因（免疫程序不合理、接种途径不当、操作失误等）都可造成免疫失败	①许多疫病无特效药物，难以防治。 ②细菌性疾病极易产生耐药性，病原对药物不敏感，防治效果差。 ③猪产品药物残留威胁人类健康，影响对外贸易

（三）卫生管理不善

规模化高密度饲养，如果卫生管理不善，必然增加疾病的发生机会。生产中由于不注重卫生管理，如隔离条件不良，消毒措施不力，猪场和猪舍内污浊以及粪尿、污水横流等而导致疾病发生的实例屡见不鲜。

处理措施：改善环境卫生条件是减少猪场疾病最重要的手段。改善环境卫生条件需要采取综合措施。一是做好猪场的隔离工作。猪场要选在地势高燥处，远离居民点、村庄、化工厂、畜产品加工厂和其他畜牧场，最好周围有农田、果园、苗圃和鱼塘。猪场周围设置隔离墙或防疫沟，场门口有消毒设施，避免闲杂人员和其他动物进入。场地要分区规划，生产区、管理区和病猪隔离区严格隔离。布局建筑物时切勿拥挤，要保持15～20米的卫生间距，以利于通风、采光和禽场空气质量良好。注重绿化及粪便处理和利用设计，避免环境污染。二是采用全进全出的饲养制度，保持一定间歇时间，对猪场进行彻底的清洁消毒。三是加强消毒。隔离可

以避免或减少病原进入猪场和猪体，减少传染病的流行，消毒可以杀死病原微生物，减少环境和畜禽体中的病原微生物，减少疾病的发生。目前我国的饲养条件下，消毒工作显得更加重要。注意做好进入猪场的人员和设备用具的消毒、猪舍消毒、带猪消毒、环境消毒、饮水消毒等。四是加强卫生管理。保持舍内空气清洁，适量通风，过滤和消毒空气，及时清除舍内的粪尿和污染的垫草并无害化处理，保持适宜的湿度。五是建立健全各种防疫制度。如制订严格的隔离、消毒、引入家畜隔离检疫、病死畜无害化处理、免疫等制度。

（四）消毒工作不规范

猪场消毒方面存在诸多误区，如消毒前不清理污物，消毒效果差；消毒不严格，留有死角；消毒液选择和使用不科学，以及忽视日常消毒等。处理措施如下。

1.消毒前彻底清洁

彻底的机械清除是有效消毒的前提。消毒表面不清洁会阻止消毒剂与病原菌的接触，使杀菌效力降低。例如猪舍内有粪便、被毛、饲料、蜘蛛网、污泥、脓液、油脂等存在时，常会降低所有消毒剂的效力。在许多情况下，表面的清洁甚至比消毒更重要。进行各种表面的清洗时，除了刷、刮、擦、扫外，还应用高压水冲洗，效果会更好，有利于有机物溶解与脱落。消毒前应先将可拆除的用具运至舍外清扫、浸泡、冲洗、刷刮，并反复消毒，舍内从屋顶、墙壁、门窗，直至地面和粪池、水沟等按顺序认真清理和冲刷干净，然后再进行消毒。

2.严格消毒

消毒是非常细致的工作，要全方位地进行消毒，如果留有“死角”或空白，就起不到良好的消毒效果。对进入生产区的人员必须严格按程序和要求进行消毒，禁止工作人员不按要求消毒而随意进入生产区或“串舍”。制订科学合理的消毒程序并严格执行。

3. 科学选择和使用消毒液

长期使用同一种消毒药，细菌、病毒对药物会产生耐药性，因此最好是几种不同类型的消毒剂交叉使用。在养殖场或猪舍入口的池中，堆放厚厚的干石灰，这起不到有效的消毒作用。使用石灰消毒最好的方法是加水配成10%～20%的石灰乳，用于涂刷畜禽舍墙壁1～2次，既可消毒灭菌，又有涂白美观的作用。消毒池中的消毒液要经常更换，保持相应的浓度，才能达到预期的消毒效果。如有的消毒池中使用火碱，必须2天更换一次，火碱浓度达到5%～8%（有的1周加药加水1次，也不考虑火碱的浓度，实际效果很差）。消毒液要现配现用，否则可能会发生化学变化，造成“失效”。用强酸、强碱等刺激性强的消毒药进行带猪消毒，会造成畜眼、呼吸道的刺激，严重时甚至会造成皮肤的腐蚀。空栏消毒后一定要冲洗，否则残留的消毒剂会造成畜禽蹄爪和皮肤的灼伤。

4. 注意日常消毒

虽然没有发生传染病，但外界环境可能已存在传染源，传染源会排出病原体。如果此时没有采取严密的消毒措施，病原体就会通过空气、饲料、饮水等传播途径，入侵易感猪，引起疫病发生，所以要加强日常消毒，杀灭或减少病原，避免疫病发生。

（五）病死猪处理不善

病死猪带有大量的病原微生物，是最大的污染源，处理不当很容易引起疾病的传播。

其表现如下。①死猪随意乱放，造成污染。很多养猪场（户）发现死亡的猪只不能做到及时处理，随意放在猪舍内、舍门口、庭院内和过道等处，特别是到了冬季更是随意乱放，还经常放置很长时间，没有固定的病死猪焚烧掩埋场所，也没有形成固定的消毒和处理程序。这样一来，就人为造成了病原体的大量繁殖和

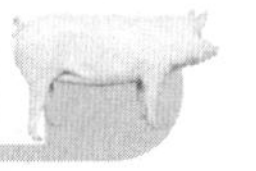

扩散，随着饲养人员的进出和活动，大大增加了猪群重复感染发病的概率，给猪群保健造成很大麻烦，经常是病猪不断出现，形成了恶性循环。②随意出售病死猪或食用，造成病原的广泛传播。许多养殖场（户）不能按照国家《畜牧法》办事，为了个人一点利益，对病死猪不进行无害化处理，随意出售或者食用，结果导致病原的广泛传播，造成疫病的流行。③不注意解剖诊断地点选择，造成污染。怀疑猪群有病，尽快查找原因本无可厚非，可是不管是养猪场（户）还是个别兽医，在做剖检时往往都不注意地点的选择，随意性很大，在距离养猪场很近的地方，更有甚者，在饲养员住所、饲料加工贮藏间和猪舍门口等处就进行剖检。剖检完毕将尸体和周围环境做简单清理就了事，根本不做彻底消毒，这就更增加了疫病的传播和扩散的危险性。处理措施如下。

1.死猪无害化处理，严禁出售或自己食用

发现死猪要及时放在指定地点，经过兽医人员诊断后进行无害化处理，处理方法有：焚烧法、高温处理法和土埋法。

2.注意病死猪剖检时的隔离卫生

病死猪解剖诊断等要在隔离区或远离养猪场、水源等地方，解剖诊断后尸体要无害化处理，诊断场所进行严格消毒。兽医人员在解剖诊断前后都要消毒。

（六）疫苗储存不善

疫苗的质量关乎免疫效果，影响疫苗质量的因素主要有产品的质量、运输储存等。生产中，疫苗的运输和储存不善，或在冷藏设备内长期存放，严重影响免疫效果。处理措施如下。

1.根据不同疫苗特性科学保存疫苗

疫苗要冷链运输，要保存在冷藏设备内。能用作饮水免疫的疫苗都是冻干的弱毒活疫苗。油佐剂灭活疫苗和氢氧化铝乳胶疫

苗必须通过注射免疫。油佐剂灭活疫苗和氢氧化铝乳胶疫苗可以常温保存或于2～4℃冰箱内低温保存，不能冷冻。冻干弱毒疫苗应当按照厂家的要求储藏在－20℃。常温保存会使得活疫苗很快失效。停电是疫苗储存的大敌，反复冻融会显著降低弱毒活疫苗的活性。疫苗稀释液也非常重要。有些疫苗生产厂家会随疫苗配备特制的专用稀释液，不可随意更换。疫苗稀释液可以在2～4℃冰箱保存，也可以在常温下避光保存，但是，绝不可在0℃以下冻结保存。不论在何种条件下保存的稀释液，临用前必须认真检查其清晰度和容器及其瓶塞的完好性。瓶塞松动脱落，瓶壁有裂纹，稀释液浑浊、沉淀或内有絮状物飘浮者，禁止使用。

2. 避免长期保存

一次性大量购入疫苗也许能省时省钱，但是，由于疫苗中含有活的病毒，如果不能及时使用，它们就会失效。要根据养猪计划来决定疫苗的采购品种和数量。要切实做好疫苗的进货、贮存和使用记录。随时注意冰箱的实际温度和疫苗的有效期。特别要做到疫苗先进先出制度。超过有效期的疫苗应当放弃使用。

（七）免疫程序照搬僵化

免疫程序是免疫的计划，猪场应有适合本场的免疫程序，但生产中存在随意照搬其他猪场的免疫程序的现象，不能根据实际情况的变化调整免疫程序，免疫程序僵化，影响免疫效果。

处理措施：制订免疫程序，要考虑如下因素。一是疫情，即本地、种苗产地以及本场的猪病疫情。对本地和本场尚未证实发生的疾病，必须证明确实已受到严重威胁时才能计划接种，对强毒型的疫苗更应非常慎重，非不得以不引进使用。种苗产地已经发生的传染病，也要进行免疫接种。二是猪的用途及饲养期。不同用途和不同饲养期，疫病种类和发生情况也有很大不同。三是疫苗的剂型和产地选择。疫苗的剂型和产地不同，其免疫程序也有很大不同。例如活苗或灭活苗、湿苗或冻干苗、细胞结合型和

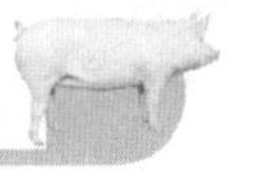

非细胞结合型疫苗之间的选择等以及所用疫苗毒（菌）株的血清型、亚型或株的选择，国产疫苗还是进口疫苗以及疫苗生产厂家的选择等。四是疫苗的使用。疫苗剂量和稀释量的确定及某些疫苗的联合使用；不同疫苗或同一种疫苗的不同接种途径的选择；同一种疫苗根据毒力先弱后强安排；同一种疫苗按先活苗后灭活油乳剂疫苗安排等；不同疫苗之间的干扰和接种时间的安排等。五是免疫监测结果。根据免疫监测结果及突发疾病的发生所作的必要修改和补充等。

（八）免疫操作不规范

免疫操作是影响免疫效果的重要环节，生产中存在免疫操作不规范的现象，如疫苗选择不当、剂量不适宜、途径不得当、免疫程序不科学、免疫应激严重等，严重影响免疫的效果。处理措施如下。

（1）选择优质疫苗　选择规范的、信誉高的厂家生产的疫苗，注意疫苗的运输和保管。

（2）适宜的免疫剂量　按照疫苗要求和实际情况合理确定免疫剂量，避免过大和不足。免疫的剂量不足将导致免疫力低下或诱导免疫力耐受，而免疫的剂量过大也会产生强烈应激，使免疫应答减弱甚至出现免疫麻痹现象。

（3）避免干扰作用　同时免疫接种两种或多种弱毒苗往往会产生干扰现象。有干扰作用的疫苗应保证一定的免疫间隔。

（4）保持环境适宜，洁净卫生。

（5）减少应激。

集约化猪场的仔猪，既要实施阉割、断尾、驱虫等保健措施，又要发生断奶、转栏、换料等饲养管理条件变化，此阶段免疫最好多补充电解质和维生素，尤其是维生素A、维生素E、维生素C和B族维生素。

（九）兽药选择中的问题处理

目前市场上的兽药很多，品种多种多样，功效各有千秋，质量参差不齐。许多养猪场（户）在购买兽药时存在一些误区，如一味选用低价兽药。目前，由于兽药市场混乱，假冒伪劣产品很多，大量劣质价廉的兽药充斥市场，其中最常见的就是含量严重不足的劣质产品。购买了价格便宜的劣质药，不仅使用量要成倍增加，而且效果很差，甚至毫无效果，不但增加了药费，而且耽误了疾病的最佳治疗时机。盲目选购新兽药、外来药。许多厂家在一种新兽药研制生产出来后，往往夸大新药的功效，甚至将其吹嘘成"包治百病"的仙丹，误导饲养户使用。而有些养殖场（户）在购买使用兽药时，也一味求新求洋，本可用普通药物治好的疾病却选择价格昂贵的新药、洋药来治疗。

处理措施：选择正规厂家优质可靠的兽药。不要崇拜新药，最好选择经过自己使用或其他猪场使用检验效果良好的兽药。

（十）兽药使用中的问题处理

兽药的不合理使用或滥用不仅影响猪病防治效果，而且影响产品质量和人类健康。科学合理地使用药物已逐渐成为全社会的共识。

1.兽药使用中的问题

（1）盲目加大药量　在生产中，仍有为数不少的养殖场（户）以为用药量越大效果越好，在使用抗菌药物时盲目加大剂量。虽然使用大剂量的药物，有些可能当时会起到一定的效果，但却留下了不可忽视的隐患：如造成慢性药物蓄积中毒，损坏肝肾功能，引起畜禽自身解毒功能下降，给下次预防、治疗疾病用药带来困难；杀灭肠道内的有益菌，破坏了肠道内正常菌群的平衡，造成代谢紊乱，肠功能性水泻增多，生长受阻；许多细菌产生抗药性；增加用药成本。

（2）用药疗程不科学　一般抗菌药物用药疗程为3～6天，在整个疗程中必须连续给予足够的剂量，以保证药物在体内的有效浓度。临床上经常可见这一种情况，一种药物才用2天，自以为效

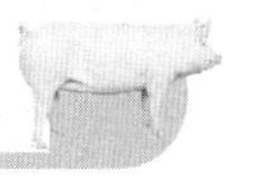

果不理想，又立即改换成另一种药物，用了不到2天又更换了。这样做往往达不到应有的药物疗效，造成疾病难以控制。另一种情况是，使用某种药物2天，产生较好的效果，就不再继续投药，从而造成疾病复发，治疗失败。

（3）药物配伍不当　合理的药物配伍，能充分发挥药物的协同作用，提高药物的抑菌和杀菌效果，但如盲目配伍，则会造成危害，轻者造成用药无效，重者造成畜禽中毒死亡。如青霉素与磺胺类药物、四环素类药物合用等均是严重的用药配伍错误，而一些兽药部为了加大兽药的销售量，对前来求诊的饲养户推售多种兽药或推荐加大剂量用药，给饲养户造成极大的经济损失。

（4）一成不变地使用某种兽药　有些饲养场或户在使用了某种兽药防治畜禽疾病后，发现其使用效果很好，便一而再、再而三地反复使用这种药物，使细菌或寄生虫产生抗（耐）药性。其后果，要么是不断提高用药量，延长疗程，要么就是疗效越来越差。

（5）重治疗用药轻预防用药　有许多养殖场（户）预防用药意识差，防疫观念淡薄。平时舍不得投喂药物进行预防，一旦发生某种疾病时，往往又慌了手脚，在缺乏确切诊断，不明病因的情况下胡乱用药，既浪费了大量药费，又耽误了治疗时机。

（6）缺少用药“安全”意识　随着人民生活水平的提高，食品安全愈来愈受到广大人民群众的关注。有些养殖场（户）食品安全意识淡薄，有的甚至根本没有这方面的概念。不遵守《兽药管理条例》违规违禁使用药物，使用国家明令禁止的药物，不严格执行休药期制度等。也有的人认为人用药品比兽药制作精良，效果更好，使用人用药品等。

2.处理措施

（1）树立抗菌药物用药安全意识　意识决定行动，树立安全意识，注意掌握了解用药知识，按照《兽药使用规范》用药，不使用违禁药物等。

（2）注意药物配伍　两种以上药物同时使用时，可以互不影

响，但在许多情况两药合用总有一药或两药的作用受到影响，其结果可能有：一是协同作用（比预期的作用更强）；二是拮抗作用（减弱一药或两药的作用）；三是毒性反应（产生意外的毒性）。药物的相互作用，可发生在药物吸收前、体内转运过程、生化转化过程及排泄过程中。在联合用药时，应尽量利用协同作用以提高疗效，避免出现拮抗作用或产生毒性反应。

（3）科学用药　用药要对症，否则只能暂时性减轻症状，达不到最终完全治愈的目的。用药要连续用够一个疗程，否则疾病会反弹复发，这样再次治疗就更加困难。切忌不要将全天的药量兑在全天的饮水中让猪自由饮用，最好是将全天的药量集中一次或两次饮完，用药饮水时间为2～3小时。这样可使药物在体内达到较高的血药浓度，从而可以达到强力抗毒杀菌的作用，充分利用药物的价值。中西结合的方案是在疫病多发阶段最可靠的治疗方案，中药性温和，可增强机体的免疫力；西药作用迅速，可快速控制病情。注意休药期，不同药物有不同的休药期，必须严格执行。

（4）加强药物预防　不可忽视预防用药的重要性，将病原控制在潜伏期，既降低成本又降低损失，但不能没有目的地预防用药。

（十一）驱虫方法不科学

寄生虫会影响猪的生长和健康，生产中比较注重驱虫，但存在图方便一次性拌药驱虫（成虫产卵到卵发育为成虫需要7～14天时间，饲料中一次拌药，血液中药物有效浓度最多只能维持1天，虫卵是静止状态，不接触血液不可能死亡，等几天后就会发育成成虫，对猪产生危害。另外，一次拌药容易出现猪采食药物不均匀现象，所以，一次拌料驱虫效果很差）、不注重药物选择以及不注意卫生管理等误区，严重影响驱虫效果。处理措施如下。

1.驱虫程序科学

自繁自养的猪场，最好采用每季度全场所有猪驱虫一次，在饲料中添加药物1周，这样驱虫干净彻底。购进仔猪的猪场，每批

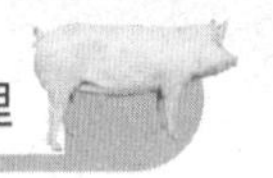

猪最好驱虫2次，进猪后第2周驱虫一次，40千克左右再驱虫一次。喂驱虫药前，让猪停饲一顿，晚上7～8时将药物与饲料拌匀，一次让猪吃完；若猪不吃，可在饲料中加入适量的盐水或糖精，以增强适口性。

2.选择恰当的驱虫药物

目前驱虫药较多，选择伊维菌素含量高的较好，最好选用伊维菌素和芬苯达唑的混合剂。如果使用丙硫咪唑，每千克体重用15毫克；左旋咪唑，每千克体重8毫克。另外，还可用敌百虫，按每千克体重用药80～100毫克。应注意药量不能过量或者不足，以免影响效果。注意加强对猪栏舍场地的消毒（用能杀灭寄生虫虫卵的消毒药，如新华威等）。驱虫后应及时清理粪便，堆积发酵，焚烧或深埋；地面、墙壁、饲槽应用5%的石灰水消毒，以防排出的虫体和虫卵又被猪吃进体内而重新感染。注意仔细观察驱虫效果。给猪驱虫时，应仔细观察。若出现中毒，如呕吐、腹泻等症状应立即将猪赶出栏舍，让其自由活动，以缓解中毒症状；严重者让其饮服煮得半熟的绿豆汤；对拉稀者，取木炭或锅底灰50克，拌入饲料中喂服，连服2～3天即可。

十二、疾病治疗存在的问题处理

（一）猪场疫情监测缺失

疫情监测有利于猪场实时掌握疫病的流行和病原感染状况，有的放矢的制订和调整疫病控制计划，及时发现疫情，及早防治。对疫苗免疫效果监测，可以了解和评价疫苗的免疫效果，同时为免疫程序制订和调整提供依据。但相当部分猪场忽视疫情监测和免疫效果监测，两眼一抹黑，凭感觉防疫，效果很差。

处理措施：加大几种主要传染病，如猪瘟、伪狂犬病、细小病毒病、口蹄疫等的监测，根据监测结果进行科学的免疫接种，并了解抗体水平。进行监测虽然增加了成本，但可以有的放矢的控制疾病，减少疫病发生，物有所值。

（二）重“治疗”，轻“预防”

生产中人们往往重视疾病治疗，发病后不惜代价采用各种方法、药物进行治疗，而平时不舍得投入进行疾病的预防和综合防控。结果造成巨大的经济损失，养殖水平也得不到提高。

处理措施：树立“防重于治”“养防并重”的观念，加强生物安全措施，严格饲养管理，采用全进全出的饲养制度，保持良好的空气质量，进行策略性药物预防等，可以预防和减少疾病的发生。

（三）重视单个病猪的治疗而忽视群体猪病的控制

一些规模不太大的猪场，治疗猪病没有全局观念，在猪场只有几头猪发病时，就只对那几头发病猪进行治疗，结果，这几头猪治好了，过几天又有另外几头猪发病，他又只治疗发病猪，如此循环往复，顾此失彼，忙得焦头烂额，最后还是全群发病，极大地增加损失，尤其是生产性能的损失。

处理措施：当出现发病猪，就要提高警觉，分析原因，作出较为准确的诊断，然后采取包括生物安全措施在内的全群药物控制措施。这样看起来增加了表观的治疗费用，实际上是防患于未然，既可大大节省后续的治疗药费，又可节省人力，还减轻了因疾病而产生的精神负担。在猪病治疗上，应该更多地关注如何控制群体发病，而不是单个猪病的治疗。因为，猪只作为经济动物，必须从经济的角度去考虑。

（四）发热就用解热止痛药

有些养殖场（户）一看到猪只食欲不佳，一量体温升高，马上使用解热止痛药，例如安乃近、氨基比林等，甚至使用剂量很大的氯丙嗪（氯丙嗪，农业部卫生部药监局第176号公告已列入禁止使用药物名单），如果效果不好，就使用大量解热药＋抗生素＋激素类药物。结果可能掩盖病情，给诊断带来困难。处理措施如下。

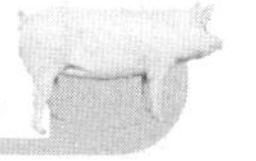

1.尽快诊断

猪发热是机体在疫病的压力下的一种病理保护反应，是机体动员防御力量对抗病原入侵的一种方式。在体温不太高不严重危害生理过程的情况下，不要急于使用降体温药，要尽快诊断，找出病因。

2.标本兼治

针对病原体选用敏感抗菌药物的基础上，采取以下退热措施可以起到迅速缓解病情、标本兼治的作用。体温在40℃以下，可以不使用退热药，而使用可增强生理机能、增强体质，又能增加食欲和降低体温的药物，如针剂牛黄产品——牲力源；体温在40℃以上，考虑使用对乙酰氨基芬、安乃近、双氯芬酸钠等退热药，并配合使用可增强生理机能、增加食欲、和降低体温的药物。

（五）腹泻就止泻

许多猪场技术人员，一发现猪只腹泻，便想方设法采取止泻方法。腹泻是动物应付肠道感染及其他肠道应激因子的刺激而作出的适应性应急反应，是在排除致病因子和毒素，是一种潜意识下的本能表现。腹泻就止泻其结果是治标不治本。

处理措施：要查明病因，采取治本措施。腹泻治疗的原则是宜疏通、忌涩堵，应补水、补盐、抗感染。轻度腹泻，以缓泻、清理胃肠、抗菌消炎为主，不要使用抑制胃肠平滑肌的药物；严重的腹泻，考虑使用抑制胃肠平滑肌蠕动的药物，但重点放在补液，供给充足的饮用水，补充电解质，纠正酸中毒，例如碳酸氢钠药物，必要时静脉注射对肠道敏感的抗菌药物。

（六）认为给仔猪接种猪瘟疫苗就不会发生猪瘟

许多猪场哺乳仔猪或断奶仔猪出现腹泻，拉黄色、绿色水样稀粪或粪便干燥，体温升高，且使用降温药物后有反弹，母猪体温正常等情况，多按照黄痢或细菌感染治疗，有的更换饲料等，甚至化验结果是猪瘟仍有怀疑，认为接种了猪瘟疫苗不可能发生，导致较大损失。

处理措施：如果母猪猪瘟阳性或带毒，所产仔猪免疫猪瘟疫苗后一般不能产生足够浓度的抗体，所以仔猪照样发生猪瘟。如果出现以上情况要首先怀疑猪瘟，尽快进行化验确诊，采取隔离、消毒、淘汰等措施，减少损失。

（七）短期内大批死亡就认为是急性恶性传染病

有一猪场的一栋育肥舍，猪群突然发生死亡，一天一夜死亡几十头，全部是体重70～85千克的猪。场长和兽医都认为是猪瘟，不然不会这么快速。结果经过检验并没有烈性传染病，真正的原因是饲养员几天没有开门和窗户，猪因缺氧窒息死亡。赶紧通风换气后没有再出现死亡。

处理措施：导致猪死亡原因很多，要全面系统诊断，不能局限于短期内有大批死亡就认定是烈性传染病。

（八）猪有异常就用药物治疗

如一养猪户，外购150头仔猪，体重10～15千克，普遍出现腹泻、拉像未消化的饲料一样的水样稀粪，购进一周死亡10头，认为是疾病所致，大量使用抗生素治疗效果不理想。实地了解，猪体温正常或偏低，使用的是大猪浓缩料，饲料粉碎的过粗，麸皮使用过量。确诊为饲料选择和加工不当引起。建议措施：一是使用Ⅰ号浓缩猪料（15～30千克的仔猪使用）；二是改用1.0筛片加工饲料；三是添加多种维生素增强抵抗力。

处理措施：导致猪体异常的因素很多，不能一有异常就认为是疾病，就大量使用药物，这样不仅起不到好的效果，反而造成浪费，甚至贻误时机。要全面考虑，找出异常原因，然后采取措施。

附　录

附录一　允许作治疗使用，但不得在动物性食品中检出残留的兽药

见附表1-1。

附表 1-1　允许作治疗使用，但不得在动物性食品中检出残留的兽药

药物及其他化合物名称	标志残留物	动物种类	靶组织
氯丙嗪	氯丙嗪	所有食品动物	所有可食组织
地西泮（安定）	地西泮	所有食品动物	所有可食组织
地美硝唑	地美硝唑	所有食品动物	所有可食组织
苯甲酸雌二醇	雌二醇	所有食品动物	所有可食组织
雌二醇	雌二醇	猪 / 鸡	可食组织（鸡蛋）
甲硝唑	甲硝唑	所有食品动物	所有可食组织
苯丙酸诺龙	诺龙	所有食品动物	所有可食组织
丙酸睾酮	丙酸睾酮	所有食品动物	所有可食组织
塞拉嗪	塞拉嗪	产奶动物	奶

附录二　禁止使用，并在动物性食品中不得检出残留的兽药

见附表2-1。

附表2-1　禁止使用，并在动物性食品中不得检出残留的兽药

药物及其他化合物名称	禁用动物	靶组织
氯霉素及其盐、酯及制剂	所有食品动物	所有可食组织
兴奋剂类：克伦特罗、沙丁胺醇、西马特罗及其盐、酯	所有食品动物	所有可食组织
性激素类：己烯雌酚及其盐、酯及制剂	所有食品动物	所有可食组织
氨苯砜	所有食品动物	所有可食组织
硝基呋喃类：呋喃唑酮、呋喃它酮、呋喃苯烯酸钠及制剂	所有食品动物	所有可食组织
催眠镇静类：安眠酮及制剂	所有食品动物	所有可食组织
具有雌激素样作用的物质：玉米赤霉醇、去甲雄三烯醇酮、醋酸甲孕酮及制剂	所有食品动物	所有可食组织
硝基化合物：硝基酚钠、硝呋烯腙	所有食品动物	所有可食组织
林丹	水生食品动物	所有可食组织
毒杀芬（氯化烯）	所有食品动物	所有可食组织
呋喃丹（克百威）	所有食品动物	所有可食组织
杀虫脒（克死螨）	所有食品动物	所有可食组织
双甲脒	所有食品动物	所有可食组织
酒石酸锑钾	所有食品动物	所有可食组织
孔雀石绿	所有食品动物	所有可食组织
锥虫砷胺	所有食品动物	所有可食组织
五氯酚酸钠	所有食品动物	所有可食组织
各种汞制剂：氯化亚汞（甘汞）、硝酸亚汞、醋酸汞、吡啶基醋酸汞	所有食品动物	所有可食组织
雌激素类：甲基睾丸酮、苯甲酸雌二醇及其盐、酯及制剂	所有食品动物	所有可食组织
洛硝达唑	所有食品动物	所有可食组织
群勃龙	所有食品动物	所有可食组织

注：食品动物是指各种供人食用或其产品供人食用的动物。

参考文献

[1] 谢昌玲等．现代集约化养猪场的细节管理．猪业观察，2015，(4)．
[2] 张涛．规模化猪场产房细节管理技术．现代农业科技，2014，(1)．
[3] 魏刚才等．养殖场消毒指南．北京：化学工业出版社，2011.
[4] 蔡少阁等．正说养猪．北京：中国农业出版社，2011.
[5] 潘琦．科学养猪大全．第2版．合肥：安徽科学技术出版社，2009.
[6] 李培庆等．实用猪病诊断与防治技术．北京：中国农业科学技术出版社.2007.
[7] 魏刚才等．快速养猪出栏诀窍．北京：化学工业出版社，2015.